KSSC-25-02

DESIGN OF STAINLESS STEEL STRUCTURES

열간압연 스테인리스강 구조설계 지침

(사) 한국강구조학회

도서출판 구미서관

Preface

발간사

스테인리스강(stainless steel)은 건축 구조물과 사회기반시설의 구조재료로서, 전 생애주기 동안 우수한 내구성, 내식성, 내화성 및 내진성을 제공하며, 유지 관리의 효율성도 뛰어납니다. 또한 다양한 표면 처리 방법을 통해 미적인 측면도 고려할 수 있어, 기존의 탄소강에 비해 더 넓은 범위에서 내 · 외장재뿐만 아니라 가혹한 부식 환경이나 고온에 노출되는 구조재료로도 널리 사용되고 있습니다. 이러한 특성을 기반으로 스테인리스강은 건축물, 교량, 화학 및 발전 플랜트, 지하구조물, 해양구조물 등에서 주요 구조부재로서 그 활용 범위가 확대되고 있으며, 내화재 및 면진 · 제진 장치에도 폭넓게 적용되고 있습니다.

국외에서는 미국, 일본, 유럽, 호주/뉴질랜드, 중국을 비롯한 여러 국가에서 건축물 및 사회기반시설의 생애주기비용(LCC) 절감을 위해 스테인리스강의 사용이 점점 증가하고 있습니다. 국내에서도 스테인리스강이 일부 외장재 및 구조부재로 적용되어 왔으나, 관련 설계 기준의 부재로 인해 탄소강 또는 국외 기준을 참고하여 설계를 진행해 왔습니다. 이러한 상황에서 국내 기준의 필요성이 대두되었고, 2016년 한국철강협회 스테인리스스틸클럽 지원하에 한국강구조학회가 주도하여 냉간성형 스테인리스강을 대상으로 한 "냉간성형 스테인리스강 구조설계지침(2020년)"이 출판되었습니다. 이를 기반으로 2021년 10월, 국가건설기준센터의 냉간성형 스테인리스강 설계기준(KDS 41 30 40)이 제정 및 공표되었습니다.

냉간성형 스테인리스강 설계기준뿐만 아니라, 대공간 구조물, 해양구조물, 플랜트, 교량 등 다양한 구조물에 스테인리스강을 적용하기 위해서는 열간압연 스테인리스강 설계기준의 제정 또한 필요합니다. 이에 부응하여 한국철강협회 스테인리스스틸클럽의 지원하에 열간압연 스테인리스강 구조설계기준 제정을 위한 연구가 이루어졌으며, 마침내 "열간압연 스테인리스강 구조설계지침"을 발간하게 되었습니다.

이 지침의 발간을 위해 헌신해주신 집필위원장 김태수 교수님을 비롯한 집필진 여러분께 깊은 감사의 말씀을 드립니다. 또한 연구비를 지원해 주신 한국철강협회 스테인리스스틸클럽과 출판에 도움을 주신 구미서관 관계자 여러분께도 진심으로 감사드립니다. 이 지침을 통해 스테인리스강을 적용한 구조물의 안전성과 경제성이 더욱 확보되고, 관련 기술의 발전이 더욱 촉진되길 기대합니다.

2025년 3월

한국강구조학회 회장 **이 철 호**

Preface 머리말

스테인리스강(stainless steel)은 탁월한 내식성, 내화성, 연성 및 에너지 흡수 능력 등 뛰어난 재료적 특성뿐만 아니라 심미적 요소를 갖추고 있어, 국내외에서 건축물과 사회기반시설의 구조용 재료로서 그 사용이 꾸준히 증가하고 있습니다.

국내에서는 2021년 **냉간성형 스테인리스강 설계기준(KDS 41 30 40)**이 제정 및 공표되기 전까지, 탄소강 설계기준과 국외의 스테인리스강 구조설계기준을 참고하여 설계가 이루어져 왔습니다. 그러나 경량구조물에 적용 가능한 냉간성형 스테인리스강 설계기준 외에도, 후판 구조부재에 대한 열간압연 스테인리스강 설계기준의 필요성이 제기되었습니다. 이에 따라 미국강구조학회(AISC)의 스테인리스강 구조설계기준 AISC 370-21을 참고하여, 국내 환경에 적합한 열간압연 스테인리스강 구조설계 지침을 작성하게 되었습니다.

이 지침은 한국철강협회 스테인리스스틸클럽 회원사가 제공한 국내 생산 스테인리스강의 재료 인장시험 결과를 바탕으로, KS에서 규정하는 최저 항복강도, 인장강도, 연신율에 대한 적합성을 검토하였습니다. 또한, 적용 가능한 스테인리스강의 강종 범위, 설계 방법, 각 계열별 재료 특성(항복강도, 인장강도 등) 및 상온에서의 재료 정수(탄성계수, 할선탄성계수, 접선탄성계수, 변형경화지수 등), 고온에서의 재료 거동, 폭두께비에 따른 압축요소의 분류 등을 제시하였습니다. 이와 더불어, 인장재, 압축재, 휨재, 전단 및 비틀림 부재, 조합력을 받는 부재의 설계, 접합 설계, 사용성 평가, 내화설계, 피로 및 기존 건축물의 평가, 연속강도법을 포함한 다양한 구조설계 방법을 다루고 있습니다.

본 지침은 열간압연 판재와 형강뿐만 아니라, 세장판 단면을 갖는 냉간성형 부재에 대한 구조사항도 포함하고 있습니다. 또한, 냉간성형 스테인리스강 설계기준에서 다루지 않았던 스테인리스강의 내식성 확보를 위한 최소 조건, 제작, 설치, 품질 관리에 관한 사항도 규정되었습니다.

이 지침은 향후 국가건설기준센터의 열간압연 스테인리스강 구조설계기준 제정에 앞서, 연구자 및 실무자들에게 실질적인 설계 방법과 지침을 제공하고자 출판되었습니다. 특히, 스테인리스강이 특수 목적이 요구되는 건축물 및 사회기반시설의 구조용 재료로 폭넓게 활용될 수 있도록 하여, 구조설계와 시공 실무자들에게 중요한 참고자료가 되기를 기대합니다.

본 지침에는 열간압연 및 냉간성형 스테인리스강을 적용한 구조부재의 설계와 관련된 가이드라인과 해설이 포함되어 있습니다. 지침에 대한 수정이나 보완이 필요한 사항이 있을 경우, 집필진이나 한국강구조학회 사무국에 알려주시면 향후 구조설계기준 작성 시 적극 반영하도록 하겠습니다.

끝으로, 본 지침이 발간되기까지 수고해주신 집필위원님, 자문위원님, 그리고 스테인리스스틸클럽 관계자 여러분께 깊은 감사를 드립니다.

2025년 3월

집필위원장 **김 태 수**

Contents

목차

Chapter 3 설계

용어 및 기호

용어

이 기준 내의 용어는 다음과 같이 정의한다.

가상하중 : 설계조항에서 달리 설명하지 않은 불안정 효과를 고려하기 위해 구조해석에서 적용되는 가상의 하중

가우지 : 재료의 소성 변형 또는 제거로 발생한 비교적 매끄러운 표면 홈 또는 공동

강관소성화 : 강관접합부에서 주강관의 면외 휨항복 메카니즘을 기초로 한 한계상태

강도한계상태 : 항복, 소성힌지의 형성, 골조 또는 부재의 안정성, 인장파괴, 피로파괴 등 안정성과 최대하중지지력에 대한 한계상태

강성 : 해당 변위(또는 회전)에 대한 작용된 힘(또는 모멘트)의 비율로 측정되는 부재 또는 구조물의 변형에 대한 저항.

강축 : 단면2차모멘트가 최대인 축

갭 접합부 : 교차하는 지강관 부재 사이의 주강관 표면에 갭이 있는 강관 트러스 접합부

거셋 플레이트 : 트러스 부재 또는 스트럿 또는 가새재를 보 또는 기둥에 연결하는 판요소

게이지 : 파스너 게이지선 사이의 응력 수직방향 중심간격

겹침 연결부 : 지관의 단부가 중첩되는 강관 트러스 접합부

겹침이음(lap joint) : 서로 평행하게 겹쳐진 두 판재 간의 접합부

겹침판(더블러 플레이트, 패널존 보강판) : 집중력이 작용하는 위치에서 전단강도를 높이기 위해 보 또는 기둥 웨브에 설치하는 보강 플레이트

계수하중 : 공칭 설계하중과 하중계수의 곱

고정 지압스티프너 : 보의 한쪽 또는 양쪽 플랜지에 대해 하중을 전달하기 위해 설치하는 스티프너

공칭강도 : 하중 영향에 저항하기 위한 구조물 또는 구조요소의 강도(저항계수가 적용되지 않은 값)로, 설계기준에 의해 산정

구속판요소 : 하중의 방향과 평행하게 양단이 직각방향의 판요소에 의해 연속된 구속을 받는 평판요소

구조 건전성 : 치명적인 파괴거동에 대해 저항성을 나타내는 구조물의 성능

구조해석 : 구조역학의 원리에 근거하여 구조부재 또는 접합부에 작용하는 하중효과를 산정하는 것

국부휨 : 집중 하중하에서 플랜지의 면외변형 한계상태

국부좌굴 : 단면내 압축요소의 국부적 좌굴 한계상태

국부항복 : 요소의 국부적인 영역에서 발생하는 항복

그루브 용접 : 접합부재면에 홈(그루브)을 만들어(개선하여) 이루어지는 용접

기둥 베이스 : 상부구조물과 기초부 사이에 힘을 전달하기 위해 사용되는 주각부의 판, 연결재, 볼트 및 강봉의 조립체

끼움재(filler) : 요소의 두께를 증가시키기 위해 사용되는 판재

나사산의 갈링(galling) : 볼트를 조이는 과정 중에 발생하는 나사산의 마모 및 손상으로 접촉면사이에 점착되어 풀리지 않는 현상

내화성능 : 사용조건에서 과도한 열, 고온의 가스 또는 화염의 통과를 막거나 지연시키고 규정된 기능을 지속적으로 수행할 수 있도록 하는 구조체의 성능

너트회전법 : 볼트를 손조임 후에 체결 부품을 일정량 회전시켜 볼트의 장력을 제어하는 볼트 조임법

노치인성 : 샤르피 v-노치시험으로 측정한 특정 온도에서 흡수된 에너지

능동적 방화 : 화재로 인한 피해를 감지와 제어를 통해 능동적으로 대처하는 건축자재 및 시스템

다이어프램 : 횡력저항시스템으로 면내힘이 전달되도록 하는 지붕, 바닥판, 멤브레인 또는 가새 시스템

단곡률 : 스팬내에 변곡점이 없는 보의 변형된 형상. 곡률에 반곡이 있는 복곡률에 반대되는 것으로서 1방향의 연속적인 원호를 그리는 변형상태

단순 접합부 : 접합된 부재 간에 무시해도 좋을 정도로 약한 휨 모멘트를 전달하는 접합부

대각 보강재 : 기둥 패널존의 웨브 스티프너로 웨브의 한쪽 또는 양쪽에 플랜지에 대해 대각선 방향으로 설치된다.

돌림용접(end return) : 코너부 둘레로 연속된 필릿용접

듀플렉스계(오스테나이트계·페라이트계) 스테인리스강 : 오스테나이트계와 페라이트계가 혼합된 스테인리스강 합금으로 냉간가공으로만 경화 가능한 스테인리스강

디스케일링(descaling) : 열간 성형, 열처리, 용접 및 기타 고온 작업에 의해서 발생하는 산화막의 제거작업

따냄(cope) : 교차하는 부재의 형태에 맞추기 위해 구조부재의 일부를 절단하는 작업

루트(root) : 용접되는 두 모재 사이의 간격 또는 틈

마감면 : KS B 0501에 따라 측정한 조도(거칠기) 높이 값이 $13\mu m$이하인 면

마찰접합부 : 접합부의 밀착된 면에서 볼트의 조임력이 유발하는 마찰력에 의해 외력에 저항하도록 설계된 볼트접합부

모멘트 접합부 : 접합 부재 사이에 휨모멘트를 전달하는 접합부

모재금속 : 용접, 브레이징, 납땜 또는 절단 대상 소재

미끄러짐 : 볼트접합부에서 접합부가 설계강도에 도달하기 전에 피접합재 간에 상대운동이 발생하는 한계상태

밀스케일 : 열간 압연, 열처리, 용접 및 기타 고온 작업 시 형성되는 스테인리스강의 중산화물층

밀착조임(snug-tightened) : 볼트를 임팩트렌치로 수회 또는 일반렌치로 최대로 조여서 접합되는 판들이 서로 충분히 밀착시키는 형태

바이메탈 인터페이스 : 스테인리스강이 이종 금속과 직접 전기적으로 접촉하는 위치

박스단면 : 모서리에 4개의 판을 용접하여 하나의 부재로 거동하는 정사각형 또는 직사각형 대칭부재

방화벽 : 해당 건축 법규의 준수를 입증하기 위해 승인된 표준 내화 시험에 따라 시험되고 내화 재료로 구축한 건축 요소

보 : 휨모멘트에 저항하는 구조부재, 일반적으로 수평 구조 부재

보-기둥 : 축력과 휨모멘트를 동시에 받는 구조부재

복곡률 : 스팬 내에 한 개 이상의 변곡점이 존재하는 보 변형 형태

부동태화 : 부식 가능한 표면 불순물을 제거하고 보호 필름을 형성하기 위한 내식강을 위한 처리

부분용입그루브(PJP)용접 : 연결부재의 전체두께보다 적게 내부용입된 그루브용접

부재의 인장강도 : 부재가 지지할 수 있는 최대 장력

부재의 초기변형 : 구조요소의 제조 및 제작 중에 발생되는 부재의 면외변형 및 치수오차 에 따른 초기 변위

분포소성해석 : 부재의 길이 및 단면의 전체 깊이에 대해 소성의 발생 및 확산을 고려하는 해석

불안정성 : 하중이나 기하학적 형상에 대해 약간의 교란으로도 대변형이 발생하는 구조 요소, 골조 또는 구조물의 강도한계상태

브레이싱 : 다른 부재의 면외 이동을 제한하기 위해 강성과 강도를 제공하는 부재 또는 시스템

블록전단파단 : 하나의 위험단면에서 인장파단이 발생하고 다른 위험단면에서는 전단항복 또는 전단파단이 발생하는 접합부의 한계상태

비구속판요소 : 하중의 방향과 평행하게 한쪽 끝단이 직각방향의 판요소에 의해 연접된 평판 요소

비지지길이 : 횡지지부재의 지지점 사이의 거리

비조밀 단면 : 국부좌굴이 발생하기 전에 압축요소의 단면에 항복응력이 발생할 수 있으나 완전소응력분포가 구현되지 않은 단면

비탄성 해석 : 소성해석을 포함해 비단성 재료거동을 고려한 구조해석

비틀림 가새 : 보나 기둥의 비틀림에 저항하는 횡지지 부재

비틀림 좌굴 : 압축 부재가 전단 중심축을 중심으로 비틀림이 발생하는 좌굴모드

비틀림강성 : 비틀림에 의한 부재의 면외 휨강성

사용성한계상태 : 구조물의 외형, 유지 및 관리, 내구성, 사용자의 안락감 또는 기계류의 정상적인 기능 등을 유지하기 위한 구조물의 능력에 영향을 미치는 한계상태

사용하중 : 사용성한계상태가 평가되는 조건에서 하중

사전인증용접절차시방서(pWPS) : 특정 용접 기준 또는 시방서의 규정 조건에 부합하여 자격시험을 위한 요건사항 없이 해당 기준 또는 시방서에 따라 사용할 수 있는 용접 절차시방서

사전인증 : 용접절차시방서(WPS)를 시험에 의한 자격에서 제외하기 위한 요건

상대구속가새(패널가새) : 보 또는 기둥의 길이를 따라 인접한 두 횡지지 포인트의 상대적인 이동 또는 골조 내 두 층의 상대적인 횡변위를 제어하는 가새

상승온도(고온) : 상온을 초과하여 화재로 인해 건물의 요소 또는 구조물이 경험하는 가열 조건

샤르피 V-노치충격시험 : 시험편을 40 mm 간격으로 벌어진 2개의 지지대에 올려놓고 V노치부분을 지지대 사이의 중간에 놓고 노치부의 배면을 해머로 1회 타격을 주어 시험편을 파단시켜 그때의 흡수에너지, 충격치, 파면 율, 천이온도 등을 측정하는 시험(charpy V-notch impact test)

석출경화계 스테인리스강 : 기본적으로 오스테나이트 또는 마르텐사이트 구조이며 석출 경화(또는 시효경화)에 의해 경화될 수 있는 스테인리스강 합금

설계 벽두께 : 단면 특성의 결정에 사용되는 강관 벽두께

설계강도 : 공칭강도에 강도저감계수를 고려한 설계 강도, ϕR_n

설계화재 : 화재의 발생과 건축물 또는 그 일부에 대한 연소 생성물의 확산을 정의하는 조건들의 집합

설계두께 : 단면특성의 결정에서 가정한 두께

설계인장강도 : KS에서 규정한 재료 인장강도의 하한값

설계하중 : 한계상태설계법의 하중조합에 따라 결정되는 적용하중

설계항복강도 : KS에서 규정한 재료 항복강도의 하한값

세장판 단면 : 탄성범위 내에서 국부좌굴이 발생할 수 있는 세장판요소가 있는 단면

세정(cleaning) : 부동태 금속 산화피막 형성에 방해가 될 수 있는 공구 및 기타 장비와의 접촉에 의한 오물, 윤활제(grease), 유리철(free iron) 등의 외인성 표면 오염물 제거 작업

소성모멘트 : 부재에 작용하는 휨모멘트가 완전소성에 도달하여 단면이 전체적으로 항복하는 것. 0.2% 오프셋 영구변형율에 해당하는 강도(항복강도)와 소성단면계수의 곱

소성영역 : 단면의 깊이와 부재의 길이에 따라 소성의 발생 및 진전이 확인 되는 영역

소요강도 : 한계상태설계 하중조합에 대한 구조해석 또는 이 기준의 규정에 의해 산정된 구조부재에 작용하는 힘 또는 응력

수직스티프너 : 플랜지에 수직으로 배열된 웨브 스티프너

수집재(Collector) : 항력 스트럿(drag strut)이라고도 하며, 바닥 다이아프램과 횡력 저항 시스템의 부재 사이에 하중을 전달하는 부재

순단면적 : 단면결손을 고려한 감소된 단면적, 총단면적에서 결손단면적을 공제한 단면적

순인장단면적 : 볼트의 나사산 부분의 최소 면적

스테인리스강 : KS 기준으로 크롬함유량이 최소 11% 이상인 강

스티프너 : 하중을 분배하거나, 전단력을 전달하거나, 좌굴을 방지하기 위해 부재에 부착하는 ㄱ형강이나 판재 같은 구조요소

슬롯 용접 : 부재를 다른 부재에 부착시키기 위해 긴 구멍을 뚫어서 하는 용접

시스템 초기변형 : 부재들의 교차점들이 공칭위치들로부터 발생된 교차점의 초기 변위들, 예를 들어, 설치오차로 인한 기둥의 면외 돌출

심(shim) : 접촉면이나 지압면 사이에 두께 차이시 공간을 메우기 위해 사용되는 얇은 판재

약축 : 단면2차모멘트가 최소인 축

역곡률 : 복곡률 참조

연속강도법(continuous strength method; CSM) : 변형에 기초하여 변형도 경화를 고려할 수 있도록 단면분류의 개념을 단면의 세장비와 변형(변형도)성능의 연속적 관계로 대체하는 설계법

연신율 : 인장시험에서 게이지 길이의 인장변형을 원래의 게이지 길이로 나눈 값을 백분율로 표시한 값

열방출률 : 연소 물질에 의해 열에너지가 생성되는 비율

열유속 : 단위 표면적당 복사에너지

오스테나이트계 스테인리스강 : 주로 면심 입방정계이며, 냉간가공만으로 경화가 가능한 스

테인리스강 합금

완전용입그루브용접 : 용접재가 조인트 두께를 넘어 완전히 용접되는 그루브용접(강관구조 접합부에서는 예외)(CJP : Complete-Joint-Penetration groove weld)

완전구속모멘트접합부 : 연결된 부재 사이에서 회전변형을 무시하고 모멘트를 전달할 수 있는 접합부

용접절차시방서(WPS) : 교육을 받은 용접공 및 용접 작업자가 반복성을 보장하기 위해 특정 용도에 필요한 용접변수를 제공하는 문서

용접절차검증서(PQR) : 시험편 용접에 사용된 실제 변수 및 요구된 파괴 및 비파괴 시험 결과 기록

용착금속 : 용접 중 모재와 용융된 필러 금속으로 구성된 용융금속

웨브 국부 크리플링 : 집중하중 또는 반력이 작용하는 주변에서 웨브판의 국부변형의 한계상태

웨브횡좌굴 : 집중압축력 작용점 반대편의 인장플랜지의 횡방향좌굴 한계상태

유리철(free iron) : 철, 기타 강합금 또는 철 원소를 포함하는 물질과의 접촉으로부터 산화 가능한 침전물, 화합물이나 기타 합금과 결합하지 않은 상태로 존재하는 철

유효길이 : 양단 단순지지 조건으로 분석할 경우 동일강도를 가지는 동일한 압축부재의 길이

유효단면계수 : 세장한 압축 요소의 좌굴을 고려하기 위해 감소단면계수

유효순면적 : 전단지연의 영향을 고려하여 보정된 순단면적

유효길이계수(K) : 부재의 비지지길이에 대한 유효길이의 비

유효폭 : 불균일 응력분포를 갖는 실제 판 또는 슬래브폭과 동일하게 구조부재의 거동에 동일한 효과를 갖도록 가정된 등분포응력을 갖는 플레이트와 슬래브의 감소된 폭

응력 : 축력, 모멘트, 전단력 또는 비틀림에 의해 발생하는 단위 면적당 힘

응력집중 : 기하학적 구조의 급격한 변화 또는 국부적 하중으로 인해 평균보다 상당히 높은 응력이 불균등하게 발생하는 현상

이음 : 두 부재를 접합하여 단일의 긴 부재를 형성하도록 두 부재의 단부를 연결하는 접합

인장영역 작용 : 프랫트러스와 유사하게 웨브에서 경사 인장력이 발생하고 세로방향 스티프너에서 압축력이 발생하는 전단 상태에서 패널의 거동

재료의 인장강도 : KS에서 규정한 재료가 발휘할 수 있는 최대 인장응력

저항계수 : 공칭강도와 실제강도 사이의 불가피한 오차 또는 파괴모드 및 파괴결과가 부차적으로 유발하는 위험도를 반영하기 위한 계수, ϕ

전단좌굴 : 보의 웨브와 같은 판요소가 면내에 적용하는 순수전단력에 의해 변형하는 좌굴모드

전단지연 : 접합부 주변의 부재 또는 연결요소에서의 불균일한 인장응력 분포

절점가새(point brace) : 인접한 횡지지점에서 다른 횡지지 부재와 독립적으로 횡방향 이동이 나 비틀림을 방지하는 가새

접촉표면 : 전단력을 전달하는 접합 요소의 접촉표면

접합 편심 : 강관 트러스 접합부에서 주강관부재 단면중심에서 지강관 부재 작업점까지의 수직거리

조립단면 : 부재 전체 길이에 대해 연속용접한 스테인리스강 요소로 제작한 단면

조립부재 : 압연 또는 인발 단면, 조립단면, 중간용접 또는 파스너를 사용한 조립판을 포함하는 스테인리스강으로 제작된 부재

좌굴 : 임계하중상태에서 구조물이나 구조요소가 기하학적으로 갑자기 변화하는 한계상태

좌굴강도 : 불안정 한계상태에 대한 강도

주강관 부재 : 강관 트러스 접합부에서의 주요 부재

주부재 : 강관 접합부에서 지강관이 부착되는 주강관, 기둥 또는 다른 강관 부재

지강관 부재 : 강관 접합부에서 주강관 또는 주부재에 접합되어 있는 부재

지레반력 : 하중점, 볼트 및 접합된 부재의 반력이 유발하는 지렛대와 같은 작용에 의해 볼트에 작용하는 추가 인장력

지압(국부 압축 항복) : 다른 부재 또는 표면에 대해 부재지압 작용으로 발생한 국부 압축 항복의 한계 상태

지압 : 접합요소에 볼트나 핀에 의해 전달되는 전단력의 한계상태

지압형 연결부 : 접합요소에 대해 볼트 지압에 의해 전단력을 전달하는 볼트접합부

층간변위 : 층의 하단과 층 상단의 수평 방향 처짐의 차이

치올림(camber) : 하중에 의해 발생된 처짐을 보정하기 위해 보나 트러스에 도입한 곡률

조밀단면 : 국부좌굴이 시작되기 전에 단면 전체에 완전소성 응력분포를 갖는 단면

탄성해석 : 하중을 제거할 때 구조물이 원 위치로 돌아간다는 가정에 근거한 구조해석

파괴강도 : 부재 또는 접합요소의 의 파손 또는 찢어짐에 의한 한계 강도

파스너 : 볼트, 리벳 또는 기계적 연결장치를 일컫는 총칭

패널존 : 접합부를 관통하는 보와 기둥의 플랜지의 연장에 의해 구성되는 보-기둥 접합부의 웨브영역으로, 전단패널을 통하여 모멘트를 전달하는 영역(panel zone)

펀칭(뚫림)전단항복 : 강관접합에서, 지강관이 붙어 있는 주강관의 면외전단강도에 기반한 한계상태

펀칭하중 : 강관 접합부에서 주강관에 수직인 지강관부재력 성분

평판부 폭 : 각형강관의 공칭폭에서 바깥쪽 코너부 반경의 2배를 공제한 폭. 코너부 반경을 알 수 없는 경우 평판부폭은 전체 단면폭에서 두께의 3배를 뺀 것으로 가정한다.

폰딩(ponding) : 평평한 지붕 골조의 처짐으로 물이 고이는 현상

프리텐션 볼트 : 지정된 최소 프리텐션(설계장력)으로 조여진 볼트

프리텐션 접합부 : 지정된 최소 프리텐션으로 체결한 볼트접합부

플래시오버(flash over) : 화재의 초기 단계에서 착화물의 주변으로 한정되어 있던 연소 범위가 차례대로 확대되면서 가연성 가스 농도가 연소 범위까지 높아져 한 번에 인화되어 큰 불꽃으로 인해 방 전체가 불꽃이 되는 현상; 화재가 서서히 진행하다가 어느 정도 시간이 경과함에 따라 대류와 복사현상에 의해 일정공간 안에 있는 가연물이 발화점까지 가열되어 순식간에 걸쳐 동시 발화되는 현상

플러그 용접 : 접합부의 한 요소에 원형구멍을 가공하고 용접하는 것. 겹치기한 2매의 판재에 한쪽에만 구멍을 뚫고 그 구멍에 용접하는 방법. 주요한 부재에는 사용하지 않음.

피로 : 활하중의 반복작용에 따른 균열생성 및 성장 한계상태

피치 : 파스너의 중심 간의 간격

필러금속 : 브레이징(납착), 납땜 또는 용접 접합을 위해 첨가되는 금속소재

필릿 지단(toe) : 필릿 용접면과 모재의 접합점. 압연 형강에서 필릿의 접선점

필릿용접 : 용접되는 부재의 교차되는 면 사이에 일반적으로 삼각형의 단면이 만들어지는 용접

하중계수 : 실제 하중과 공칭 하중의 편차를 고려하기 위한 계수, 하중 및 하중효과의 해석시 변동성을 고려하기 위하여 KDS에서 규정한 계수

하중저항계수설계법(LRFD) : 구조요소의 설계강도가 소정의 계수하중 조합하에서 산정된 소요강도 이상이 되도록 하는 설계법

하중효과 : 작용하중에 의해 구조요소에 발생하는 힘, 응력도 및 변형

한계상태 : 구조체 또는 구조요소가 사용하기에 부적합하게 되고 목표 기능을 더 이상 발휘하지 못하는 상태(사용성한계상태) 또는 극한하중지지능력에 도달한 상태(강도한계상태)

합금강 : KS D 3705에 규정된 합금강의 정의를 따르는 스테인리스강 이외의 강

항복 모멘트 : 0.2% 오프셋 강도(항복강도)와 탄성단면계수의 곱

항복강도 : 재료가 KS에 의해 규정된 변형률에 대한 응력의 비례성으로부터 지정된 한계 편차를 나타내는 응력으로, 0.2%의 오프셋법에 의한 강도.

화재 : 빛, 화염(불꽃), 열 또는 연기 등이 동반되는 파괴적인 열

화학적 부동태처리 : 유리철(합금에서 분리된 철로 산화크롬에 의해 보호받지 못함) 및 기타 이물질 제거를 목적으로 질산 용액과 같은 약한 산화제로 스테인리스강

을 화학적으로 처리하는 것. 그러나 일반적으로 스테인리스강의 열착색 또는 산화물 스케일 제거에는 효과적이지 않음.

화학적 산세정(pickling) : 황산, 또는 질산 및 불산 수용액을 포함하는 화학적 세척처리

횡가새 : 구조부재의 횡좌굴 또는 횡-비틀림 좌굴을 억제하도록 설계된 부재 또는 시스템, 대각가새, 전단벽 또는 이에 상응하는 방법으로 면내횡방향 안정을 제공하는 부재

횡력저항시스템 : 횡력에 저항하고 구조전체의 안정성을 확보되도록 설계된 구조 시스템

횡-비틀림 좌굴 : 단면의 전단중심에 대한 비틀림과 동시에 발생하는 면외휨의 처짐을 수반하는 휨부재의 좌굴 모드

횡처짐 : 구조물의 수평방향 처짐

횡하중 : 바람이나 지진에 의해 횡방향으로 작용하는 하중

휨-비틀림 좌굴 : 압축부재가 단면형상의 변화 없이 휨과 비틀림변형이 발생하는 좌굴 모드

휨좌굴 : 단면 형상에서 변화나 비틀림 없이 수평으로 변형하는 압축부재에서 발생하는 좌굴 모드

k-영역 : 플랜지-웨브 필렛의 접점으로부터 38mm만큼 k 치수를 넘어선 웨브를 포함하는 부분

K-이음 : 지강관 또는 접합요소의 하중이 주강관의 같은 측면에서 다른 지강관 또는 접합요소의 하중에 의해 평형을 이루는 강관이음

$P-\delta$ 효과 : 횡변위가 구속된 접합부 또는 절점 사이에 발생한 부재변형에 대해 작용하는 축력이 유발하는 2차 효과

$P-\Delta$ 효과 : 횡변위가 발생한 구조체 절점에 작용하는 하중의 효과이며, 층상의 구조물에서는 바닥이나 지붕의 횡변위가 발생한 위치에 작용하는 하중의 효과

T-이음 : 지강관 또는 접합요소가 주강관에 수직이고 주강관의 황방향 하중을 주강관에서 전단에 의해 평형을 이루는 강관이음

Y-이음 : 지강관 또는 접합요소가 주강관에 수직이 아니며 주강관을 횡단하는 하중이 주강관에서 전단에 의해 평형을 이루는 강관이음

1차 해석(First-order analysis) : 구조물의 변형을 무시한 상태에서의 평형조건이 적용되는 구조해석(2차 효과 무시)

2차 효과(Second-order effect) : 구조물의 변형된 형상에 작용하는 하중의 영향; $P-\delta$ 효과 및 $P-\Delta$ 효과를 고려하는 해석

기호

A_{BM} 모재의 단면적, mm^2

A_b 볼트의 공칭단면적, mm^2

A_c 각형강관에서 각 모서리의 양쪽에 있는 단면 둘레에서 확장된 길이 를 포함한 영역의 총 모서리 단면적, mm^2

A_e 유효단면적, mm^2

A_e 유효순단면적, mm^2

A_{eff} 감소된 유효폭(b_e, d_e, h_e)을 고려하여 산정한 유효단면적의 합, mm^2

A_{fc} 압축플랜지의 단면적, mm^2

A_{fg} 인장플랜지의 총단면적, mm^2

A_{fn} 인장플랜지의 순단면적, mm^2

A_{ft} 인장플랜지의 단면적, mm^2

A_g 부재의 총단면적, mm^2

A_{gv} 전단저항총단면적, mm^2

A_n 부재의 순단면적, mm^2

A_{nt} 인장저항순단면적, mm^2

A_{nv} 전단저항순단면적, mm^2

A_p 핀의 총단면적, mm^2

A_{pb} 투영된 지압면적, mm^2

A_s 볼트의 순인장면적, mm^2

A_{sf} 전단파단 경로상의 면적, mm^2

A_T 4.11.1에 정의된 설계기준 화재로 인한 공칭 힘 및 변형

A_t 인장 순단면적, mm^2

A_w 웨브의 단면적, mm^2

A_{we} 용접유효면적, mm^2

A_1 콘크리트의 지지를 받는 강판지압 면적, mm^2

A_2 가압면적과 기하학상으로 유사하고 중심이 일치하는 지지면의 최대면적, mm^2

B 정사각형과 직사각형 각형강관의 폭, mm

B 접합평면과 90°를 이루는 직사각형 각형강관 주요 부재의 폭, mm

B 접합평면과 90°를 이루는 정사각형 각형강관 주요 부재의 폭, mm

B 각형강관과 상자형 단면(조립 박스) 부재의 폭, mm

B_b 접합평면과 90°를 이루는 정사각형 각형 지강관 또는 강판의 폭, mm

B_e 정사각형강관 지관 또는 강판의 유효폭, mm

C 강관의 비틀림상수

C 표 4.6-8의 계수

C_b 횡비틀림좌굴수정계수

C_f 피로 분류에 대한 표 4.15-1의 상수

C_h 표 4.6-8의 웨브 세장비계수

C_l 표 4.6-8의 지압길이계수

C_r 표 4.6-8의 내부 굽힘 반경계수

C_v 전단좌굴강도계수

C_{v1} 웨브 전단강도계수

C_{v2} 웨브 전단좌굴계수

C_w 뒤틀림상수, mm^6

C_2 연단거리 증가치(증분), mm

D 원형강관의 직경, mm

D 원형강관의 외경, mm

D 원형강관 주강관의 외경, mm

D 고정하중, N

D 공칭고정하중 등급

D_b 원형강관 지관의 외경, mm

D_{LT} 횡비틀림좌굴계수

E 스테인리스강의 탄성계수, MPa

E_{LT} 횡비틀림좌굴계수

E_r 감소탄성계수, MPa

E_s 할선탄성계수, MPa

E_{sc} 단면의 최대 압축응력에 해당하는 할선탄성계수, MPa

E_{sh} 변형경화계수, MPa

E_{st} 단면의 최대 인장응력에 해당하는 할선탄성계수, MPa

$E(T)$ 온도에 따른 탄성계수, MPa

$E(T)$ 온도에 따른 스테인리스강의 탄성계수, MPa

E_t 접선탄성계수, MPa

E_{ty} 설계최소항복강도에서의 접선탄성계수, MPa

$E_{Ty}(T)$ 온도상승에 따른 항복강도의 접선탄성계수, MPa

F_c 주요 부재의 가용응력(LFRD에서는 항복강도), MPa

F_{cr} 해석에 의해 결정된 단면의 좌굴응력, MPa

F_{cr} 임계응력, MPa

F_{cr} 해석에 의해 결정된 단면의 횡비틀림좌굴응력, MPa

F_{cr} 해석에 의해 결정된 단면의 국부좌굴응력, MPa

F_e 탄성좌굴응력, MPa

F_{el} 탄성국부좌굴응력, MPa

F_{EXX} 용접봉 등급 강도, MPa

F_{LT} 횡비틀림좌굴계수

F_n 공칭인장응력 또는 전단응력, MPa

F_{nBM} 모재의 공칭강도, MPa

F_{nt} 공칭인장응력, MPa

F'_{nt} 전단응력의 효과를 고려한 수정 공칭인장응력, MPa

F_{nv} 공칭전단응력, MPa

F_{nw} 용접모재의 공칭강도, MPa

F_{ser} 최대 사용성 설계응력, MPa

F_{SR} 허용응력범위, MPa

F_{TH} 임계 허용응력범위(무한수명 피로한계값, 표 4.15-1), MPa

F_u 설계인장강도, MPa

F_y 설계항복강도, MPa

$F_{y,avg}$ 전체 단면의 평균 항복응력, MPa

F_{yb} 볼트의 설계항복강도, MPa

F_{yb} 강관 지관 또는 강판 재료의 설계항복강도, MPa

$F_{y,corner}$ 직사각형 각형강관 모서리(코너부)의 인장항복응력, MPa

F_{yf} 플랜지의 설계항복강도, MPa

$F_{y,rnd}$ 원형강관의 인장항복응력, MPa

F_{yst} 스티프너의 설계항복강도, MPa

F_{yw} 웨브의 설계항복강도, MPa

$F_{y,wall}$ 직사각형 각형강관의 평판부의 인장항복응력, MPa

$F_e(T)$ 임계 탄성좌굴응력 MPa

$F_u(T)$ 고온에서의(온도에 따른) 인장강도, MPa

$F_y(T)$ 고온에서의 항복강도, MPa

$F_2(T)$ 고온에서 2% 변형률에서의 응력, MPa

G 스테인리스강의 전단탄성계수, MPa

H 휨상수

H 정사각형과 직사각형 각형강관의 높이, mm

H 접합평면에서 측정한 직사각형 각형강관의 높이, mm

H 각형강관 및 상자형 단면 부재의 높이, mm

I_{st} 더블 스티프너에 대해 웨브 중앙의 축방향 또는 단일 스티프너에 대한 웨브판과 접촉하는 면에 대한 단면2차모멘트, mm^4

I_{st1} 구속된 웨브 패널의 전체 전단 후좌굴저항성능을 발휘하는데 요구되는 횡방향 보강재의 최소 단면2차모멘트, mm^4

I_{st2} 웨브 전단좌굴 저항성능을 발휘하는데 요구되는 횡방향 스티프너(보강재)의 최소 단면2차모멘트, mm^4

I_x, I_y 주축에 대한 단면2차모멘트, mm^4

I_y y축에 대한 단면2차모멘트, mm^4

I_{yeff} 유효 면외 단면2차모멘트, mm^4

I_{yc} y축에 대한 압축플랜지의 단면2차모멘트, mm^4

I_{yt} y축에 대한 인장플랜지의 단면2차모멘트, mm^4

J	비틀림상수, mm^4
K	유효길이계수
K_x	x축 휨좌굴에 대한 유효길이계수
K_y	y축 휨좌굴에 대한 유효길이계수
K_z	길이방향 축에 대한 비틀림좌굴 유효길이계수
L	부재 길이, mm
L	부재의 횡비지지길이, mm
L	횡비지지길이, mm
L	경간 길이, mm
L	트러스 현재 중심선에서 작업점 사이의 부재길이, mm
L	활하중
L	공칭활하중 등급
L	공칭 점유 활하중, N
L_b	압축플랜지의 횡방향 변위에 대해 지지되거나 단면의 비틀림에 대해 지지되는 지점 사이의 길이, mm
L_b	압축 영역의 횡방향 변위에 대해 구속된 점 사이의 길이 또는 단면의 비틀림을 방지하기 위해 구속된 점 사이의 길이, mm
L_b	양쪽 플랜지를 따라 횡방향으로 비지지된 최대 길이, mm
L_b	비지지길이, mm
L_{br}	패널내에서의 비지지길이, mm
L_{br}	가새점(지점가새)에 인접한 비지지길이, mm
L_c	부재의 유효길이, mm
L_c	약축에 대한 좌굴부재의 유효길이, mm
L_c	유효길이, mm
L_{cx}	x축 좌굴에 대한 부재의 유효길이, mm
L_{cy}	y축 좌굴에 대한 부재의 유효길이, mm
L_{cz}	길이방향 축에 대한 좌굴 부재의 유효길이, mm
L_{el}	국부좌굴 반파장(half-wavelength), mm
L_p	항복의 한계상태에 대한 횡방향 비지지길이 제한값, mm
L_r	비탄성 횡비틀림좌굴의 한계상태에 대한 한계비지지길이, mm

L_r 지붕활하중

L_v 최대전단력과 전단력이 0인 점 사이의 거리, mm

L_x, L_y, L_z 각 축에 대한 부재의 비지지길이, mm

L_y 항복모멘트에 도달하는데 필요한 횡비지지길이, mm

M_A 비지지구간에서 1/4지점의 모멘트 절댓값, N·mm

M_B 비지지구간에서 중앙부의 모멘트 절댓값, N·mm

M_{br} 가새의 소요휨강도, N·mm

M_C 비지지구간에서 3/4지점의 모멘트 절댓값, N·mm

M_c 설계휨강도, N·mm

M_c 설계연속강도법 휨강도, N·mm

$M_{c,red}$ 설계 감소연속강도법 휨강도, N·mm

M_{cx} 4.5.3에 의해 결정된 플랜지의 인장파단의 한계상태에 대한 설계휨강도, N·mm

$M_{\max}$ 비지지구간에서 최대모멘트 절댓값, N·mm

M_{mid} 비지지길이 중앙에서의 모멘트, N·mm

M_n 공칭휨강도, N·mm

M_n 항복 또는 국부좌굴 한계상태에서의 공칭연속강도법 휨강도, N·mm

M_r 하중조합에 대한 1.5.2에 따라 결정된 소요휨강도, N·mm

M_r 하중조합에 대한 패널 내 보의 소요휨강도, N·mm

M_r 하중조합에 대한 절점가새에 인접한 비지지길이 내에서 보의 소요휨강도 중 최댓값, N·mm

M_{rx} 하중조합에 대한 1.5.2에 따라 결정된 볼트구멍 위치에서의 소요휨강도(플랜지에서 인장력 +), N·mm

M_u 하중저항계수설계법 하중조합에 대한 소요휨강도, N·mm

M_y 항복모멘트, N·mm

M_1 비지지길이 단부에서 최소모멘트, N·mm

M_1' M_2 반대쪽의 비지지길이 단부에서 유효모멘트, N·mm

M_2 비지지길이 단부에서 최대모멘트, N·mm

N_i 레벨 i에서 적용되는 가상하중, N

N_s 볼트접합 전단면수

O_v 2개의 지관아래에 있는 주강관의 접합면을 따라 측정한 겹친길이에 대한 주강관에 대한 겹치는 지관의 투영길이 비($l_{ov}/l_p \times 100$), %

P_{br} 하중조합을 사용하여 절점가새에 인접한 비지지길이 내에서 기둥의 최대 소요축강도, N

P_c 4.1 또는 4.2에 의해 결정된 설계 인장 또는 압축강도, N

P_c 4.1.2.2에 따라 결정된 볼트구멍 위치에서의 순단면의 인장파단 한계 상태에 대한 설계축강도, (N)

P_c 설계연속강도법 압축강도, (N)

P_n 공칭압축강도, (N)

P_{ns} 단면 압축강도, (N)

P_p 공칭지압강도, (N)

P_r 하중조합에 대한 소요축압축강도, (N)

P_r 하중조합에 대한 1.5.2에 따라 결정된 소요압축강도, (N)

P_r 하중조합에 대한 1.5.2에 따라 결정된 소요인장강도, (N)

P_r 하중조합에 대한 1.5.2에 따라 결정된 소요축강도, (N)

P_r 하중조합에 대한 1.5.2에 따라 결정된 볼트구멍 위치에서 부재의 소요축강도, (N)

P_r 하중조합에 대한 패널 내 기둥의 소요축강도, N

P_r 하중조합에 대한 구속점에 인접한 비지지길이 내에서 기둥의 최대 소요축강도, N

P_y 기둥의 축항복강도, N

R 외부 표면의 반지름, mm

R 강우 또는 눈으로 인한 공칭하중(물고임 제외)

R_{FIL} 한 쌍의 횡방향 필릿용접만 사용하는 접합의 감소계수

R_n 공칭강도

R_n 필릿용접군의 조합강도, N

R_n 접합재의 공칭강도, N

R_{nwl} 표 4.6-5에 따라 결정된 길이방향 하중을 받는 필릿용접의 총 공칭강도, N

R_{nwt} 4.6.2.4(2)의 증가 없이 표 4.6-5에 따라 결정된 횡방향 하중을 받는 필릿용접의 총 공칭강도, N

R_p 웨브 소성화계수

R_{pg} 휨강도 감소계수

R_{PJP} 보강 또는 비보강 횡방향 부분용입그루브(PJP)용접에 대한 감소계수

R_u 하중저항계수설계법 하중조합에 의한 요구강도

S 휨축에 대한 탄성단면계수, mm^3

S 핀의 탄성단면계수, mm^3

S 설하중, N

S_e 유효단면의 중립축에 대한 유효단면계수, mm^3

S_{min} 휨축에 대한 최소 탄성단면계수, mm^3

S_x x축에 대한 최소 탄성단면계수, mm^3

S_x x축(강축)에 대한 탄성단면계수, mm^3

S_y y축(약축)에 대한 탄성단면계수, mm^3

S_{ye} 유효단면의 중립축에 대하여 y축 유효단면계수, mm^3

T 의도치 않은 화재 노출로 인한 강재의 상승 온도, °C

T_b 스테인리스강 볼트에 대한 최소 파스너 인장, N

T_c 4.5.1에 따라 결정된 비틀림강도, N·mm

T_n 공칭비틀림강도, N·mm

T_r 하중조합을 사용하여 1.5.2에 따라 결정된 소요비틀림강도, N·mm

T_u 하중저항계수설계법 하중조합에 의한 소요인장력, N

U 전단지연계수

V_{br} 가새시스템의 소요전단강도, N

V_c 소요전단강도, N

V_{c1} 소요전단강도, N

V_{c2} 소요전단강도, N

V_n 공칭전단강도, N

V_r 패널에서 소요전단강도, N

V_r 1.5.2에 따라 결정된 소요전단강도, N

Y_i 하중조합에 의해 i층에 적용되는 중력하중, N

Y_i 레벨 i에 작용하는 중력하중, N

Z 휨축에 대한 소성단면계수, mm^3

Z_x	x축에 대한 소성단면계수, mm^3
Z_y	y축에 대한 소성단면계수, mm^3
a	횡방향 스티프너 보강재 사이의 거리, mm
a	커넥터 연결재 사이의 거리, mm
a	핀 구멍 가장자리에서 힘의 방향과 평행하게 측정된 부재 가장자리까지의 최단 거리, mm
a_f	부재의 총 단면적에 대한 플랜지 단면적의 비
a_w	부재의 총 단면적에 대한 웨브 단면적의 비
b	요소의 폭, mm
b	접합평면과 90°를 이루는 직사각형 각형강관 부재의 가장자리까지의 거리, mm
b	압축플랜지의 폭, mm
b_{cf}	기둥 플랜지의 폭, mm
b_e	유효폭, mm
b_e	작용 힘에 수직한 방향으로 측정된 구멍의 끝단부터 부재의 끝단까지의 거리, mm
b_f	플랜지의 폭, mm
b_{fc}	압축플랜지의 폭, mm
b_{ft}	인장플랜지의 폭, mm
b_p	a와 h 치수의 최솟값, mm
b_s	단일 스티프너에 대한 스티프너 폭; 양방향 스티프너에 대해서는 개별 스티프너 폭의 2배, mm
c	중립축부터 최대 압축요소연단까지의 거리, mm
d	T형 스템의 경우 단면의 전체춤, mm
d	단면의 춤, mm
d	T형강이 절단된 부분의 춤 mm
d	파스너의 공칭 직경, mm
d	부재의 공칭 춤, mm
d_b	보의 춤, mm
d_b	공칭 직경(몸체 직경), mm
d_c	기둥의 춤, mm

d_e T형강의 유효폭, mm

d_h 구멍의 직경, mm

d_{pin} 핀의 직경, mm

e 트러스접합의 편심, 지관에서 떨어진 경우, mm

f 외부 압축연단에서의 응력, MPa

f 공칭응력, MPa

f_{ck} 콘크리트의 설계기준 압축강도, MPa

f_{csm} ε_{csm}에 해당하는 응력, MPa

$f_{csm,t}$ $15\varepsilon_y$에 해당하는 인장응력, MPa

f_{rv} LRFD 하중조합에 의한 소요전단응력, MPa

$f(T)$ 고온에서 공칭응력, MPa

g 연결재 게이지라인 사이의 응력 수직방향 중심 간격(게이지), mm

g 갭 K이음에서 용접부를 무시한 지강관 끝 사이의 간격, mm

h 웨브 춤, mm

h 전단력에 저항하는 폭, mm

h 장변의 평면 폭, mm

h 압연 H형강부재의 경우, 플랜지 사이의 거리에서 각 플랜지의 필릿을 뺀 거리; 조립용접단면 또는 부재의 경우, 플랜지 사이의 순거리; 조립 볼트 부재의 경우, 파스너 라인 사이의 거리, mm

h 코너반경을 제외한 플랜지 사이의 거리, mm

h_c 압연형강의 경우, 중립축으로부터 압축플랜지의 내측면 거리에서 필릿 또는 코너반경을 제외한 거리의 2배; 조립단면의 경우, 중립축으로부터 연결재선 사이의 거리 또는 용접한 경우에는 플랜지의 내측면 거리의 2배, mm

h_e 웨브 유효폭, mm

h_f 필러계수(끼움재계수)

h_o 상하부플랜지 중심간 거리, mm

h_p 소성중립축으로부터 압축 플랜지에서 가장 가까운 파스너 라인 또는 용접에 의한 경우 압축 플랜지의 내면까지 거리의 2배, mm

k 압연단면의 경우, 플랜지 외측면에서 필릿 웨브 끝단까지의 거리 또는 용접단면의 경우, 플랜지 두께, mm

k 판좌굴계수

k_v 웨브판 전단좌굴계수

l 단부하중 용접의 실제 길이, mm

l 접합길이, mm

l_b 지압길이, mm

l_{end} 연결 지관의 가까운 쪽에서 주강관의 단부까지의 거리, mm

l_{ov} 2개의 지관 아래에 있는 주강관의 접합면을 따라 측정된 겹친길이, mm

l_p 주강관에 대한 겹치는 지관의 투영 길이, mm

l_1 하중 방향에서 구멍의 중심과 인접한 구멍의 중심 사이의 거리의 1/2 또는 구멍의 중심과 접합재의 가장자리 사이의 거리, mm

l_1, l_2 접합 용접길이, mm

l_2 하중 직각방향에서 구멍의 중심과 인접한 구멍의 중심 사이의 거리의 1/2 또는 구멍의 중심과 접합재의 가장자리 사이의 거리, mm

n 변형도경화계수

n 스팬 내의 지지점의 수

n mm당 나사산 수

n_b 인장력을 받는 볼트의 수

n_{eff} 보조계수

n_{SR} 설계 수명의 응력 범위 변동 횟수

$n(T)$ 고온에서 변형도경화계수

p 피치, 나사산당 mm

r 단면2차반경, mm

r 코너 내부반경, mm

r 하부플랜지 온도에 따른 보유계수

r_a 기하학적 축에 대한 단면2차반경, mm

r_i 개별성분의 최소단면2차반경, mm

$\bar{r}_o$ 전단중심에 대한 극2차반경, mm

r_t 횡비틀림좌굴에 대한 유효단면2차반경, mm

r_x x축에 대한 단면2차반경, mm

r_y y축에 대한 단면2차반경, mm

s 임의의 2개의 연속적인 구멍의 길이방향 중심간 간격(피치), mm

t 원형강관의 설계두께, mm

t 각형강관 부재의 설계두께, mm

t 판의 설계두께, mm

t 설계 두께, mm

t 1.5.1.4.2에 정의된 요소설계두께, mm

t 1.5.1.4.2에 정의된 장변설계두께, mm

t 접합재의 두께, mm

t 끼움재의 전체 두께, mm

t 각형강관 설계두께, mm

t 중립축으로부터 최대 인장요소까지의 거리, mm

t_b 각형강관 지관의 설계두께 mm

t_{cf} 기둥 플랜지의 두께, mm

t_f 플랜지의 두께, mm

t_f 하중을 받는 플랜지의 두께, mm

t_p 판 두께, mm

t_p 인장하중을 받는 판의 두께, mm

t_{st} 웨브 보강재의 두께, mm

t_w 웨브의 두께, mm

t_w 기둥 웨브의 두께, mm

w 용접 다리 사이즈, mm

w 판의 폭, mm

w 인장하중을 받는 판의 두께 방향에서 보강 또는 필릿이 있는 경우 다리 사이즈, mm

x 주축 휨을 나타내는 아래첨자

x_o, y_o 단면의 도심에 대한 전단중심까지의 거리, mm

$\overline{x}$ 접합 편심, mm

y 약축휨을 나타내는 아래첨자

Λ 상한 변형도 한계

α 휨좌굴계수

α 표 4.14-2에 정의된 휨계수

α_{csm} 2축 휨에 대한 연속강도법 상호작용계수

β 길이 감소계수

β 폭 비. 원형강관의 주강관에 대한 지관 지름의 비(D_b/D); 각형강관의 주강관에 대한 지관 폭의 비(B_b/B)

β_{csm} 2축 휨에 대한 연속강도법 상호작용계수

β_{br} 가새시스템의 소요전단강성, N/mm

β_{br} 가새의 소요휨강성, N/mm

β_{eff} 유효폭 비. K이음에서 2개 지강관의 원주를 주강관 폭의 8배로 나눈 총합

β_{LT} 표 4.3-2에서 결정된 탄성 횡비틀림좌굴감소계수

$\beta_{p,LT}$, $\beta_{y,LT}$ 표 4.3-2에서 결정된 횡비틀림좌굴계수

$\beta_{\rm sec}$ 웨브 횡방향 보강재의 효과를 포함하는 웨브 뒤틀림 강성, N·mm/rad

β_T 전체가새시스템 소요강성, N·mm/rad

β_o, β_1, β_2 휨좌굴계수

γ 주강관 세장비; 원형강관에서 관두께에 대한 1/2 지름의 비($D/2t$); 각형강관에서 관두께에 대한 1/2 폭의 비($B/2t$)

ε 공칭변형도

ε_{corner} 직사각형 각형강관의 모서리(코너부)에서 발생하는 변형도

ε_{csm} 연속강도법 변형도 한계

ε_{csm} 단면의 파단 변형도

$\varepsilon_{csm,c}$ 최대 연속강도법 압축변형도

$\varepsilon_{csm,\max}$ 최대 연속강도법 설계변형도

ε_f 50mm 표점거리 이상의 파단 후 설계기준 최소 연신율

ε_r 요구 변형도

ε_{rnd} 원형강관에서 발생하는 변형도

$\varepsilon(T)$ 고온에서 공칭변형도

ε_u 최대 변형도

ε_u 최대 인장응력에서의 변형도

$\varepsilon_u(T)$ 고온에서 최대 변형도

ε_{wall} 직사각형 각형강관 평판부에서 변형도

ε_y 항복 변형도

$\varepsilon_y(T)$ 고온에서 항복강도일 때의 변형도

ζ	갭비. 각형강관에서 주강관 폭에 대한 갭 K이음의 지강관 사이의 간격비 (g/B)
θ	소요 힘의 작용선과 용접 길이방향 축 사이의 각도
θ	지관과 주강관 사이의 실제 각도
λ	요소의 폭두께비
λ_l	국부 단면 세장비
λ_l	단면 세장비
λ_{pf}	조밀단면 플랜지에 대한 한계폭두께비
λ_r	표 1.5-1에 정의된 한계폭두께비
λ_{rf}	비조밀단면 플랜지에 대한 한계폭두께비
μ	평균 미끄럼계수
ν	스테인리스강 포아송비 = 0.3
ρ_{csm}	감소계수
ρ_w	횡방향 스티프너 각 측면의 웨브 패널 내에서 최대 전단비
τ_b	강성감소계수
τ_g	강성감소계수
ϕ	저항계수

Chapter 1

일반사항

1 일반사항

1.1 적용범위

(1) 이 기준은 구조용 스테인리스강 건축물에 대한 설계기준이며(이하 기준), 이 기준의 3.1 에 규정된 스테인리스강이 적용된 구조 시스템의 설계, 제작 및 설치에 적용한다.

(2) 이 기준은 구조용 스테인리스강 건축물 및 시설물들의 설계, 제작 및 설치 기준을 규정한다.

(3) 이 기준은 오스테나이트계, 페라이트계 및 듀플렉스계 스테인리스강 구조용 부재와 금구류 및 접합 소재를 위한 석출경화계 스테인리스강의 사용을 기본으로 한다. 단, 페라이트계 스테인리스강은 용접용으로는 사용할 수 없다.

(4) 이 기준 및 관련 기준에 별도의 규정이 없을 경우 하중, 하중 조합, 시스템 제한 및 일반 설계 요구조건 등은 KDS 41 00 00 건축구조기준 및 그 하위 기준을 따른다.

(5) 이 기준에 포함되지 않은 조건에 대해서는 국토교통부장관이 이 기준과 동등 이상의 성능을 확보할 수 있다고 인정하는 구조설계법에 따라 설계할 수 있다.

1.1.1 내진설계 적용

이 기준에서는 내진설계 상세사항은 포함하고 있지 않다. 그러나, 스테인리스강 구조물의 내진설계 시에는 건축물 내진설계기준(KDS 41 17 00), 건축물 강구조 설계기준(KDS 41 30 10)과 강구조내진 설계기준(KDS 14 31 60)을 참조할 수 있고 지진응답 수정계수는 책임구조기술자의 확인 후 적용할 수 있다.

1.1.2 원자력구조물 적용 (원자력을 포함한 발전시설 구조물의 적용)

구조용 스테인리스강이 원자력 구조물의 설계, 제작 및 조립에 사용될 때는 원자력(발전) 시설 안전 관련 강구조물 설계기준 요건을 반영하여 이 기준을 사용해야 한다.

비고 및 해설

- 건축물과 사회기반시설에서 페라이트계 스테인리스강은 재료적 취성거동에 따라 용접접합을 허용하지 않는다. 별도의 용접 안전성을 확인하는 경우 사용할 수 있다.

  다음의 기존연구에서 페라이트계 스테인리스강의 용접거동에 관한 연구가 진행되었고 강도적인 측면에서 페라이트계 스테이리스강의 용접성능에 대한 검증되었지만, 취성적 거동 특성으로 구조안전을 고려하여 용접 접합부에는 포함하지 않고 있다.

  - Y.C. Yuk, W.R. An, B.K. Hwang, T.S. Kim, An Investigation on Base Metal Block Shear Strengthof Ferritic Stainless Steel Welded Connection, Appl. Sci. 2019, 9, 4220
  - G.C. Lee, J.S. Kim, H.J. Kim, K.H. Lim, B.Y. Lee, 페라이트계 스테인리스 강 MAG 용접의 기계적 물성에 관한 연구, Journal of KWJS 2009;27(2):27-31.
  - G. Shanmugasundar, Ankur Bansod, Vladimira Schindlerova, Robert Čep, Properties of 430 Ferritic Stainless Steel Weld Joints, Materials 2023, 16(4).

1.2 해설과 설계원칙

1.2.1 설계 요구사항

이 절은 본 기준의 모든 장에 적용할 수 있는 오스테나이트계, 페라이트계 및 듀플렉스계 스테인리스강 구조물의 설계와 석출경화계 스테인리스강으로 구성된 인장재, 피팅재(fittings) 및 파스너에 대한 일반 요구사항을 기술한다.

1.2.1.1 일반사항

구조부재 및 접합부의 설계는 구조시스템에서 요구하는 사항 및 구조해석에서 설정한 가정과 일치해야 한다.

1.2.1.2 하중 및 하중조합

하중과 하중조합은 건축물 구조기준 KDS 41 12 00에 따른다.

1.2.1.3 설계 기본사항

구조물이 적용 가능한 모든 하중조합을 받을 때 적용 가능한 강도한계상태 또는 사용한계상태를 초과해서는 안된다. 강도설계는 한계상태설계 규정을 따른다.

1.2.1.3.1 한계상태설계법에 따른 강도설계

한계상태설계 규정에 따른 설계는 각 구성 요소의 설계강도가 한계상태설계법 하중조합에 따라 결정된 소요강도 이상일 경우 이 규정의 요구사항을 만족한다.

부재의 설계는 식 1.2-1을 만족하여야 한다.

$$R_u \leq \phi R_n \qquad (1.2\text{-}1)$$

여기서, R_u = 한계상태설계법 하중조합에 따라 결정된 소요강도

R_n = 공칭강도

ϕ = 강도저항계수

ϕR_n = 설계강도

각 한계상태에 대한 공칭강도, R_n 및 강도저항계수, ϕ는 4.1에서 4.7에 정의되어 있다

1.2.1.3.2 소요강도

구조부재 및 접합부의 소요강도는 1.2.1.2절에 정의된 적용 가능한 하중조합을 사용하여 구조해석을 통해 결정해야 하며, 이때, 탄성 또는 비탄성 해석을 수행할 수 있다. 해석에 대한 요구사항은 1.2.2 및 4.10에 규정되어 있다.

1.2.1.3.3 접합부와 지지부의 설계

접합요소는 4.6과 4.7의 규정에 따라 설계한다. 접합부 설계에 사용하는 하중과 변형은 접합부에 요구되는 성능 및 구조설계에 사용된 가정과 일치해야 한다. 접합부의 자체제한(self-limiting) 비탄성 변형이 허용된다. 지지부에서 해석에 의해 구속이 필요하지 않다는 것이 입증되지 않는 한 작은보, 큰보와 트러스는 종축에 대한 회전을 구속해야 한다.

(1) 단순접합

단순접합은 무시할 수 있을 정도의 작은 모멘트를 전달한다. 구조해석에서 단순접합은 접합되는 요소들 사이에 구속되지 않은 상대 회전을 허용하는 것으로 가정한다. 단순접합은 구조해석에 의해 결정된 필요한 회전을 수용할 수 있는 충분한 회전 능력을 가져야 한다.

(2) 모멘트접합

모멘트접합은 완전강접모멘트접합과 부분강접모멘트접합으로 구분된다.

① 완전강접모멘트접합(Fully Restrained (FR) Moment Connections)

완전강접모멘트접합은 접합된 부재 사이에 무시할 수 있는 정도의 회전을 허용하며 모멘트를 전달한다. 구조해석에서는 접합부가 상대회전을 허용하지 않는 것으로 가정한다. 완전강접모멘트접합부는 강도 한계상태에서 접합된 부재 사이의 초기 각도를 유지하기에 충분한 강도와 강성을 가져야 한다.

② 부분강접모멘트접합(Partially Restrained (PR) Moment Connections)

부분강접모멘트접합은 모멘트를 전달하지만 접합된 부재 사이의 상대회전은 무시할 수 없다. 구조해석에서는 부분강접 접합부의 모멘트-회전각 응답 특성이 포함되어야 한다. 부분강접모멘트접합부의 응답 특성은 해석 또는 실험을 통해 결정되어야 한다. 부분강접모멘트접합부의 구성 요소는 요구되는 접합강도까지 모멘트 회전 응답이 실현될 수 있도록 충분한 강도, 강성 및 변형능력을 가져야 한다.

1.2.1.3.4 다이아프램과 수집재(Collectors)

다이아프램과 수집재는 1.2.1.2의 규정에 따라 산정된 하중에 적합하도록 설계해야 한다. 다이아프램과 수집재는 4.1부터 4.7까지의 규정에 적합하도록 설계해야 한다.

1.2.1.3.5 콘크리트 정착설계

주각부와 앵커는 4.6의 규정에 따라 설계해야 한다.

1.2.1.3.6 안정성 설계

구조시스템과 부재의 안정성은 1.2.2의 규정에 따라 설계한다.

1.2.1.3.7 사용성 설계

구조물 전체, 개별 부재 및 접합부의 사용성 한계상태는 4.8의 규정에 따라 평가한다.

1.2.1.3.8 구조건전성 설계

관련 기준에서 구조건전성 설계를 요구하는 경우 이 절의 규정을 만족하여야 한다.

(1) 기둥 이음은 이음 사이 또는 바로 아래 저면 사이 기둥의 영향면적에 대한 $D + L$ 이상의 공칭인장강도를 가져야 한다.

여기서, D = 공칭고정하중, N

L = 공칭활하중, N

(2) 작은보와 큰보의 단부접합부는 1.2.1.3.1(한계상태설계법)에 따른 소요수직전단강도의 2/3 이상의 공칭인장강도를 가져야 하며, 최소 45kN 이상이어야 한다.
(3) 기둥의 안정을 위한 부재의 단부 접합부는 1.2.1.3.1(한계상태설계법)에 따른 설계수준 기둥 소요압축강도의 2/3의 1% 이상의 공칭인장강도를 가져야 한다.

이 절의 구조건전성에 대한 강도 요구사항은 다른 강도 요구사항과 독립적으로 평가되어야 한다. 이 요구사항을 충족시키기 위해 인장력 방향과 평행한 단슬롯구멍을 갖는 접합부의 지압볼트 및 접합부의 비탄성 변형이 허용된다.

1.2.1.3.9 물고임 설계

지붕면에 물고임이 발생하지 않도록 설계되어 있지 않은 경우, 구조해석을 통하여 물고임에 대해 적절한 강도와 안정성을 확보할 수 있도록 지붕시스템을 조사해야 한다.
물고임에 대한 안정성 및 강도 해석에서 물고임이 시작될 때 존재하는 고정하중을 포함한 모든 하중과 빗물 및 녹은 눈의 물고임에 따른 지붕 구조의 처짐효과를 고려해야 한다.

1.2.1.3.10 피로설계

반복하중을 받는 부재와 접합부는 책임구조기술자에 의해 피로설계를 고려해야 한다. 통상적인 건축물의 횡력저항시스템 및 건물외피요소에 작용하는 풍하중 효과에 대한 피로는 고려하지 않아도 된다.

1.2.1.3.11 내화설계

내화설계에 대한 다음 두 가지 방법이 4.11에 기술되어 있다.
(1) 해석
(2) 인증시험

이 절은 구조설계를 담당하는 구조기술자 또는 설계팀의 다른 구성원에 대한 계약을 위한 요구사항에 적용하기 위한 규정은 아니다.

1.2.1.4 부재특성

1.2.1.4.1 국부좌굴에 대한 단면성능

축방향 압축을 받는 부재의 단면은 비세장판단면 및 세장판단면으로 분류된다. 비세장판단면의 경우 압축요소의 폭두께비는 표 1.2-1의 λ_r을 초과해서는 안된다. 압축요소의 폭두께비가 λ_r을 초과하는 경우 해당 단면은 세장판요소단면으로 분류된다.

휨을 받는 부재의 경우 단면은 조밀, 비조밀, 세장판단면으로 분류된다. 표 1.2-2에 기술된 모든 단면에서 플랜지와 웨브는 연속적으로 연결되어야 한다. 조밀단면은 압축요소의 폭두께비가 표 1.2-2의 한계폭두께비 λ_p를 초과해서는 안된다. 하나 이상의 압축요소 폭두께비가 표 1.2-2의 λ_p를 초과하고 λ_r을 초과하지 않는 경우 단면은 비조밀단면으로 분류한다. 압축요소의 판폭두께비가 λ_r을 초과하는 경우 해당 단면은 세장판단면으로 분류한다.

웨브와 플랜지가 연속적으로 접합되지 않는 경우, 요소의 세장비는 접합되지 않은 길이와 적절한 판좌굴 경계조건을 고려해서 산정해야 한다.

1.2.1.4.3의 규정에 따라 결정된 평균항복강도, $F_{y,avg}$를 사용하여 설계된 각형강관 및 원형강관은 표 1.2-1 또는 표 1.2-2의 한계폭두께비를 산정할 때, F_y 대신 평균항복강도, $F_{y,avg}$를 사용하여 단면을 분류해야 한다.

(1) 비구속판요소

① I형 및 T형강 부재 플랜지의 경우, 폭 b는 전체 플랜지 폭 b_f의 1/2이다.

② ㄱ형강 다리와 ㄷ형강 및 Z형강 플랜지 플랜지의 경우, 폭 b는 전체 다리 또는 플랜지 폭이다.

③ 평판의 경우, 폭 b는 자유단 단부에서 파스너의 첫 번째 열 또는 용접선까지의 거리이다.

④ T형강 스템의 경우, d는 단면의 전체 춤이다.

표 1.2-1의 비구속판요소에 대한 그림을 참조한다.

(2) 구속판요소

압축력 방향과 평행한 양쪽 단부 모두 직각방향의 판요소에 의해 지지되는 구속판요소의 폭은 다음과 같이 산정한다.

① 압연형강 웨브의 경우, h는 플랜지 사이 순간격에서 각 플랜지의 필릿반경을 제외한 거리이다. h_c는 도심에서 압축 플랜지 내부 면까지 거리의 두 배에서 필릿반경 또는 모서리반경을 제외한 값이다.

② 조립부재 웨브의 경우, h는 인접한 파스너 라인 사이의 거리 또는 용접된 플랜지 사이의 순간격이고, h_c는 도심에서 가장 가까운 파스너 라인까지 거리의 두 배이다. 용접을 사용한 경우에는 용접된 압축 플랜지 또는 압축 플랜지의 내부면까지의 거리이

다. h_p는 소성중립축에서 용접된 압축 플랜지 또는 압축 플랜지 내부 면에 있는 가장 가까운 파스너 라인까지의 거리의 두 배이다.

③ 각형강관 플랜지의 경우, 폭 b는 웨브 사이 순간격에서 각 면의 내부 모서리반경을 제외한 값이다. 각형강관 웨브의 경우 h는 플랜지 사이의 거리에서 각 면의 내부 모서리반경을 제외한 값이다. 모서리반경을 알 수 없는 경우 b와 h는 해당 외부 치수에서 두께의 3배를 뺀 값을 사용한다. 두께 는 1.5.1.4.2절 (1)항에 정의된 설계 벽 두께이다.

④ 박스형 단면의 플랜지나 웨브 및 기타 구속판요소의 경우, 폭 b는 보강요소 사이의 순간격이다.

⑤ 원형강관의 경우 폭은 외경 D를 사용한다.

표 1.2-1의 구속판요소에 대한 그림을 참조한다.

압연 변단면 플랜지의 경우 두께는 자유단 단부와 웨브의 해당 면 사이의 중간값이다.

1.2.1.4.2 설계두께

(1) 조립부재, 압연형강 및 평판의 설계두께

플랜지 두께 t_f, 웨브 두께 t_w, 강관 및 평판 두께 t에 대한 설계두께는 조립부재, 압연형강 및 평판의 설계와 관련한 계산에 사용된다. 5mm를 초과하는 단면 요소의 설계두께는 공칭두께를 사용한다. 5mm 이하의 단면 요소 설계두께는 공칭두께의 0.95배를 사용한다. 최소공차가 공칭두께의 0.05배 미만인 단면 요소의 설계두께는 공칭두께를 사용할 수 있다.

(2) 강관의 설계벽두께

강관벽의 설계두께는 강관의 설계와 관련한 계산에 사용된다. 강관의 설계벽두께 는 공칭두께의 0.95배를 사용한다. 최소공차가 공칭벽두께의 0.05배 미만인 단면 요소의 설계두께는 공칭두께를 사용할 수 있다.

1.2.1.4.3 냉간성형에 따른 스테인리스 강관부재의 강도증가

냉간성형을 통하여 제조된 스테인리스강 강관부재의 냉간 가공에 따른 강도증가는 F_y를 $F_{y,avg}$로 대체하여 적용할 수 있다. 여기서 $F_{y,avg}$는 단면 전체의 평균항복응력이다. 이러한 강도증가의 적용은 4.1, 4.2, 4.3, 4.5와 4.14로 제한된다. $F_{y,avg}$를 결정하는 제한사항 및 방법은 다음 (1) 및 (2)를 따른다.

(1) 스테인리스강 냉간성형 강관의 평균항복응력 $F_{y,avg}$는 다음 방법 중 하나를 기반으로 결정한다.

① 냉긴성형강 설계기준 KDS 41 30 30 4.9.2.3 (1)① 에 따른 단면 전체 인장시험

② 냉간성형강 설계기준 KDS 41 30 30 4.9.2.3 (1)② 에 따른 단주 시험

③ 식 1.2-2에 따라 산정

– 냉간성형 각형강관

$$F_{y,avg} = \frac{F_{y,corner}A_{corner} + F_{y,wall}(A_g - A_{corner})}{A_g} \le F_u \quad \text{(1.2-2-1)}$$

– 냉간성형 원형강관

$$F_{y,avg} = F_{y,rnd} \quad \text{(1.2-2-2)}$$

여기서,

A_{corner} = 각 모서리 양쪽 단면의 둘레를 따라 연장되는 길이 $2t$의 영역을 포함한 모서리의 총단면적, mm^2

$$= (\pi t)(2r+t) + 16t^2 \quad \text{(1.2-3)}$$

A_g = 부재의 총단면적, mm^2

$F_{y,corner}$ = 냉간성형 각형강관 모서리의 인장항복강도, MPa

$$= 0.85\frac{F_y}{\epsilon_y^n}(\epsilon_{corner} + \epsilon_y)^n, F_y \le F_{y,corner} \le F_u \quad \text{(1.2-4)}$$

$F_{y,rnd}$ = 냉간성형 원형강관 모서리의 인장항복강도, MPa

$$= 0.85\frac{F_y}{\epsilon_y^n}(\epsilon_{rnd} + \epsilon_y)^n,\ F_y \le F_{y,rnd} \le F_u \quad \text{(1.2-5)}$$

$F_{y,wall}$ = 냉간성형 각형강관 평평한 부분의 인장항복강도, MPa

$$= 0.85\frac{F_y}{\epsilon_y^n}(\epsilon_{wall} + \epsilon_y)^n,\ F_y \le F_{y,wall} \le F_u \quad \text{(1.2-6)}$$

$$n = \frac{\log(F_y/F_u)}{\log(\epsilon_y/\epsilon_u)} \quad \text{(1.2-7)}$$

ϵ_{corner} = 냉간성형 각형강관 모서리의 변형률

$$= \frac{t}{2(2r+t)} \quad \text{(1.2-8)}$$

ϵ_{rnd} = 냉간성형 원형강관의 변형률

$$= \frac{t}{2(D-t)} \quad \text{(1.2-9)}$$

ϵ_u = 극한변형률

값이 알려지지 않은 경우 식 1.5-10에 따라 개략적으로 산정

$$= 1 - \frac{F_y}{F_u} \le \epsilon_f \quad \text{(1.2-10)}$$

ϵ_f = 50mm 길이로부터 결정된 파단 이후 규정 최소 신율

ϵ_{wall} = 냉간성형 각형강관 평평한 부분의 변형률

$$= \frac{t}{900} + \frac{\pi t}{2(B+H-2t)} \quad \text{(1.2-11)}$$

$$\epsilon_y = 0.002 + \frac{F_y}{E} \quad \text{(1.2-12)}$$

B = 각형강관의 전체 폭, mm

D = 원형강관의 외경, mm

E = 스테인리스강의 탄성계수, MPa

= 195,000 MPa (오스테나이트계 및 듀플렉스계 스테인리스강)

= 200,000 MPa (페라이트계 스테인리스강)

F_u = 규정 최소인장강도, MPa

F_y = 규정 최소항복강도, MPa

H = 각형강관의 전체 높이, mm

r = 모서리 내경, mm

내경을 알 수 없는 경우, $2t$를 사용할 수 있다.

(2) 냉간성형 구조용 스테인리스강 부재의 기계적 특성에 대한 용접의 영향은 제작자가 사용하려는 용접이 게이지 길이 내에 포함된 단면 전체 시편의 시험을 기반으로 결정되어야 한다. 부재를 구조용으로 사용할 때 이 효과를 모두 적용해야 한다.

1.2.1.4.4 총단면적과 순단면적

(1) 총단면적

부재의 총단면적 A_g는 전체 단면적이다.

(2) 순단면적

부재의 순단면적 A_n은 다음과 같이 산정된 각 요소의 두께와 순폭의 곱의 합이다.

인장 및 전단에 대한 순단면적을 계산할 때 볼트 구멍의 직경은 표 4.6-5에 따라 산정한다.

대각선 또는 엇갈려 배치된 볼트구멍의 선을 사용하는 경우, 부재의 순 폭은 볼트구멍이 지나는 총 폭에서 모든 구멍의 직경 또는 슬롯 치수의 합을 전체 폭에서 제외하고 볼트구멍 선의 각 게이지에 $s^2/4g$를 더한다.

여기서, g = 볼트 게이지라인 사이의 가로 중심 간 간격(게이지), mm

s = 연속된 두 구멍 사이의 종방향 중심 간 간격(피치), mm

ㄱ형강의 경우, 다른 쪽 인접 다리에 있는 구멍의 게이지는 ㄱ형강 뒤쪽의 게이지 합에서 두께를 제외한 값을 사용한다.

거셋플레이트에 용접된 슬롯을 갖는 강관의 순단면적은 총단면적에서 슬롯을 형성하기 위해 절단된 부분의 폭과 두께를 곱한 값을 제외한다.

플러그용접 또는 슬롯용접의 순단면적을 결정할 때 용접금속은 순단면적에서 제외한다.

구멍이 없는 부재의 경우, 순단면적 A_n은 총단면적 A_g와 같다

1.2.1.4.5 조립 및 설치

조립 및 설치에 관한 문서는 4.9의 요구사항을 만족해야 한다.

1.2.1.4.6 품질관리 및 품질확보

품질관리 및 품질확보에 관한 사항은 4.9의 요구조건을 만족해야 한다.

1.2.1.4.7 기존건축물 평가

기존건축물 평가에 관한 사항은 4.12의 요구조건을 만족해야 한다.

표 1.2-1 압축력을 받는 압축요소 부재의 폭두께비

	구분	요소에 대한 설명	폭두께비	한계폭두께비, λ_r (세장판과 비세장판 요소)	예
비구속판요소	1	조립 또는 압연 I형 단면과 ㄷ형강의 플랜지, 조립 또는 압연 I형 단면으로부터 돌출된 판요소 또는 ㄱ형강 다리, 쌍ㄱ형강의 연속적으로 부착된 다리, T형강 플랜지와 스템, ㄱ형강 다리, 분리요소를 갖는 쌍ㄱ형강의 다리, 다른 모든 비보강요소	b/t 또는 d/t	$0.41\sqrt{\dfrac{E}{F_y}}$	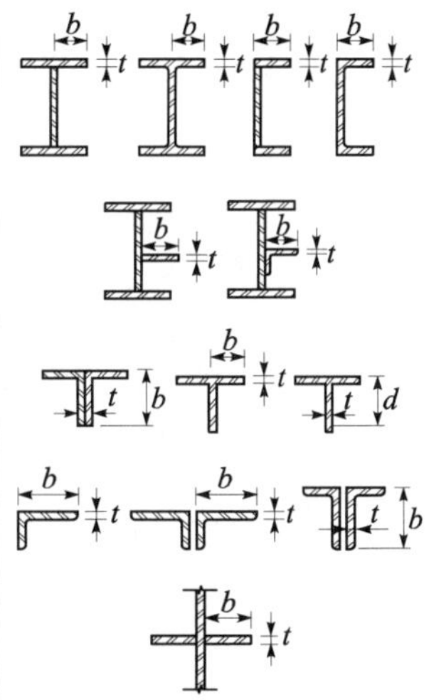
구속판요소	2	조립 또는 압연 I형 단면과 ㄷ형강의 웨브, 균일한 두께를 갖는 박스형 또는 각형강관의 벽	h/t_w 또는 b/t	$1.24\sqrt{\dfrac{E}{F_y}}$	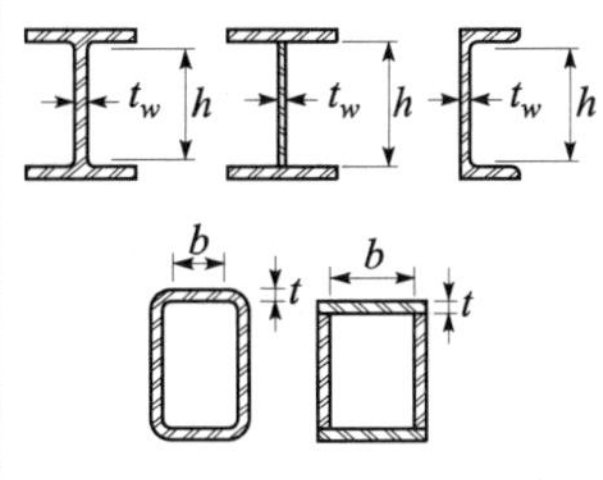
	3	원형강관	D/t	$0.10\dfrac{E}{F_y}$	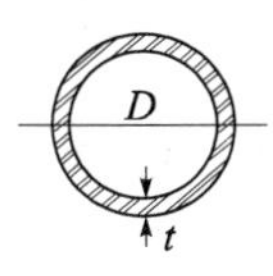

E = 스테인리스강의 탄성계수, MPa

= 195,000 MPa (오스테나이트계, 듀플렉스계), 200,000 MPa (페라이트계)

F_y = 규정 최소항복강도, MPa

표 1.2-2 휨을 받는 압축요소 부재의 폭두께비

	구분	요소에 대한 설명	폭두께비	한계폭두께비 λ_p (조밀과 비조밀)	한계폭두께비 λ_r (비조밀과 세장판)	예
비구속판요소	4	조립 또는 압연 I형 단면과 ㄷ형강의 플랜지, 쌍ㄱ형강의 연속적으로 부착된 다리, T형강 플랜지와 스템, 강축이나 약축에 대하여 휨을 받는 다른 모든 비보강요소	b/t	$0.33\sqrt{\dfrac{E}{F_y}}$	$0.41\sqrt{\dfrac{E}{F_y}}$	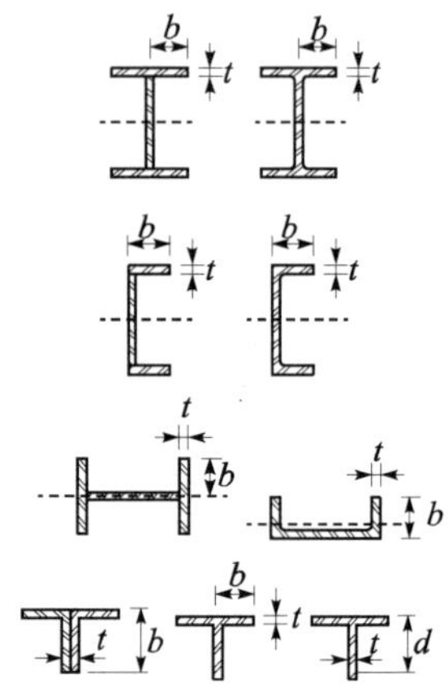
구속판요소	5	조립 또는 압연 I형 단면과 ㄷ형강, 균일한 두께를 갖는 박스형 또는 각형강관의 벽 웨브	h/t_w 또는 h/t	$2.54\sqrt{\dfrac{E}{F_y}}$	$3.01\sqrt{\dfrac{E}{F_y}}$	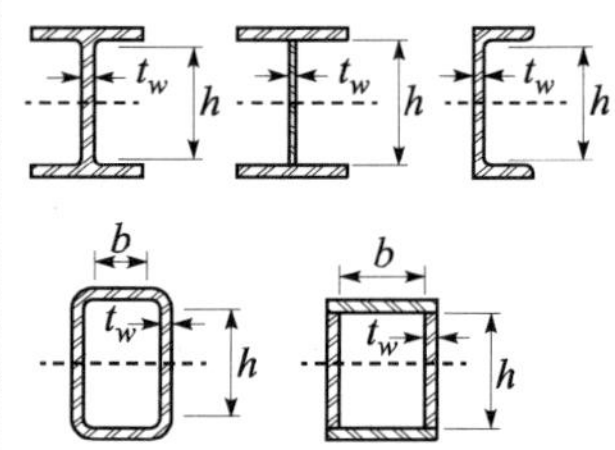
	6	균일한 두께를 갖는 박스형 또는 각형강관의 플랜지, 약축방향 휨을 받는 조립 또는 압연 ㄷ형강의 웨브	b/t 또는 h/t_w	$1.17\sqrt{\dfrac{E}{F_y}}$	$0.24\sqrt{\dfrac{E}{F_y}}$	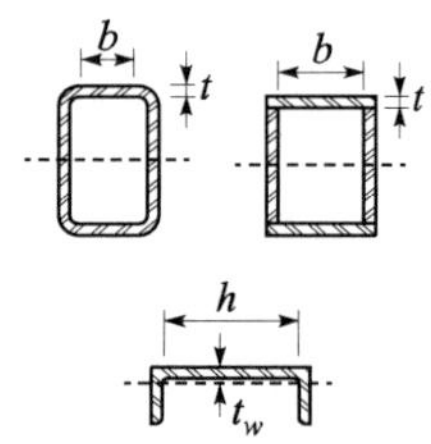
	7	원형강관	D/t	$0.08\dfrac{E}{F_y}$	$0.31\dfrac{E}{F_y}$	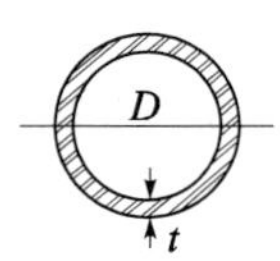

E = 스테인리스강의 탄성계수, MPa

= 195,000 MPa (오스테나이트계, 듀플렉스계), 200,000 MPa (페라이트계)

F_y = 규정 최소항복강도, MPa

1.2.2 골조의 안정성

1.2.2.1 안정설계 요구조건

구조물 설계 시 전체구조물과 각 구조부재의 안정성을 확보하여야 한다. 이를 위해 전체구조물과 각 구조부재의 안정성에 영향을 미치는 2차효과($P-\Delta$, $P-\delta$ 효과), 휨, 전단, 축방향 변형과 구조물에 변위를 발생시킬 수 있는 모든 변형, 기하학적 불완전성, 비탄성에 기인한 강성감소, 강성과 강도의 불확실성 등이 고려되어야 하며, 모든 하중종속 효과들은 한계상태 설계법의 하중조합에 따른 설계하중에 의해 계산되어야 한다.

상기의 사항들을 고려할 수 있는 어떠한 합리적인 안정설계법도 사용가능하며, 탄성 또는 비탄성 해석을 기반으로 해석할 수 있다. 탄성해석 설계 시 소요강도는 1.2.2.2절, 설계강도는 1.2.2.3절의 내용에 따라 산정한다.

구조물 비탄성해석 시에는 4.10.3절의 내용을 만족해야 한다.

1.2.2.2 소요강도의 계산

설계의 직접해석법에서는 구조물의 구성요소에 따른 소요강도를 1.2.2.2절 (1)에 따라 탄성해석을 통해 산정한다. 해석 시 1.2.2.2절 (2)에 따른 초기변형과 1.2.2.3절 (3)에 따른 강성조정이 필요하다.

(1) 일반 해석 요구조건

구조물 해석은 다음의 요구조건들을 만족해야 한다.

① 해석 시 휨, 전단, 축변형, 구조물의 변위에 영향을 미칠 수 있는 모든 구조 요소 및 접합부 변형들을 고려해야 한다. 해석은 1.2.2.3절 (3)에서 제시한 구조물의 안전성에 영향을 미칠 수 있는 모든 강성 감소를 합산해야 한다.

② 다음의 사항을 충족할 경우에는 구조물의 응답에 대한 P-δ 효과를 무시할 정도를 제외하고는 P-Δ 와 P-δ 효과를 포함한 2차 해석을 포함해야 한다.

가. 구조물이 중력하중을 연직방향 기둥, 벽체, 골조들이 지지할 경우

나. 모든 층에서 최대 1차 탄성해석 수평처짐의 최대 2차 탄성해석 수평처짐(1.2.2.3절 (3)에 지정된 대로 강성이 조정된 하중조합)의 비가 1.7 이하인 경우

다. 이동방향에서 모멘트저항골조의 부분으로 기둥들에 지지되는 구조물의 전체 중력하중의 1/3이하인 경우

③ 해석 시 구조물에 영향을 미칠 수 있는 중력하중 및 다른 적용하중들을 고려해야 한다.

④ 설계 시 2차해석은 하중조합에 의해 수행되어야 한다.

(2) 초기변형의 고려

인정설계에 대한 부재의 교차점에서 초기변형의 효과는 1.2.2.2절 (2)①에서 제시한 해석에 있어서 초기변형의 직접적인 모델링을 하거나 1.2.2.2절 (2)②에서 제시한 가상하중을 적용하여 고려해야 한다.

① 초기변형의 직접모델링

가. 모든 경우에 있어서 초기변형의 효과를 해석에 직접 포함시켜 초기 시스템 변형의 영향을 설명할 수 있다. 구조물은 가상의 위치에서 옮겨진 부재의 교차점에서 해석되어야 한다. 초기 변위의 크기는 설계에서 고려되는 최대량이어야 합니다. 초기 변위의 패턴은 가장 큰 불안정 효과를 제공하는 것이어야 한다.

나. 모든 층에서 최대 2차 층 층간변위에 대한 최대 1차 층간변위의 비율(1.2.2.3절에 지정된 대로 강성이 조정된 하중조합에 대해 결정한다.)이 1.7 이하인 경우 주로 가상의 연직방향 기둥, 벽 또는 골조를 통해 중력 하중을 지지하는 구조물의 해석에서, 중력 전용 하중 조합에 대한 해석에는 초기 시스템 변형을 포함할 수 있으며, 적용된 횡하중을 포함하는 하중 조합에 대한 해석에는 포함하지 않을 수 있다.

② 초기 변형을 나타내기 위한 추가적인 횡하중 사용

가상의 연직 기둥, 벽 또는 골조를 통해 주로 중력 하중을 지지하는 구조물의 경우, 이 절의 요구 조건에 따라 부재의 교차점 위치에서 초기 시스템 변형의 영향을 나타내기 위해 추가적인 횡하중을 사용하는 것이 허용된다. 추가적인 횡하중은 공칭 형상을 기반으로 한 구조물 모델에 적용되어야 한다.

가. 모든 하중조합은 다음과 같이 구조물의 각 층에 다른 하중과 함께 조합되는 추가적인 횡하중 N_i를 포함한다.

$$N_i = 0.002\,Y_i \quad \cdots\cdots (1.2\text{-}13)$$

여기서, N_i = i층에서 적용되는 추가적인 횡하중

Y_i = 하중조합에 따라 i층에 적용하는 중력하중

나. 모든 층에서의 추가적인 횡하중 N_i는 해당 층의 중력 하중과 동일한 방식으로 해당 층에 분배되어야 한다. 또한, 불안정한 효과가 가장 커지는 방향으로 적용되어야 한다.

다. 1.5.2.2절의 가상하중계수 0.002는 1/500의 공칭 초기 층 수직방향 이탈률을 기

반으로 한다. 다른 최대 수직 이탈률의 사용이 합리적으로 판단되는 경우 가상하중계수를 비례적으로 조정하는 것이 허용된다.

라. 모든 층에서 최대 1차 층간변위비에 대한 최대 2차 층간변위비가 1.7과 같거나 작은 구조물의 경우, 추가적인 횡하중 N_i은 중력에만 적용되는 하중조합에만 적용할 수 있으며 다른 횡하중을 포함하는 하중조합에는 적용할 수 없다.

(3) 단면강성의 조정

부재의 소요강도를 결정하기 위한 구조물 해석에서는 다음과 같이 감소된 강성을 사용해야 한다.

① 다양한 부재 유형 및 좌굴 축에 대해 표 1.2.1에 주어진 일반적인 강성 감소 계수 τ_g는 구조물의 안정성에 기여하는 모든 강성에 적용되어야 한다. 이 감소 계수를 구조물의 모든 강성에 적용하는 것이 허용된다.

② 휨 강성이 구조물의 안정성에 기여하는 모든 부재의 휨 강성에 추가 계수 τ_b를 적용해야 한다.

$$\tau_b = \frac{1.0}{1.0 + 0.002 n_{eff} \dfrac{E}{F_y} \left(\dfrac{P_r}{P_{ns}} \right)^{(n_{eff}-1)}} \quad \cdots\cdots (1.2\text{-}14)$$

여기서, P_{ns} = 단면 압축강도(비세장판 요소 단면)

P_{ns} = $F_y A_g$ (세장판 요소 단면)

P_{ns} = $F_y A_e$ (A_e는 4.2에서 정의한다)

P_r = 소요 압축 강도

n_{eff} = 표 1.2.3에 주어진 보조계수

표 1.2-3 τ 함수계수

부재 유형	τ_g	n_{eff}
압연 또는 조립 H형 단면의 약축 좌굴 및 이 표에 지정되지 않은 기타 단면	0.7	$0.45n$
압연 또는 조립 H형의 단면이 강축 좌굴 및 용접된 사각형 단면 및 원형 강관	0.7	$0.55n$
사각형 강관	0.7	n

③ 1.2.2.2절 (2)에 적용되는 구조물에서는 가상하중이 0.002인 경우 모든 비합성 부재에 대해 을 사용하는 것이 허용된다. 여기서는 1.2.2.2절 (2)②에 정의되어 있으며 모든 하중 조합에 대해 가장 큰 불안정화 효과를 제공하는 방향의 모든 층에 적용된다. 이러한 부가적인 하중은 부재 교차점 위치에서 초기 시스템 변형의 영향을 나타내는데 사용되는 하중에 추가되어야 하며 1.2.2.2절 (2)②(라) 조항의 적용을 받지 않는다.

④ 스테인리스강 이외의 재료로 구성된 부재가 구조물의 안정성에 기여하는 것으로 간주되고 다른 재료에 대한 관련 기준 및 시방서에서 더 큰 강성 감소를 요구하는 경우 해당 부재에 더 큰 강성 감소가 적용되어야 한다.

1.2.2.3 설계강도의 계산

각 부재 및 접합부의 설계강도는 4.2, 4.3, 4.4, 4.5, 4.6절의 사항을 만족해야 한다. 합리적인 해석에 의해 더 작은 값으로 판단되지 않는 한 모든 부재의 휨좌굴 유효길이는 비지지길이로 한다. 부재의 비지지길이를 정의하기 위해 가새는 지지점에서 부재이동을 제어할 수 있는 충분한 강성과 강도를 가져야 한다.

비고 및 해설

- 피로설계에 대한 자세한 내용은 본 지침 4.15절에서 기술한다.

1.3 구조설계도서

1.3.1 설계도서

(1) 설계도면에는 여러 가지 부재의 크기, 단면, 상대적인 위치 등을 완벽하게 표현해야 한다. 또한 바닥높이, 기둥중심 및 요철부위 치수 등을 표시하여야 한다.

(2) 트러스와 보의 치올림이 필요한 경우 설계도서에 기재해야 한다.

(3) 스티프너와 가새에 대한 요구사항도 설계도서에 명시해야 한다.

(4) 구조설계도서의 작성은 KDS 41 10 05(4.3.3)에 따른다. 또한, KDS 41 10 05(4.3.4)에 따른 구조설계도에는 용접재료의 강도와 고장력볼트의 설계방법 등을 포함한 접합부 설계에 대한 내용이 포함되어야 한다.

1.3.2 도면의 표시방법

(1) 설계도면과 제작·설치도면의 표시방법은 원칙적으로 KS F 1501에 따른다.
(2) 용접기호는 KS B 0052에 따른다.
(3) 검사기호는 KS B 0056에 따른다.

1.3.3 용접에 대한 표기

변형을 최소로 하기 위해 용접순서와 방법을 주의 깊게 조정해야 하는 접합부는 설계도서와 제작·설치도면에 명시하여야 한다.

1.4 제작 설치도면

1.4.1 건축주의 책무

건축주는 강구조물에 대한 구조설계도면과 구조체 공사시방서를 계약조건에 의해 공사용으로 적기에 제공하여야 한다.

1.4.2 제작·설치자의 책무

(1) 제작·설치자는 계약조건에 별도 면책조항이 없는 한 제작·설치도면을 작성하여야 한다.
(2) 제작·설치도면은 구조설계도면의 취지에 적합하고 이 기준의 규정에 따라 구조안전성을 확보하고 있는지 KDS 41 10 05(6)에 따라 책임구조기술자의 구조검토를 받아야 한다.
(3) 구조설계도면과 다른 방법의 접합상세 등을 적용할 경우에는 책임구조기술자의 서면승인을 받아야 한다.
(4) 제작·설치자는 용접설비와 용접방법에 따라 용접부의 유효단면적 등이 달라질 수 있으므로 용접접합상세와 계산근거를 책임구조기술자에게 미리 제출하여 승인을 받아야 한다.
(5) 기타 사항은 4.9절에 따른다.

Chapter 2

재료

2 재료

2.1 재질 및 요구조건

이 기준에서는 관련 표준에서 구조용으로 정의된 스테인리스 강재를 사용하는 것을 원칙으로 한다. 2.2절의 요구사항을 만족하지 않는 강재는 2.3절의 조건을 만족하면 구조용으로 사용할 수 있다.

2.1.1 구조용 스테인리스강 소재

구조용 스테인리스강은 설계강도 외에도 사용환경, 설계상세, 표면 마감, 수급성, 제작 및 유지보수 요구조건에 적절한 내식성을 포함한 사항들을 고려해서 선택하여야 한다.
강재검사증명서(Mill sheet)와 KS 표시인증제품 관련 인증서(KS 표시인증서)는 관련 한국산업표준(KS)을 준수하여야 하며, 별도 주문 요구사항이 있을 경우 관련 사항을 포함하여야 한다.

(1) 사용환경 평가
용도에 적합한 스테인리스강 강종을 선정하기 위해 설계 전에 사용환경을 평가해야 한다.

(2) 한국산업표준(KS) 및 최소 주문 요구사항
이 기준에 따라 구조용으로 사용이 가능한 스테인리스강의 계열과 강종은 표 2.1-1에 규정한다. 1.4.2절의 KS에서 규정한 형상에 따라 표 2.1-1에 표시한 강종의 표기는 달라진다. 페라이트계 스테인리스강의 최대 두께는 3.0 mm 이하로 제한한다. 석출경화계 스테인리스강은 인장재, 피팅재(fittings) 및 파스너에 대해서만 적용한다. 단, 최대 두께 제한을 초과하는 강재에 대해서는 관련학회에서 재료 및 구조검증에 의해 구조안전성 확인 후 사용할 수 있다.

표 2.1-1 구조용 스테인리스강의 계열과 강종

계열	강종 예
오스테나이트계 (Austenitic stainless steels)	STS304, STS304L, STS316, STS316L, STS321
페라이트계 (Ferritic stainless steels)	STS430
듀플렉스계 (오스테나이트계 · 페라이트계) (Duplex stainless steels)	STS329LD, STS329J3L, STS329FLD
석출경화계 (Precipitation hardening stainless steels)	STS630, STS631

스테인리스강을 주문할 때 설계상 요구사항을 준수해야 한다. 한국산업표준의 마감, 화학성분, 제품 치수, 시험방법, 단면 허용오차, 상태 및 특별 주문요건은 각 제품의 KS에 규정한 사항은 따라야 한다.

이 기준에 적용되는 스테인리스강의 물리적 성질은 표 2.1-2~표 2.1-6에 나타낸다.

KS에서 열간압연 스테인리스강 형강의 종류는 등변 ㄱ형강이 규정되어 있고 그 외 용접조립에 의해 H형강, ㄷ형강, ㄱ형강, T형강, 각형강관을 제작할 수 있으며 재료강도는 용접조립 형강에 사용된 스테인리스강 강재에 따른다.

스테인리스강의 단강 및 주강은 KS와 한국주물공업협동조합(KFCA)에 적합한 것을 사용하여야 한다.

비고 및 해설

- STS316L인 저탄소 오스테나이트계 스테인리스강은 각 용접부와 인접한 열영향부에서 크롬 탄화물이 결정립계로 침전되어 취성파단을 방지하기 위해 사용한다.
- KS D 4103 스테인리스강 주강품(SSC)규정은 폐지되었고 한국주물공업협동조합(KFCA)의 단체표준으로 변경되었다. 스테인리스강 주강품은 SPS-KFCA-D4103-5006에서 규정하고 있다.
- 페라이트계 스테인리스강은 AISC 370을 참조하면 저온에서 연성-취성 변태온도 DBTT (Ductile-Brittle Transition Temperature, 취성화 천이온도)를 가지며 일정의 온도에 노출되면 취성적 파단이 발생할 수 있어 페라이트계 스테인리스강을 포함하지 않고 있으나, EN1993 1-4 (2006)에서는 포함되어 있다. SCI 'Design manual for structural stainless

steel', 4th(2017)에서 페라이트계 스테인리스강은 용접접합에서는 세심한 주의가 필요하며 4mm이하의 두께로 제한하고 있다.

- 국내서 듀플렉스계 스테인리스강 생산 두께는 공장 설비 조건으로 최대 3mm이고 대량주문인 경우 그 이상의 두께도 생산은 가능하다. 국외에서는 고강도용으로 듀플렉스계 스테인리스강을 적용하는 사례가 많다.

(3) 기타 스테인리스강

1) 2.1.1 이외의 스테인리스강은 KS의 요구사항을 만족하는 것을 사용할 수 있고 신규 강종의 경우 강구조 전문학회의 구조 재료 적합성에 대한 확인이 필요하다.

2) 2.1.1에서 제시하는 스테인리스강 이외의 스테인리스강이 1.4.2의 KS 기준이나 다른 관련 기준에서 요구하는 화학적 조성과 기계적 요구사항을 만족하고 생산자 혹은 구매자가 1.4.2의 KS 기준과 2.1.1에서 제시하고 있는 절차에 따라 해석, 시험 및 기타 사항을 만족하는 경우, 이 기준을 사용할 수 있다.

3) 표 2.1-1에 제시된 스테인리스강 이외의 강종과 형강의 재료정수는 2.3.1에 따라 별도로 산정한다.

표 2.1-2 열간압연 스테인리스강 강판 및 강대의 재료강도(KS D 3705), (MPa)

스테인리스강 강재 종별		최소항복강도, F_y	최소인장강도, F_u
오스테나이트계	STS290	350	650
	STS301	205	520
	STS301L	215	550
	STS304	205	520
	STS304L	175	480
	STS316	205	520
	STS316L	175	480
	STS321	205	520
페라이트계	STS430	205	450
	STS430J1L	205	390
	STS445NF	245	410
듀플렉스계 (오스테나이트계 · 페라이트계)	STS329J3L	450	620
	STS329LD	450	620
	STS329FLD	450	620

표 2.1-3 열간압연 스테인리스강 등변 ㄱ형강의 재료강도(KS D 3694) (MPa)

스테인리스강 강재 종별		최소항복강도, F_y	최소인장강도, F_u
오스테나이트계	STS304	205	520
	STS304L	175	480
	STS316	205	520
	STS316L	175	480
	STS321	205	520
페라이트계	STS430	205	450

표 2.1-4 기계구조용 스테인리스강 강관의 재료강도(KS D 3536) (MPa)

스테인리스강 강재 종별		항복강도, F_y	인장강도, F_u
오스테나이트계	STS304 TKA STS304 TKC	205	520
	STS316 TKA STS316 TKC	205	520
듀플렉스계 (오스테나이트계 · 페라이트계)	STS329FLD TKA STS329FLD TKA	450	620
페라이트계	STS430 TKA STS430 TKC	245	410
	STS439 TKC	205	410

표 2.1-5 배관용 스테인리스 강관의 재료강도(KS D 3576) (MPa)

스테인리스강 강재 종별		항복강도, F_y	인장강도, F_u
오스테나이트계	STS304TP	205	520
	STS316TP	205	520
듀플렉스계 (오스테나이트계 · 페라이트계)	STS329FLD J3LTP STS329FLD LDTP	450	620
페라이트계	STS430TP	245	410

표 2.1-6 스테인리스 강봉의 재료강도(KS D 3706) (MPa)

<table>
<tr><th colspan="2">스테인리스강 강재 종별</th><th>열처리기호</th><th>최소항복강도, F_y</th><th>최소인장강도, F_u</th></tr>
<tr><td rowspan="4">오스테나이트계</td><td>STS304</td><td></td><td>205</td><td>520</td></tr>
<tr><td>STS304L</td><td></td><td>175</td><td>480</td></tr>
<tr><td>STS316</td><td></td><td>205</td><td>520</td></tr>
<tr><td>STS316L</td><td></td><td>175</td><td>480</td></tr>
<tr><td>듀플렉스계
(오스테나이트계 · 페라이트계)</td><td>STS329J3L</td><td></td><td>450</td><td>620</td></tr>
<tr><td rowspan="7">석출경화계</td><td>STS630</td><td>H900</td><td>1175</td><td>1310</td></tr>
<tr><td rowspan="6">STS631</td><td>H1025</td><td>1000</td><td>1070</td></tr>
<tr><td>H1075</td><td>860</td><td>1000</td></tr>
<tr><td>H1150</td><td>725</td><td>930</td></tr>
<tr><td>S</td><td>380</td><td>1030</td></tr>
<tr><td>RH950</td><td>1030</td><td>1230</td></tr>
<tr><td>TH1050</td><td>960</td><td>1140</td></tr>
</table>

비고 및 해설

- KS D 3536 : 이 표준은 기계, 자동차, 자전거, 가구, 기구(器具), 그 밖의 기계 부품 및 구조물에 사용하는 스테인 리스 강관(이하 관이라 한다.)에 대하여 규정한다. 관은 이음매 없이 제조하거나, 전기 저항 용접 또는 자동 아크 용접에 의하여 제조한다. 다만, STS 304 TKC, STS 316 TKC, STS 329 FLD TKC, STS 430 TKC, STS 439 TKC 및 STS 410 TKC는 전기 저항 용접, 자동 아크 용접 또는 레이저 용접으로 한다.
- KS D 3576: 이 표준은 내식용, 저온용, 고온용, 수도용, 공조 연결배관용 등의 배관에 사용하는 스테인리스 강관(이하, 관이라 한다.)에 대하여 규정한다. 단, 수도용으로 사용할 경우에는 용출 성능을 만족해야 한다.
- KS D 3706 : 스테인리스 강봉, 이 표준은 열간 가공 스테인리스 강을 열간으로 원형, 각, 육각 및 평판으로 성형한 봉상 또는 판상의 제품(원형강, 각강, 육각강 및 평강을 총칭하여 이하 봉이라 한다.)에 대하여 규정한다. 스테인리스강봉의 오스테나이트계의 열처리는 기본으로 고용화 열처리(S)를 수행한다. 열치리 온도 상세는 KS D 3706를 참조한다. 석출경화계의 열처리는 고용화 열처리(S)를 한후 석출경화 열처리 조건은 열처리 기호에 따라 실시한다.

2.1.2 재료정수

구조용 스테인리스강재의 탄성계수(E_o), 전단탄성계수(G_o), 및 열팽창계수 등의 재료정수는 표 2.1-7에 나타낸 값으로 한다. 스테인리스강의 포아송비 (ν)는 0.3으로 한다. 전단단성계수는 $G_o = E_o/(2(1+\nu))$에 의해 산정한다.

표 2.1-7 스테인리스강의 재료정수

계열	탄성계수, E_o	전단탄성계수, G_o	밀도	열팽창 계수 (20°C~100°C)	열전도율
	MPa	MPa	kg/m^3	10^{-6}/°C	W/m°C
오스테나이트계	195,000	75,000	8,000	16	15
듀플렉스계	195,000	75,000	7,800	13	15
페라이트계	200,000	76,900	7,700	10	25
석출경화계	197,000	75,800	7,800	11	16

비고 및 해설

스테인리스강의 탄성계수는 KDS 41 30 40 냉간성형 스테인리스강 설계기준에서 규정과 동일한 값으로 한다. 석출경화계 스테인리스강의 경우는 AISC 370를 참조한다.
페라이트계 스테인리스강의 경우는 SCI Design manual for structural stainless steel, 4th. 을 참조하였다. 비교군으로 탄소강 SM355급인 경우 탄성계수는 210,000GPa, 밀도는 7850kg/m^3, 열팽창계수는 12×10^{-6}/°C, 열전도율은 53W/m°C이다.

2.1.3 접합재료

(1) 볼트, 와셔 및 너트

볼트, 너트 및 와셔는 접합되는 스테인리스강 중 가장 높은 내식성을 갖는 강종과 동등 이상의 내식성을 가져야 한다.

한국산업표준(KS B 0241 : 내식 스테인리스 강제나사 부품의 기계적 성질) 중 하나에 부합하는 볼트, 너트 및 와셔를 사용하여야 한다. 와셔의 경우는 KS B 1326: 평와셔와 KS B 1324 : 스프링와셔 규정을 따른다. 볼트, 너트 및 와셔는 KS 경도시험 요건을 만족해야 한다. KS B 0241에 포함되지 않은 강종의 접합재료에 대해서도 한국강구조학회나 관련 기관의 인증을 취득한 후에 사용할 수 있다.

스테인리스강의 볼트류 및 너트에 대한 재료강도는 표 2.1-8과 표 2.1-9에 따른다.

표 2.1-8 스테인리스강 볼트, 스크류 및 스터드의 재료강도 (KS B 0241)

스테인리스강 강재 종별	등급	강도구분	나사지름(d) 범위	인장강도 F_u (MPa)	0.2% 영구변형시 응력 F_{yb} (MPa)	파단후 신장 (mm)
오스테나이트계	A1, A2, A3, A4, A5	50	≤M39	500	210	0.6d
		70	≤M24	700	450	0.4d
		80	≤M24	800	600	0.3d
페라이트계	F1	45	≤24mm	450	250	0.2d
		60		600	410	0.2d

* 오스테나이트계 강도구분 70과 80의 호칭 나사 지름(d)이 24 mm를 초과하는 볼트의 기계적 성질은 사용자와 생산자간의 협약에 따르고 이 표에 따라 강도구분을 표시한다.

** 너트는 볼트와 동일등급에 대해 동일 인장강도를 확보하여야 한다.
너트 스타일 1(높이 $m \geq 0.8d$)인 너트의 인장강도는 볼트와 동일한 강도를 적용하고,
저너트(높이 $0.5d \leq m < 0.8d$)의 경우는 KS D 0241를 확인한다.

*** 스테인리스강 평와셔는 KS B 1326에 따라 비커스 경도 HV120 이상을 확보하여야 한다.

표 2.1-9 스테인리스강 볼트의 공칭전단강도 및 공칭인장강도

스테인리스 강종	볼트 직경 d (mm)	공칭전단강도 F_{nv}; ϕ = 0.65		공칭인장강도 F_{nt} ϕ=0.75 (MPa)	소재인장강도[a] F_u (MPa)
		나사부가 전단면에 포함되지 않은 경우 (MPa)	나사부가 전단면에 포함된 경우 (MPa)		
오스테나이트계 (A1, A2, A3, A4, A5)	≤ 39	250	187	375	500
	≤ 24	350	262	525	700
	≤ 24	400	300	600	800
페라이트계 (F1)	≤ 24	225	168	337	450
		300	225	450	600

a. KS B 0241에 의한다.

비고 및 해설

- 스테인리스강 볼트 및 너트는 KS B 0241 : 내식 스테인리스 강제나사 부품의 기계적 성질(2021)과 KS B 1002 : 6각 볼트를 참조한다.
  스테인리스강 와셔에 대해 KS규정은 없고 KS B 1326에 스테인리스강 와셔 비커스 경도 및 재료 규정(KS D 3698, KS D 3705)은 규정되어 있다.
  탄소강에 대해서는 KS B 1010 : 마찰접합용 고장력 6각볼트·6각너트·평와셔의 세트와 KS B 2819 : 구조물용 토크-전단형 고장력볼트, 6각 너트 및 평와셔 세트에서 규정하고 있다.
  브리넬 경도로 최소 290 HBW(로크웰 경도로 31 HRC)로 경화된 스테인리스강 와셔는 전인장 조임으로 체결하여 사용해야 한다.
- 페라이트계 스테인리스강의 볼트, 스크루 및 스터드의 최저 템퍼링 온도는 270℃에서 경화 및 열처리를 수행한다. AISC 370 J3.6에서는 나사부가 전단면에 포함되지 않는 경우의 볼트의 전단강도는 $0.55F_u$, 나사부가 전단면에 포함되는 경우는 $0.45F_u$로 규정하고 있으나, KDS 41 30 40 냉간성형 스테인리스강 설계기준표 3.2-2와 동일한 값을 적용한다. KDS 41 30 40에서는 나사부가 전단면에 포함되지 않는 경우의 볼트의 전단강도는 $0.50F_u$, 나사부가 전단면에 포함되는 경우는 $0.375F_u$로 규정하고 있다.

(2) 용접재료

용접재료는 표 2.1-10에 나타낸 KS에 적합한 것으로 하고, 모재의 재질 및 용접조건을 고려하여 적절하게 선택한다.

표 2.1-10 스테인리스강 용접재료의 규격

계열	명칭
KS D 7014	스테인리스강 피복 아크 용접봉
KS D 3612	스테인리스강 아크 용접 플럭스 코어선
KS D 3696	용접용 스테인리스강 선재

스테인리스강 피복아크 용접봉과 아크 용접 플럭스 코어선의 용가재의 강도는 표 2.1-11과 표 2.1-12의 값으로 한다. 티그(TIG)용접 및 미그(MIG)용접용 스테인리스강 선재는 KS에 따른다. 듀플렉스계 스테인리스강 용접봉과 이외의 용접재료는 책임구조기술자가 확인하고, 이를 구조감리자가 승인하는 절차를 통하여 선택 후 적용한다. 구조용 페라이트계 스테인리스강은 용접접합을 피한다.

표 2.1-11 피복아크 용접봉의 기계적 성질(KS D 7014)

용접봉 종류	최소인장강도 F_{xx} (MPa)	최소연신율 E_{xx}(%)
E308	550	35
E308L	510	35
E308N2	690	25
E309	550	30
E309L	510	30
E309Nb	550	30
E309NbL	510	30
E309Mo	550	30
E309MoL	510	30
E312	660	22
E16-8-2	550	35
E316	550	30
E316L	510	35
E316J1L	510	35
E317	550	30
E317L	510	30
E318	550	25
E329J1	590	18
E347	550	30
E347L	510	30
E349	690	25

주) 상기에 언급되지 않은 용접봉의 경우 KS D 7014에 규정된 시험 또는 이와 동등한 공인기관의 용접시험을 통하여 용접봉 및 이를 사용한 용접부의 건전성을 반드시 확인하여야 하며, 관련 결과를 근거로 품질관리 기관의 사용허가를 득한 후 사용하여야 한다.

표 2.1-12 아크 용접 플럭스 코어선의 기계적 성질(KS D 3612)

용접선 종류	최소인장강도 F_{xx} (MPa)	최소연신율 E_{xx}(%)
YF308	550	35
YF308L	510	35
YF309	550	30
YF309L	510	30
YF309J	550	20
YF309Mo	550	30
YF309MoL	510	20

표 2.1-12 (계속) 아크 용접 플럭스 코어선의 기계적 성질(KS D 3612)

용접선 종류	최소인장강도 F_{xx} (MPa)	최소연신율 E_{xx}(%)
YF316	550	30
YF316L	510	35
E316J1L	510	35
E317L	510	30
E318	550	25
E347	550	30

주) 상기에 언급되지 않은 용가재의 경우 KS D 3612에 규정된 시험 또는 이와 동등한 공인기관의 용접시험을 통하여 용가재 및 이를 사용한 용접부의 건전성을 반드시 확인하여야 하며, 관련 결과를 근거로 품질관리 기관의 사용허가를 득한 후 사용하여야 한다.

비고 및 해설

- 용접봉과 용접선을 포함해서 용가재로 사용할 수 있다. KS D 7014는 용접봉, KS D 3612, 3696은 용접선이고 용접봉과 용접선을 포함해서 용가재 표현을 사용할 수 있다.
- 티그(TIG)용접과 미그(MIG)용접에 사용되는 스테인리스강 나사봉 및 선에 대한 규정인 KS D 7026 용접용 스테인리스 강봉 및 강선 규정은 폐지되었고 KS D 3696을 참조한다.
- AWS D1.6/D1.6M의 부록 D에는 최소 비용 및 강도 고려 사항에 따라 충전재 및 기본 금속 조합에 대한 선택사항이 규정된다.
- KS D 7104에서는 오스테나이트계 스테인리스강, 페라이트계 스테인리스강, 석출경화계 스테인리스강에 대한 피복 아크 용접봉의 용착금속에 대해 규정하고 있다. 크롬 11%이상, 니켈 22%이하의 용착금속을 얻는 스테인리스강 피복 아크용접봉에 대한 규정이다. KS D 3612와 KS D 3696에서는 오스테나이트계 스테인리스강과 페라이트계 스테인리스강의 용착금속에 대해 규정한다.
- 듀플렉스계 스테인리스강 용접봉에 대한 KS 규정은 없고, 국내 용접봉 제조사에서 미국용접학회 AWS 5.9에서 규정하는 ER2209, ER2594에 준하는 2209와 2594를 생산한다.
- KS D 3612 스테인리스강 아크 용접 플럭스 코어선에서 YF ×××C는 탄산가스 또는 아르곤가스에 20%이상의 탄산가스를 함유하는 혼합가스를 실드가스로 사용하고 전류는 DC(+)이다. YF ×××S는 실드가스가 없고 YF ×××G는 실드가스를 별도 지정하지 않는 경우이다.
- KS D 3696은 용접용 봉, 와이어 및 피복 아크 용접봉용 심선에 사용하는 스테인리스강 선재에 대하여 규정한다. KS에서 STSY308, STSY308L, STSY316, STSY316L 등으로 표기한다. 강도와 연신율에 관한 사항은 별도로 규정하지 않고 있으며 KS D 7014와 KS D 3612에 준한다.
- 표면 경화 : 450°C 미만의 온도에서 스테인리스강의 표면 경화를 위해 다음과 같은 방법이 허용된다.

(a) 오스테나이트계 스테인리스강의 침질탄화 또는 저온탄화
(b) 듀플렉스계 스테인리스강의 저온 침탄공법
(c) 석출경화계 스테인리스강의 질화, 침질탄화 또는 저온탄화
와셔 이외의 재료에 대한 경도 시험은 한국산업표준에 의거하여 실시해야 한다.

- 오스테나이트계 스테인리스강의 질화는 적절한 담금질이나 마모 보호 처리를 하지 않은 매우 얇은 경화층을 생성하고 합금의 내식성을 감소시키기 때문에 권장하지 않는다. 이 방법을 사용할 경우 오스테나이트계 스테인리스강 합금은 저탄소이고 질화 전에 소둔 상태여야 하며, 내식성 감소가 서비스 환경에서 성능에 미치는 영향을 신중히 평가해야 한다.

2.2 내식저항성능을 위한 최소조건

2.2.1 스테인리스강의 내부식성 규정을 위한 최소 평가 요건

이 기준에는 스테인리스강의 내식성을 명시하기 위한 최소 평가요건을 규정한다. 스테인리스강은 이종금속과의 접촉, 염화물에 노출, 접합부, 조립재 및 표면 퇴적물이 쌓여 산소와의 접촉이 제한적인 경우, 미생물 접촉 및 액체와의 접촉 등과 같이 내식성에 영향을 미칠 수 있는 환경에 노출될 가능성이 있는 경우 사용환경에 적절한 것을 확인하고 사용해야 한다.

(1) 갈바닉 부식 (이종금속접촉 부식, 전위차 부식)

이종 금속이 직접 접촉할 때마다 갈바닉 부식 가능성을 평가해야 한다. 평가결과에 의해 두 이종 금속간 격리가 필요한 경우 격리 수단을 지정해야 한다.

(2) 염화물 응력부식균열(SCC)

염화물에 노출된 구조 부재는 반드시 염화물 응력부식균열 가능성을 평가해야 한다.

(3) 틈새부식

접합부, 조립재 및 표면 퇴적물이 쌓일 수 있는 영역은 틈새부식 가능성을 평가해야 한다.

(4) 미생물 부식

미생물이 존재할 것으로 예상되는 물 또는 습한 토양에 구조부재가 노출될 경우, 설계 및 사용환경은 미생물에 영향을 받는 부식(미생물 부식, MIC)의 가능성을 평가해야 하며,

사용환경에 적합한 스테인리스강을 지정하는 것 외에도 위험을 해결하기 위해 설계 또는 운영상 필요 사항을 제시해야 한다.

(5) 액체에 의한 침시 또는 튐에 의한 부식

연속적, 주기적 또는 빈번하게 액체에 담기거나 정기적으로 튐에 의한 액체와의 접촉이 발생하는 구조부재는 이에 따른 부식 취약성을 평가해야 한다.

비고 및 해설

- 틈새부식은 crevice corrosion이다.
- 입계부식은 Cr탄화물 석출에 의한 Cr 결핍층이 형성될 수 있으며 이러한 경우 저탄소(L버전) 스테인리스강 사용을 권장한다.

2.3 재료거동의 모델링

이 기준은 오스테나이트계, 페라이트계 및 듀플렉스계 스테인리스강 구조부재의 상온 및 고온에서의 재료거동 모델링에 대한 산정식을 제시하며 접선계수와 할선계수를 계산하기 위한 산정식을 규정한다.

2.3.1 상온에서의 재료거동

(1) 응력-변형률 거동

변화경화를 포함한 오스테나이트계, 페라이트계 및 듀플렉스계 스테인리스강의 비선형 응력-변형률 거동은 식 (2.3-1) 및 식(2.3-2)에 따라 결정된다.

- $f \le F_y$의 경우

$$\varepsilon = \frac{f}{E} + 0.002\left(\frac{f}{F_y}\right)^n \qquad (2.3\text{-}1)$$

- $F_y \le f \le F_u$의 경우

$$\varepsilon = 0.002 + \frac{F_y}{E} + \frac{f - F_y}{E_{ty}} + \left(\epsilon_u - 0.002 - \frac{F_y}{E} - \frac{F_u - F_y}{E_{ty}}\right)\left(\frac{f - F_y}{F_u - F_y}\right)^m \qquad (2.3\text{-}2)$$

여기서, E = 스테인리스강의 탄성계수, MPa (오스테나이트계와 듀플렉스계인 경우 195,000MPa, 페라이트계인 경우 200,000MPa)

E_{ty} = f를 F_y로 대체하여 식 (2.3-4)에 따라 결정되어 설계기준 최소항복강도에서의 접선계수, MPa

F_y = 설계항복강도, MPa

F_u = 설계인장강도, MPa

n = 변형경화계수(오스테나이트계 스테인리스강인 경우 7, 듀플렉스계 스테인리스강인 경우 8, 페라이트계 스테인리스강인 경우 14)

$$m = 1 + 2.8\frac{F_y}{F_u} \qquad (2.3\text{-}3)$$

f = 공칭 응력, MPa

ε = 공칭 변형률

ε_u = 최대 인장응력에서의 변형률, 알 수 없는 경우 식 (2.3-4)에 따라 근사화

$$= 1 - \frac{F_y}{F_u} \le \varepsilon_f \qquad (2.3\text{-}4)$$

ε_f = 50mm 길이에 걸쳐 결정된 파단 후 설계기준 최소 연신율

(2) 접선탄성계수, E_t

오스테나이트계, 페라이트계 및 듀플렉스계 스테인리스강의 접선탄성계수 E_t는 응력 수준 $f \le F_y$에 대해 식 (2.3-5)에 따라 결정될 수 있다.

$$E_t = \frac{EF_y}{F_y + 0.002nE\left(\frac{f}{F_y}\right)^{n-1}} \qquad (2.3\text{-}5)$$

(3) 할선탄성계수, E_s

오스테나이트계, 페라이트계 및 듀플렉스계 스테인리스강의 할선탄성계수 E_s는 응력 수준 $f \le F_y$에 대해 식 (2.3-6)에 따라 결정할 수 있다.

$$E_s = \frac{E}{1 + 0.002\frac{E}{f}\left(\frac{f}{F_y}\right)^{n}} \qquad (2.3\text{-}6)$$

비고 및 해설

- ASCE/SEI 8-22에서 페라이트계 스테인리스강의 경우 변형경화계수, n값은 14로 규정하고 있으며 본 지침에서는 준용한다.

2.3.2 고온에서의 재료거동

변형경화를 포함한 고온에서 오스테나이트계, 페라이트계 및 듀플렉스계 스테인리스강의 비선형 응력-변형률 거동은 식 (2.3-7) 및 (2.3-8)에 따라 결정한다. 이 재료모델은 3.11.2.4(3)에 명시된 바와 같이 고급해석방법을 사용하여 화재조건에 대한 구조설계를 수행할 경우 고온에서 오스테나이트계, 페라이트계 및 듀플렉스계 스테인리스강 구조부재 또는 구조 시스템이 나타내는 강도 및 강성의 저하를 나타내는 데 사용되어야 한다.

$f(T) \le F_y(T)$의 경우

$$\varepsilon(T) = \frac{f(T)}{E(T)} + 0.002\left[\frac{f(T)}{F_y(T)}\right]^{n(T)} \quad \cdots\cdots (2.3\text{-}6)$$

$f(T) \le F_y(T)$의 경우

$$\varepsilon(T) = \varepsilon_y(T) + \frac{f(T) - F_y(T)}{E_{ty}(T)} + \left[\varepsilon_u(T) - \varepsilon_y(T) - \frac{F_u(T) - F_y(T)}{E_{ty}(T)}\right]\left[\frac{f(T) - F_y(T)}{F_u(T) - F_y(T)}\right]^{m(T)} \quad (2.3\text{-}7)$$

여기서, $E(T)$ = 고온에서 스테인리스강의 탄성계수, MPa

$E_{ty}(T)$ = 고온에서 항복응력에서의 접선계수, MPa

$$E_{ty}(T) = \frac{E(T)}{1 + 0.002n(T)\dfrac{E(T)}{F_y(T)}}$$

$F_y(T)$ = 고온에서의 항복강도($= k_y F_y$), MPa

$F_u(T)$ = 고온에서의 인장강도($= k_u F_u$), MPa

$F_2(T)$ = 고온에서 2% 변형률일 때의 응력($= k_2 F_y$), MPa

$n(T)$ = 고온에서의 변형경화계수 (오스테나이트계 스테인리스강인 경우 7, 듀플렉스계 스테인리스강인 경우 8, 페라이트계 스테인리스강의 경우 14)

$$m(T)=\frac{\ln\left[\frac{0.02-\varepsilon_y(T)-\left(\frac{F_2(T)-F_y(T)}{E_{ty}(T)}\right)}{\varepsilon_u(T)-\varepsilon_y(T)-\left(\frac{F_u(T)-F_y(T)}{E_{ty}(T)}\right)}\right]}{\ln\left[\frac{F_2(T)-F_y(T)}{F_u(T)-F_y(T)}\right]}$$, 그리고

$$1.5 \le m(T) \le 5.0 \quad \cdots\cdots (2.3\text{-}9)$$

$f(T)$ = 고온에서의 공칭응력, MPa

$\varepsilon(T)$ = 고온에서의 공칭변형률

$\varepsilon_y(T)$ = 고온에서 항복강도일 때 변형률 $= 0.002+\dfrac{F_y(T)}{E(T)}$ ······ (2.3-10)

$\varepsilon_u(T)$ = 고온에서의 최대 변형률, 다음과 같이 근사화할 수 있다.

$$\varepsilon_u(T)=1-\frac{F_2(T)}{F_u(T)} \quad \cdots\cdots (2.3\text{-}11)$$

k_E, k_u, k_y 및 k_2는 해당 유형의 스테인리스강에 대해 3.11장, 표 3.11-1, 표 3.11-2, 표 3.11-3, 또는 표 3.11-4의 값으로 한다.

Chapter 3

설계

3 설계

3.1 인장재

이 절은 중심축 인장력을 받는 오스테나이트계, 페라이트계 및 듀플렉스계 스테인리스강 부재와 석출경화계 스테인리스강 강봉에 적용한다.

3.1.1 세장비 제한

인장을 받는 부재의 설계 시 최대세장비의 제한은 없다. 다만, 인장력에 기초하여 설계되는 부재의 세장비는 가능한 300을 넘지 않도록 한다. 이 제한은 인장력을 받는 강봉이나 매달린 부재에는 적용하지 않는다.

3.1.2 인장강도

인장재의 설계인장강도 $\phi_t P_n$은 총단면의 항복한계상태와 유효순단면의 파단한계상태에 대해 식 (3.1-1)과 식 (3.1-2)에 의해 산정된 값 중 작은값으로 한다.
설계 인장강도 $\phi_t P_n$는 다음과 같이 산정한다.

(1) 오스테나이트계, 페라이트계 및 듀플렉스계 스테인리스강 인장재의 설계강도는 총단면의 인장 항복 및 순단면의 인장 파단 한계상태에 대해 식 (3.1-1)과 식 (3.1-2)에 의해 산정된 값 중 작은값으로 한다.

(2) 석출경화계 스테인리스강의 나사강봉의 설계인장강도 $\phi_t P_n$는 총단면의 인장 항복 한계상태에 대해 식 (3.1-1)에 의해 산정된 값으로 한다. 강봉의 끝부분에 나사산이 있는 경우 나사산 부분의 설계 인장강도는 3.6.3에 따라 확인해야 한다.

3.1.2.1 총단면의 항복한계상태

$$P_n = F_y A_g \quad \cdots\cdots (3.1\text{-}1)$$

$\phi_t = 0.90$ 오스테나이트계, 페라이트계 및 듀플렉스계 스테인리스강 인장재)

$\phi_t = 0.80$ (석출경화형 스테인리스강의 나사 강봉)

3.1.2.2 유효순단면의 파단한계상태

$$P_n = F_u A_e \quad \cdots\cdots (3.1\text{-}2)$$

여기서, $\phi_t = 0.75$

A_g = 부재의 총단면적, mm^2

A_e = 유효순단면적, mm^2

F_y = 항복강도, MPa

F_u = 인장강도, MPa

P_n = 공칭인장강도, N

구멍이 없는 부재가 용접에 의해 접합되는 경우 식 (3.1-2)에서 사용된 유효순단면적은 3.1.3절에 따른다. 용접에 의해 접합되거나 플러그 또는 슬롯용접이 사용된 부재에 구멍이 있는 경우, 구멍의 유효순단면적은 식 (3.1-2)에 따른다.

3.1.3 단면적의 산정

3.1.3.1 총단면적

부재의 총단면적 A_g의 산정은 1.2.1.4.4에 따른다.

3.1.3.2 순단면적

부재의 순단면적 A_n의 산정은 1.2.1.4.4에 따른다.

3.1.3.3 유효순단면적

유효순단면적 A_e는 다음과 같이 산정한다.

$$A_e = A_n U \quad \cdots\cdots (3.1\text{-}3)$$

여기서, U = 전단지연계수(표 3.1-1 참조)

단일ㄱ형강, 쌍ㄱ형강, T형강부재의 접합부는 전단지연계수가 0.6 이상이어야 한다. 다만, 3.5.1.2 및 3.5.2에 따라 편심효과를 고려하여 설계하는 경우, 0.6보다 작은 값을 사용할 수 있다.

비고 및 해설

- KDS 14 31 10에서는 "H형강, I형강, ㄷ형강, T형강, 단일ㄱ형강 및 쌍ㄱ형강과 같은 개단면의 경우, 전단지연계수(전단뒤짐계수) U는 부재 총단면적에 대한 연결된 요소 총단면적의 비 이상이어야 한다. 이 규정은 강관과 같은 폐단면과 판재에는 적용하지 않는다." 라고 규정되어 있다.

표 3.1-1 인장재 접합부의 전단지연계수

사례	요소설명	전단지연계수, U	예
1	인장력이 용접이나 연결재를 통해 각각의 단면요소에 직접적으로 전달되는 모든 인장재(사례 4, 5, 6과 같은 경우는 제외한다.)	U=1.0	–
2	인장력이 가로방향 용접과 조합된 길이방향 용접이나 연결재를 통해 단면요소의 일부에 전달되는 경우로, 강관을 제외한 모든 인장재(H형강은 사례7을 적용할 수도 있고, ㄱ형강은 사례8을 적용할 수 있다.)	$U=1-\bar{x}/l$	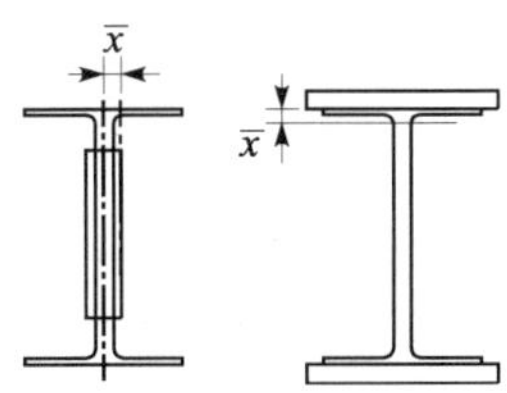
3	인장력이 가로방향 용접을 통해 단면요소의 일부에 전달되는 모든 인장재	U=1.0 A_n=직접 접합된 요소의 면적	–
4[1]	인장력이 길이방향 용접만을 통해서 전달되는 경우로, 판재, ㄱ형강, 힐에서 용접되는 ㄷ형강, T형강, 연결된 요소를 갖는 H형강 ($\bar{x}$ 의 정의는 사례 2 그림 참조)	$U=\dfrac{3l^2}{3l^2+w^2}\left(1-\dfrac{\bar{x}}{l}\right)$	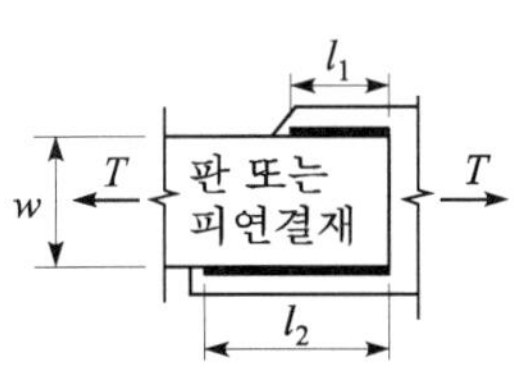
5	중심축에 단일 거셋플레이트를 용접한 원형강관 부재	$l \geq 1.3D \ldots U=1.0$ $D \leq l < 1.3D \ldots U=1-\bar{x}/l$ 여기서, $\bar{x}=D/\pi$	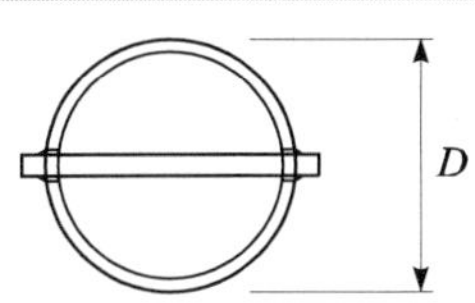

표 3.1-1 (계속) 인장재 접합부의 전단지연계수

사례	요소설명		전단지연계수, U	예
6	각형강관 부재	중심축에 단일 거셋플레이트가 있는 경우	$l \geq H \ldots U = 1 - \bar{x}/l$ 여기서, $\bar{x} = \dfrac{B^2 + 2BH}{4(B+H)}$	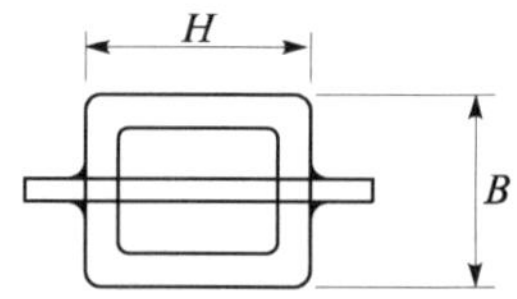
		양측면에 거셋플레이트가 있는 경우	$l \geq H \ldots U = 1 - \bar{x}/l$ 여기서, $\bar{x} = \dfrac{B^2}{4(B+H)}$	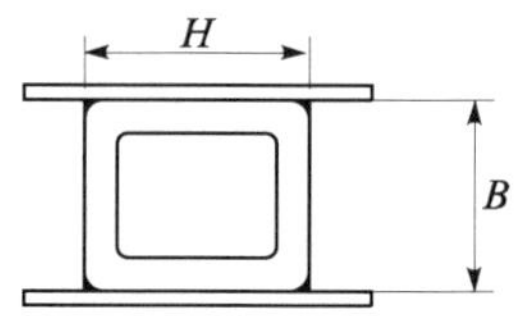
7	H형강 또는 T형강 (사례 2와 비교하여 큰 값의 U를 사용할 수 있다.)	하중방향으로 매 열당 3개 이상의 연결재로 접합한 플랜지 연결의 경우	$b_f \geq 2/3d \ldots U = 0.90$ $b_f < 2/3d \ldots U = 0.85$	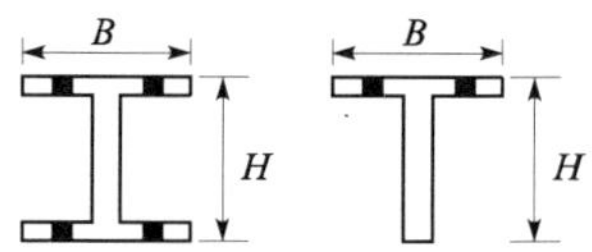
		하중방향으로 매 열 당 4개 이상의 연결재로 접합한 웨브연결의 경우	$U = 0.70$	–
8	단일 ㄱ형강 혹은 쌍ㄱ형강 (사례2와 비교하여 큰 값의 U를 사용할 수 있다.)	하중방향으로 매 열 당 4개 이상의 연결재가 있는 경우	$U = 0.80$	–
		하중방향으로 매 열 당 3개의 연결재가 있는 경우 (하중방향으로 열당 3개의 연결재 보다 작은 경우 사례2를 사용)	$U = 0.60$	–

주 1) 연결면에 대해서 90°로 측정된 각형강관 부재의 전체 폭(mm), D : 원형강관의 외경(mm), H : 연결면에서 측정된 각형강관의 전체 높이(mm), b : 연결면에 대해서 90°로 측정된 각형강관 부재의 표면까지의 폭(mm),

b_f : 플랜지의 폭(mm), d : 단면의 깊이(mm), T형강의 경우 절단된 부위까지의 단면 깊이(mm), l : 연결의 길이, t : 강관의 두께(mm), t_p : 판재의 두께(mm), w : 플레이트의 폭(mm), $\bar{x}$: 연결의 편심(mm),

주 2) $l = (l_1 + l_2)/2$ 인 경우 l_1과 l_2는 용접크기의 4배 이상이어야 한다.

3.1.4 조립인장재

판재, 형강 등으로 조립인장재를 구성하는 경우 조립재가 일체가 되도록 적절하게 조립해야 한다. 조립인장재의 재축방향 긴결간격에 대한 제한사항은 3.6.3.5를 참조한다.

3.1.5 핀접합부재

3.1.5.1 인장강도

오스테나이트계, 페라이트계 및 듀플렉스계 스테인리스강 핀접합부재의 설계인장강도 $\phi_t P_n$은 인장파단, 전단파단, 지압, 항복의 한계상태 중 가장 작은 값으로 한다.

(1) 유효순단면적에 대한 인장파단

$$P_n = 2tb_{eff}F_u \qquad (3.1\text{-}4)$$

여기서, $\phi_t = 0.75$

b_{eff} = 유효연단거리$(=2t+16)$, mm

다만, 볼트구멍연단으로부터 작용하는 힘의 직각방향으로 측정한 부재의 연단까지 거리보다 크지 않아야 한다.

t = 판재의 두께, mm

(2) 유효단면적에 대한 전단파단

$$P_n = 0.6F_u A_{sf} \qquad (3.1\text{-}5)$$

여기서, $\phi_{sf} = 0.75$

A_{sf} = $2t(a+d/2)$, mm^2

a = 핀구멍의 연단으로부터 힘의 방향과 평행하게 측정한 부재의 연단까지의 최단거리, mm

d = 핀직경, mm

(3) 핀의 투영면적에 대한 지압

3.1.7에 따른다.

(4) 총단면적에 대한 항복

식 (3.1-1)에 따라 산정한다.

3.1.5.2 핀접합부재의 구조제한

(1) 핀 구멍은 작용하중의 직각인 방향으로 부재의 가장자리 사이 중간에 위치해야 한다.
(2) 핀이 전하중상태에서 피접합재들간의 상대변위를 발생시킬 경우, 핀구멍의 직경은 핀직경보다 1.5 mm를 초과하여 크면 안 된다.
(3) 핀 구멍이 있는 플레이트 폭은 핀 구멍 직경의 2배 이상이어야 하며, 핀구멍의 지압연단을 넘어 부재축과 평행한 핀구멍의 최소 연단거리 a는 $1.33b_{eff}$ 이상이어야 한다.
(4) 핀 구멍 끝단은 모따기, 모깎기 또는 절단 등이 가능하다. 단, 절단부에 수직인 평면에서 핀 구멍의 순 면적이 재축과 평행한 핀 구멍에 필요한 면적보다 작지 않아야 한다.
(5) 평판의 설계두께는 3.6.8에 규정된 핀 재료의 지압강도 한계를 만족해야 한다.

3.2 압축재

이 기준은 중심축 압축력을 받는 부재에 적용한다.

3.2.1 일반사항

설계압축강도 $\phi_c P_n$은 다음과 같이 산정한다. 공칭압축강도 P_n은 휨좌굴, 비틀림좌굴, 휨-비틀림좌굴의 한계상태 중에서 가장 작은 값으로 한다.

(1) 강도저항계수는 $\phi_c = 0.90$을 적용한다.
(2) 이 절에서 포함하는 단면의 종류와 그 한계상태는 표 3.2-1과 같다.
(3) 비지지길이가 짧은 H형, ㄷ형, ㄱ형, T형, 박스형 단면 또는 각형강관 기둥의 경우, 3.14의 연속강도법(CSM)을 통해 변형경화 효과를 고려한 오스테나이트계, 페라이트계 또는 듀플렉스계 스테인리스강 부재의 압축강도를 산정할 수 있다.

표 3.2-1 인장재 접합부의 전단지연계수

단면	세장판이 없는 경우(비세장판 단면)		세장판이 있는 경우(세장판 단면)	
	절	한계상태	절	한계상태
	3.2.3 3.2.4	휨좌굴 비틀림좌굴	3.2.7	국부좌굴 휨좌굴 비틀림좌굴
	3.2.3 3.2.4	휨좌굴 휨비틀림좌굴	3.2.7	국부좌굴 휨좌굴 휨비틀림좌굴
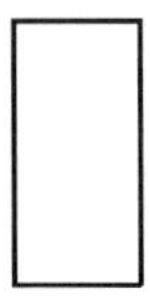	3.2.3	휨좌굴	3.2.7	국부좌굴 휨좌굴
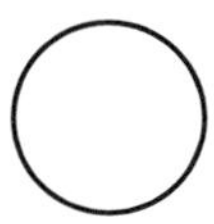	3.2.3	휨좌굴	3.2.7	국부좌굴 휨좌굴
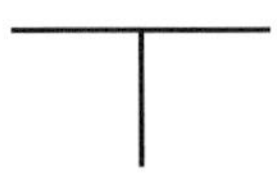	3.2.3 3.2.4	휨좌굴 휨비틀림좌굴	3.2.7	국부좌굴 휨좌굴 휨비틀림좌굴
	3.2.3 3.2.4 3.2.6	휨좌굴 휨비틀림좌굴	3.2.6 3.2.7	국부좌굴 휨좌굴 휨비틀림좌굴
	3.2.5	휨좌굴 휨비틀림좌굴	해당없음	해당없음
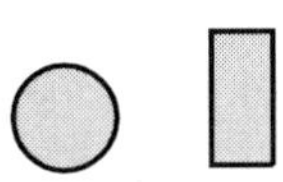	3.2.3	휨좌굴	해당없음	해당없음

3.2.2 유효길이

유효좌굴길이 L_c와 부재 세장비 L_c/r은 1.2.2에 따른다. 압축력에 기초하여 설계되는 부재의 세장비 L_c/r는 가능한 200을 넘지 않도록 한다. 유효길이 L_c는 유효길이계수 K를 사용하는 방법 이외의 다른 방법으로도 산정할 수 있다.

여기서, L_c = 유효좌굴길이$(=KL)$, mm

L = 휨좌굴에 대한 비지지길이, mm

r = 단면2차반경, mm

K = 1.2.6.3에서 결정되는 유효길이계수

3.2.3 비세장판 단면을 갖는 부재의 휨좌굴에 대한 압축강도

이 기준은 균일압축을 받는 비세장판 압축재에 적용된다. 비틀림에 대한 유효 비지지길이가 휨좌굴에 대한 유효 비지지길이보다 큰 경우, H형강이나 그와 유사한 형상의 기둥의 설계는 3.2.4를 따른다. 공칭압축강도 P_n은 휨좌굴에 대한 한계상태에 기초하여 다음과 같이 산정한다.

$$P_n = F_{cr} A_g \quad \cdots\cdots (3.2\text{-}1)$$

임계좌굴응력은 다음과 같이 산정한다.

(1) $\dfrac{L_c}{r} \le \beta_0 \sqrt{\dfrac{E}{F_y}}$ 또는 $\dfrac{F_y}{F_e} \le \left(\dfrac{\beta_0}{\pi}\right)^2$ 인 경우

$$F_{cr} = F_y \quad \cdots\cdots (3.2\text{-}2)$$

(2) $\beta_0 \sqrt{\dfrac{E}{F_y}} < \dfrac{L_c}{r} \le 5.62\sqrt{\dfrac{E}{F_y}}$ 또는 $\left(\dfrac{\beta_0}{\pi}\right)^2 < \dfrac{F_y}{F_e} \le 3.20$ 인 경우

$$F_{cr} = 1.2\left[\beta_1^{\left(\frac{F_y}{F_e}\right)^{\alpha}}\right] F_y \quad \cdots\cdots (3.2\text{-}3)$$

(3) $\frac{L_c}{r} > 5.62\sqrt{\frac{E}{F_y}}$ 또는 $\frac{F_y}{F_e} > 3.20$ 인 경우

$$F_{cr} = \beta_2 F_e \quad \cdots\cdots (3.2\text{-}4)$$

여기서, F_e = 탄성좌굴응력 $\frac{\pi^2 E}{\left(\frac{L_c}{r}\right)^2}$, MPa ······ (3.2-5)

A_g = 부재의 총단면적, mm^2

F_y = 강재의 항복강도, MPa 중공단면 냉간성형재는 1.2.1.4.3에 따라 $F_{y,avg}$를 항복강도로 적용가능하다.

E = 강재의 탄성계수, MPa

r = 좌굴축에 대한 단면2차반경, mm

$\alpha, \beta_0, \beta_1, \beta_2$ = 압축재의 휨좌굴계수 (표 3.2-2)

표 3.2-2 압축재의 휨좌굴계수

부재종류	종별	곡선	휨좌굴계수			
			α	β_0	β_1	β_2
약축방향으로 좌굴하는 압연 또는 조립H형 단면, 표에 규정되지 않은 다른 단면	오스테나이트계 듀플렉스계 페라이트계	A	0.56	0.759	0.409	0.690
강축방향으로 좌굴하는 압연 또는 조립H형 단면, 용접 박스단면, 원형강관	오스테나이트계 듀플렉스계 페라이트계	B	0.58	0.891	0.455	0.820
각형강관	오스테나이트계 듀플렉스계 페라이트계	C	0.69	1.195	0.501	0.820

3.2.4 비세장판 단면을 갖는 부재와 단일ㄱ형강의 비틀림좌굴 및 휨비틀림좌굴에 대한 압축강도

등변 단일ㄱ형강 부재, ㄷ형강 또는 T형강과 같은 1축 대칭 부재, 조립기둥과 같은 2축 대칭 부재에 적용한다.
비틀림에 대한 비지지길이가 휨좌굴에 대한 비지지길이를 초과하는 비세장판 요소를 가진 모든 2축 대칭 부재에 적용한다.

공칭압축강도 P_n은 비틀림좌굴과 휨비틀림좌굴에 대한 한계상태에 기초하여 다음과 같이 산정한다.

$$P_n = F_{cr} A_g \quad \cdots (3.2\text{-}6)$$

임계좌굴응력 F_{cr} 은 식 (3.2-7) 또는 식 (3.2-8)에 의해 계산하며, 이 경우에 적용되는 비틀림 또는 휨비틀림 탄성좌굴응력 F_e는 다음과 같이 산정한다.

(1) 전단중심을 중심으로 비틀리는 2축 대칭부재의 경우

$$F_e = \left[\frac{\pi^2 E C_w}{L_{cz}^2} + GJ\right]\frac{1}{I_x + I_y} \quad \cdots (3.2\text{-}7)$$

(2) 전단중심을 중심으로 비틀리는 y축에 대칭인 1축 대칭부재의 경우

$$F_e = \left(\frac{F_{ey} + F_{ez}}{2H}\right)\left[1 - \sqrt{1 - \frac{4F_{ey}F_{ez}H}{(F_{ey} + F_{ez})^2}}\right] \quad \cdots (3.2\text{-}8)$$

여기서, A_g = 부재의 총단면적, mm^2

C_w = 뒤틀림상수, mm^6

$$F_{ey} = \frac{\pi^2 E}{\left(\frac{L_{cy}}{r_y}\right)^2} \quad \cdots (3.2\text{-}9)$$

$$F_{ez} = \left[\frac{\pi^2 E C_w}{L_{cz}^{\ 2}} + GJ\right]\frac{1}{A_g \overline{r_0}^2} \quad \cdots (3.2\text{-}10)$$

G = 강재의 전단탄성계수, MPa
오스테나이트계와 듀플렉스계 스테인리스강은 75,000 MPa, 페라이트계 스테인리스강은 76,900 MPa를 적용한다.

$$H = 1 - \frac{x_0^2 + y_0^2}{\overline{r_0}^2} \quad \cdots\cdots (3.2\text{-}11)$$

I_x, I_y = 주축에 대한 단면2차모멘트, mm^4

J = 비틀림상수, mm^4

K_y = y축에 대해서 휨좌굴에 대한 유효길이계수

K_z = 재축에 대해서 비틀림좌굴에 대한 유효길이계수

L_{cy} = y축에 대한 유효길이($= K_y L_y$), mm

L_{cz} = 부재축에 대한 유효길이($= K_y L_y$), mm

L_y, L_z = y축과 부재축에 대한 횡비지지길이, mm

$\overline{r_0}$ = 전단중심에 대한 극2차반경, mm

$$\overline{r_0}^2 = x_0^2 + y_0^2 + \frac{I_x + I_y}{A_g} \quad \cdots\cdots (3.2\text{-}12)$$

r_x = x축에 대한 단면2차반경, mm

r_y = y축에 대한 단면2차반경, mm

x_0, y_0 = 단면중심에서 전단중심까지의 거리, mm

2축 대칭 H형단면의 경우, $C_w = I_y h_0^2 / 4$ 값을 사용할 수 있다. 여기서 h_0는 플랜지중심간의 거리를 나타낸다. T형강 또는 쌍ㄱ형강의 경우, F_{ez}를 계산할 때 C_w를 포함한 항을 삭제하고 x_0를 0으로 놓는다.

(3) 전단중심으로부터 떨어진 횡지지를 갖는 부재의 경우

탄성비틀림좌굴응력 F_e는 해석을 통해 결정한다.

3.2.5 비세장판 단면을 갖는 단일ㄱ형강 압축부재

비세장판 단면을 가진 등변 단일ㄱ형강 부재의 공칭압축강도 P_n은 3.2.3에 따른 휨좌굴 강도 또는 3.2.4절에 따른 휨-비틀림좌굴 강도 중 최솟값으로 산정한다.

등변 단일ㄱ형강 압축부재가 하나의 다리를 통하여 양단에서 압축력을 받고, 용접이나 최소한 2개의 볼트로 접합되고, 부재 중간에 횡하중을 받지 않고, L_c/r이 200을 넘지 않는다면, 3.2.5절 (1) 또는 (2)에 규정한 유효세장비 중 하나를 사용하여 압축부재를 평가할 때 단일ㄱ형강의 편심에 대한 효과는 무시할 수 있다. 이 기준의 범위는 제한사항들을 만족시키거나

3.2.5절 (1) 또는 (2)의 규정을 만족하는 단일ㄱ형강으로 한정된다.

(1) 등변ㄱ형강이 단일부재이거나 평면트러스의 인접한 웨브재 또는 현재와 동일 거셋플레이트 면으로 접합된 웨브재인 경우

① $\frac{L}{r_a} \le 80$ 일 때

$$\frac{L_c}{r} = 72 + 0.75\frac{L}{r_a} \quad \cdots\cdots (3.2\text{-}13)$$

② $\frac{L}{r_a} > 80$일 때

$$\frac{L_c}{r} = 32 + 1.25\frac{L}{r_a} \quad \cdots\cdots (3.2\text{-}14)$$

(2) 개별 부재 또는 거셋 플레이트나 현의 동일한 면에 부착된 인접한 웨브 부재가 있는 평면트러스의 웨브 부재인 ㄱ형강의 경우

① $\frac{L}{r_a} \le 75$ 일 때

$$\frac{L_c}{r} = 60 + 0.8\frac{L}{r_a} \quad \cdots\cdots (3.2\text{-}15)$$

② $\frac{L}{r_a} > 75$일 때

$$\frac{L_c}{r} = 45 + \frac{L}{r_a} \quad \cdots\cdots (3.2\text{-}16)$$

여기서, L = 트러스 현재 중심선의 작업점 사이의 부재길이, mm

L_c = 약축방향 유효길이, mm

r_a = 접합된 다리에 평행한 기하학적 축에 대한 단면2차반경, mm

3.2.6 조립압축재

3.2.6.1 압축강도

볼트나 용접으로 접합된 2개 이상의 부재로 구성된 조립압축재의 공칭압축강도는 다음과 같이 수정하여 3.2.3, 3.2.4 또는 3.2.7절에 따라 산정한다. 만일 좌굴모드가 각 개별 부재간

의 접합재에서 전단력을 발생시키는 상대변형을 포함하고 있다면 L_c/r 대신에 다음과 같이 계산된 $(L_c/r)_m$ 을 사용한다.

(1) 밀착조임(snug-tightened)된 중간 연결재의 경우

$$\left(\frac{L_c}{r}\right)_m = \sqrt{\left(\frac{L_c}{r}\right)_0^2 + \left(\frac{a}{r_i}\right)^2} \quad \cdots\cdots (3.2\text{-}17)$$

(2) 용접이나 완전인장조임된 중간연결재의 경우

① $\dfrac{a}{r_i} \le 40$ 일 때

$$\left(\frac{L_c}{r}\right)_m = \left(\frac{L_c}{r}\right)_o \quad \cdots\cdots (3.2\text{-}18)$$

② $\dfrac{a}{r_i} > 40$ 일 때

$$\left(\frac{L_c}{r}\right)_m = \sqrt{\left(\frac{L_c}{r}\right)_0^2 + \left(\frac{K_i a}{r_i}\right)^2} \quad \cdots\cdots (3.2\text{-}19)$$

여기서, $\left(\dfrac{L_c}{r}\right)_m$ = 조립부재의 수정된 기둥세장비

$\left(\dfrac{L_c}{r}\right)_0$ = 고려하는 좌굴방향으로 단일부재로 거동하는 조립부재의 기둥세장비

K_i = 0.5 (서로 맞닿은 ㄱ형강일 경우)

= 0.75 (서로 맞닿은 ㄷ형강일 경우)

= 0.86 (다른 모든 경우)

a = 접합재 사이의 길이, mm

r_i = 각 개재의 최소단면2차반경, mm

3.2.6.2 치수 요구조건

1축 및 2축 대칭 조립부재는 다음 사항을 만족해야 한다.

(1) 두 개 이상의 형강들로 구성된 압축부재의 개별 구성요소들은 연결재 사이의 각 개재의 유효세장비 a/r_i가 조립부재의 최대세장비 L_c/r의 3/4배를 초과하지 않도록 간격 a로

서로 접합한다. 여기서 r_i는 각 구성요소의 세장비를 계산하는데 사용되는 최소단면2차 반경이다.

(2) 지압 지지되는 조립 압축부재의 단부에서 개재 상호간의 접합은 서로 접촉된 모든 구성요소들을 부재의 최내폭보다 길게 용접하거나, 부재 최대폭의 1.5배 구간에 대하여 길이방향으로 볼트직경의 4배 이하 간격으로 볼트접합한다.

(3) 조립압축재의 긴결간격은 3.6.3.5를 따른다.

비고 및 해설

- 밀착조임은 AISC에서 snug-tightened이며, KDS에서 1차조임과 밀착조임으로 혼용하고 있었으나 밀착조임으로 통일함.
- 볼트나 용접으로 접합된 2개의 부재가 1축 또는 2축대칭으로 구성된 조립부재에 적용한다. 단부 연결은 용접되거나 프리텐션볼트로 연결된다.
- 조립 압축재의 단부를 볼트로 연결할 경우, 전체 압축력을 볼트의 지압강도와 전단강도로 저항하도록 설계할 수 있으나, 이 경우에도 볼트는 반드시 완전조임되어야 한다. 이중ㄱ형강이 적용된 트러스 사재와 같은 조립 압축재에서는 구성 요소들 사이의 상대적인 미끄러짐이 사재의 압축강도를 크게 감소시킬 수 있으므로 조립재 끝단부에 놓인 요소들 간의 연결은 미끄러지지 않도록 설계되어야 한다.
- 열처리 및 냉간압연된 스테인리스 강판, 띠철, 또는 두께 25 mm 미만의 플레이트를 냉간성형하여 제작한 개단면 형태의 세장판단면을 갖는 압축부재의 설계 대안은 KDS 41 30 40을 따른다.

3.2.7 세장판 단면을 갖는 압축부재

이 조항은 등분포압축요소에 대하여 1.2.3에서 정의된 것처럼 세장한 단면을 갖는 압축부재에 적용한다. 단, 단일ㄱ형강은 제외한다. 세장한 단면을 갖는 압축부재의 공칭압축강도 P_n은 휨좌굴, 비틀림좌굴, 휨-비틀림좌굴한계상태에 기초하여 다음과 같이 산정한다.

$$P_n = F_{cr} A_e \quad (3.2\text{-}20)$$

여기서, A_e = 감소된 유효폭 b_e, d_e 또는 h_e에 기초하여 산정한 유효단면적의 합

F_{cr} = 3.2.3 또는 3.2.4에서 산정한 임계응력

유효면적 A_e는 총단면적 A_g에서 각 세장판요소의 저감된 면적인 $(b-b_e)t$을 제외하여 산정할 수 있다.

3.2.7.1 원형강관을 제외한 세장판 요소

(1) 세장판 요소의 유효폭 b_e(T형강의 스템의 경우 d_e, 웨브의 경우 h_e)는 다음과 같이 산정한다.

① $\lambda \leq \lambda_r \sqrt{\dfrac{F_y}{F_{cr}}}$ 일 경우

$$b_e = b \quad \cdots\cdots (3.2\text{-}21)$$

② $\lambda > \lambda_r \sqrt{\dfrac{F_y}{F_{cr}}}$ 일 경우

$$b_e = 0.772b\left(1 - 0.10\sqrt{\frac{F_{el}}{F_{cr}}}\right)\sqrt{\frac{F_{el}}{F_{cr}}} \quad \cdots\cdots (3.2\text{-}22)$$

여기서, F_{el} = 전체 단면에 대한 탄성국부좌굴응력 또는 단면의 각 세장 요소에 대해 (3.2-23)에 따라 보수적으로 산정한 탄성국부좌굴응력, MPa

$$F_{el} = k\frac{\pi^2 E}{12(1-\nu^2)}\left(\frac{1}{\lambda}\right)^2 \quad \cdots\cdots (3.2\text{-}23)$$

F_y = 강재의 항복강도, MPa 냉간성형된 각형강관은 1.2.1.4.3에 따라 $F_{y,avg}$ 를 항복강도로 적용가능하다.

b = 부재의 폭(T형강의 스템의 경우 d, 웨브의 경우 h), mm

k = 판좌굴계수

압축을 받는 자유돌출판의 경우 0.425

압축을 받는 양연지지판의 경우 4.00

λ = 1.2.1.4.1에 정의된 요소의 폭두께비

λ_r = 표 1.2-1에 정의된 요소의 폭두께비 제한값

υ = 포아송비 0.3

(2) 냉간성형된 각형단면의 유효폭 는 다음과 같이 산정하는 것이 허용된다.

① $\lambda \leq \lambda_r \sqrt{\dfrac{F_y}{F_{cr}}}$ 일 경우

$$b_e = b \quad \cdots\cdots (3.2\text{-}24)$$

② $\lambda > \lambda_r \sqrt{\dfrac{F_y}{F_{cr}}}$ 일 경우

$$b_e = b\left(1 - 0.22\sqrt{\frac{F_{el}}{F_{cr}}}\right)\sqrt{\frac{F_{el}}{F_{cr}}} \quad \text{(3.2-25)}$$

식 (3.2-24)와 (3.2-25)를 적용하여 b_e를 산정할 경우 $F_{y,avg}$의 사용은 허용되지 않는다.

3.2.7.2 원형강관

원형강관의 유효단면 A_e는 다음과 같다.

① $\lambda \le \lambda_r \dfrac{F_y}{F_{cr}}$ 일 경우

$$A_e = A_g \quad \text{(3.2-26)}$$

② $\lambda_r \dfrac{F_y}{F_{cr}} < \lambda \le 2.8\lambda_r \dfrac{F_y}{F_{cr}}$ 일 경우

$$A_e = \left(\frac{0.6\lambda_r}{\lambda}\frac{F_y}{F_{cr}} + \frac{2}{5}\right)A_g \quad \text{(3.2-27)}$$

여기서, $\lambda = \dfrac{D}{t}$

D = 원형강관의 외경, mm ······ (3.2-23)

F_y = 강재의 항복강도, MPa

냉간성형된 원형강관은 1.2.1.4.3에 따라 $F_{y,avg}$를 항복강도로 적용가능하다.

t = 부재의 두께, mm

λ_r = 1.2.1.4.1에 정의된 요소의 폭두께비 제한값

비고 및 해설

- 이 지침 3.10.1.3절을 통해 H형강과 각형강관의 전체 단면에 대한 탄성국부좌굴응력을 산정할 수 있다. 또는 수치해석으로 전체 단면의 탄성좌굴응력을 산정할 수 있다.

3.3 휨부재

3.3.1 일반사항

이 기준은 하나의 주축에 대해 단순 휨을 받는 오스테나이트, 페라이트계 및 듀플렉스계 스테인리스강 부재에 적용된다. 단순휨의 경우, 부재는 전단중심을 통과하는 주축과 평행한 평면에 하중을 받거나 하중 지점과 지지점에서 비틀림에 대해 구속된다. 이 절에서 포함하는 단면의 종류는 표 3.3-1과 같다. 단일 ㄱ형강에 대한 휨설계는 설계조항을 입증하기 위한 연구 및 실험결과가 충분하지 않기 때문에 이 절의 범위에서 제외한다.

3.3.1.1 설계휨강도 $\phi_b M_n$의 산정

$\phi_b = 0.90$ 이며 공칭휨강도, M_n은 3.3.2~3.3.11에 따라 적용한다.

3.3.1.2 횡좌굴모멘트수정계수 C_b

이 기준의 조항은 작은보와 큰보의 지지점이 길이방향에 대한 회전을 구속하고 있음을 가정한 것이다.

(1) 양단이 횡지지되어 있고 비균일 모멘트 분포를 받는 단곡률 1축 대칭부재 및 모든 2축대칭 부재의 횡좌굴모멘트수정계수 C_b는 다음과 같다.

$$C_b = \frac{12.5M_{\max}}{2.5M_{\max} + 3M_A + 4M_B + 3M_c} \quad \cdots\cdots (3.3\text{-}1)$$

여기서, $M_{\max}$ = 비지지구간에서 최대모멘트 절댓값, N·mm

M_A = 비지지구간에서 1/4지점의 모멘트 절댓값, N·mm

M_B = 비지지구간에서 중앙부의 모멘트 절댓값, N·mm

M_C = 비지지구간에서 3/4지점의 모멘트 절댓값, N·mm

(2) 복곡률이 발생하는 1축 대칭부재의 경우에는 상하플랜지 모두에 대해 횡좌굴강도를 검토한다. 이때 C_b의 값은 모든 경우에 있어서 1.0으로 한다.

(3) 2축 대칭부재의 횡지지된 양단부의 모멘트 값이 크기는 같고 부호가 반대인 경우에는 C_b의 값은 2.27을 초과할 수 없다.

(4) 자유단이 지지되지 않은 캔틸레버와 내민 부분의 경우 C_b의 값은 1.0으로 한다.

표 3.3-1 휨재단면의 분류

해당 절	단면의 형태	플랜지	웨브	한계상태
3.3.2	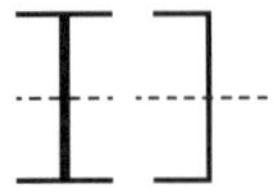	조밀	조밀	항복 횡좌굴
3.3.3	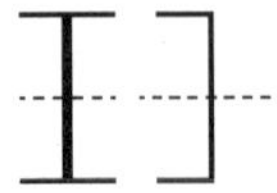	비조밀 세장판요소	조밀	횡좌굴 플랜지 국부좌굴
3.3.4	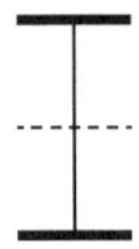	조밀 비조밀 세장판요소	비조밀	압축플랜지 항복 횡좌굴 플랜지 국부좌굴
3.3.5		조밀 비조밀 세장판요소	세장판요소	압축플랜지 항복 횡좌굴 플랜지 국부좌굴
3.3.6	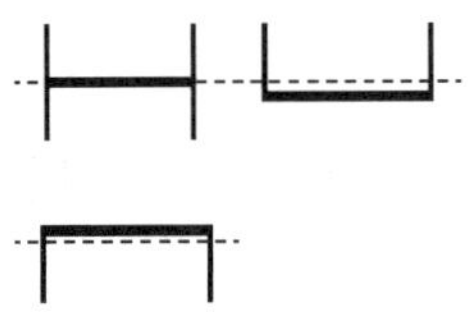	조밀 비조밀 세장판요소	조밀 비조밀 세장판요소	항복 웨브 국부좌굴 플랜지 국부좌굴
3.3.7	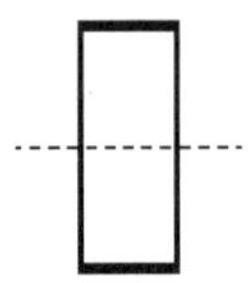	조밀 비조밀 세장판요소	조밀 비조밀	항복 웨브 국부좌굴 플랜지 국부좌굴
3.3.8	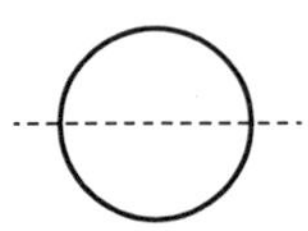	–	–	항복 국부좌굴
3.3.9	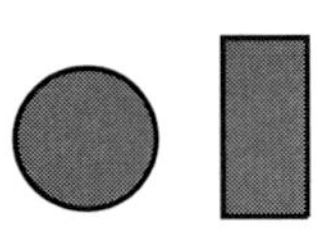	–	–	항복 횡좌굴
3.3.10	단일ㄱ형강 이외의 기타 단면	–	–	모든 한계상태 포함

3.3.2 강축휨을 받는 2축 대칭 H형강 또는 ㄷ형강 조밀단면 부재

이 조항은 강축에 휨을 받는 2축 대칭 H형강 또는 ㄷ형강 조밀부재에 적용한다. 공칭휨강도, M_n는 항복강도(전소성모멘트)와 횡비틀림좌굴에 대한 한계상태 중 최솟값으로 한다.

3.3.2.1 소성휨모멘트

$$M_n = M_p = F_y Z_x \qquad (3.3\text{-}2)$$

여기서, F_y = 강재의 항복강도, MPa

Z_x = 강축에 대한 소성단면계수, mm^3

3.3.2.2 횡좌굴강도

(1) $L_b \le L_p$ 의 경우 : 횡좌굴강도를 고려하지 않아도 된다.

(2) $L_p \le L_b \le L_y$ 의 경우

$$M_n = C_b \left[M_p - (M_p - F_y S_x) \left(\frac{L_b - L_p}{L_y - L_p} \right) \right] \le M_p \qquad (3.3\text{-}3)$$

(3) $L_y \le L_b \le L_r$ 의 경우

$$M_n = C_b \left[M_y - (M_y - 0.30 F_y S_x) \left(\frac{L_b - L_y}{L_r - L_y} \right)^{\alpha_{LT}} \right] \le M_p \qquad (3.3\text{-}4)$$

(4) $L_b > L_r$ 의 경우

$$M_n = \beta_{LT} F_{cr} S_x \le M_p \qquad (3.3\text{-}5)$$

여기서, L_b = 보의 비지지길이, mm

F_{cr} = 탄성횡좌굴응력, MPa

$$F_{cr} = \frac{C_b \pi^2 E}{\left(\frac{L_b}{r_{ts}} \right)^2} \sqrt{1 + 0.078 \frac{Jc}{S_x h_0} \left(\frac{L_b}{r_{ts}} \right)^2} \qquad (3.3\text{-}6)$$

E = 스테인리스 강재의 탄성계수, MPa

= 오스테나이트계와 듀플렉스계는 195,000 MPa, 페라이트계는 200,000 MPa.

J = 단면비틀림상수, mm^4

M_y = 항복모멘트, N·mm

= $F_y S_x$

S_x = 강축에 대한 탄성단면계수, mm^3

h_0 = 상하부 플랜지간 중심거리, mm

$$\alpha_{LT} = 0.60 - 0.40\left(\frac{L_b - L_y}{L_r - L_y}\right) \quad \cdots\cdots (3.3\text{-}7)$$

β_{LT} = 표 3.3-2에 제시된 탄성횡비틀림좌굴 저감계수

식 (3.3-6)에서 $\sqrt{1 + 0.078\dfrac{Jc}{S_x h_0}\left(\dfrac{L_b}{r_{ts}}\right)^2}$ 값은 안전측으로 설계할 경우, 1.0 값을 사용할 수 있다.

소성한계 비지지길이 L_p, 항복한계 비지지길이 L_y 및 비탄성한계 비지지길이 L_r는 다음과 같이 산정한다.

$$L_p = \beta_{p,LT} r_{ts}\sqrt{\frac{E}{F_y}} \quad \cdots\cdots (3.3\text{-}8)$$

$$L_y = 1.95\beta_{y,LT}\, r_{ts}\frac{\beta_{LT}E}{F_y}\sqrt{\frac{Jc}{S_x h_0} + \sqrt{\left(\frac{Jc}{S_x h_0}\right)^2 + 6.76\left(\frac{F_y}{\beta_{LT}E}\right)^2}} \quad \cdots\cdots (3.3\text{-}9)$$

$$L_r = 1.95\, r_{ts}\frac{\beta_{LT}E}{0.30F_y}\sqrt{\frac{Jc}{S_x h_0} + \sqrt{\left(\frac{Jc}{S_x h_0}\right)^2 + 6.76\left(\frac{0.30F_y}{\beta_{LT}E}\right)^2}} \quad \cdots\cdots (3.3\text{-}10)$$

여기서, $\beta_{p,LT}, \beta_{y,LT}$ = 표 3.3-2에 제시된 횡비틀림좌굴계수

$r_{ts}^2 = \dfrac{\sqrt{I_y C_w}}{S_x}$ $\cdots\cdots$ (3.3-11)

$c = 1$ = 2축대칭 H형부재의 경우 $\cdots\cdots$ (3.3-12)

$c = \dfrac{h_o}{2}\sqrt{\dfrac{I_y}{C_w}}$ = ㄷ형강의 경우 $\cdots\cdots$ (3.3-13)

I_y = 약축에 대한 단면2차모멘트, mm^4 $\cdots\cdots$ (3.3-14)

$C_w = \dfrac{I_y h_0^2}{4}$ = 2축대칭 H형강의 경우

여기서, 다음의 근사식을 식 (3.3-11) 대신 사용할 수 있다.

$$r_{ts} = \frac{b_f}{\sqrt{12\left(1+\frac{1}{6}\frac{h\,t_w}{b_f t_f}\right)}} \quad \cdots\cdots (3.3\text{-}15)$$

이 식은 압축플랜지와 웨브의 1/6의 단면2차반경으로부터 구한다.

표 3.3-2 횡비틀림 좌굴계수

계열	β_{LT}	$\beta_{p,LT}$	$\beta_{y,LT}$
오스테나이트계 페라이트계	0.82	0.90	0.40
듀플렉스계	0.86	1.10	0.50

비고 및 해설

- 페라이트계 스테인리스강의 경우 횡비틀림 좌굴계수는 AISC 370에서 별도로 제시하고 있지 않지만, ASCE/SEI 8-22를 참조하여 표 3.3-2에서 확인하면 페라이트계의 관련 좌굴계수가 오스테나이트계 보다 상대적으로 크게 나타나므로 이 지침에서는 페라이트계의 횡비틀림좌굴계수를 보수적으로 오스테나이트계와 동일하게 적용하였다.

3.3.3 강축휨을 받는 2축 대칭 H형강과 ㄷ형강(조밀웨브, 비조밀플랜지 또는 세장판플랜지) 부재

이 기준은 강축에 휨을 받는 2축 대칭 H형강과 ㄷ형강(조밀웨브, 비조밀플랜지 또는 세장판플랜지)에 적용한다. 공칭휨강도 M_n은 횡좌굴과 압축플랜지의 국부좌굴에 의한 한계상태 중 최솟값으로 결정한다.

3.3.3.1 횡좌굴강도

횡좌굴강도의 산정은 3.3.2.2에 따른다.

3.3.3.2 압축플랜지 국부좌굴강도

(1) 비조밀플랜지의 경우

$$M_n = M_p - \left(M_p - F_y S_x\right)\left(\frac{\lambda - \lambda_{pf}}{\lambda_{rf} - \lambda_{pf}}\right) \quad \cdots\cdots (3.3\text{-}16)$$

(2) 세장판요소단면의 경우

$$M_n = F_y S_{xe} \quad \text{(3.3-17)}$$

여기서, S_{xe} = 유효폭 b_e로 산정한 유효 압축단면의 탄성단면계수, mm^3

$$b_e = 0.772b\left(1 - 0.10\sqrt{\frac{F_{el}}{F_y}}\right)\sqrt{\frac{F_{el}}{F_y}} \le b \quad \text{(3.3-18)}$$

F_{el} = 전체단면의 탄성국부좌굴응력 또는 식 3.3-19에 의해 산정되는 압축플랜지의 탄성국부좌굴응력

$$= k\frac{\pi^2 E}{12(1-v^2)}\left(\frac{1}{\lambda}\right)^2 \quad \text{(3.3-19)}$$

b = 요소의 너비; H형강의 경우 플랜지 폭 b_f의 1/2, ㄷ형강의 경우 플랜지의 전체 공칭치수, mm

k = 판좌굴계수

= 0.425 H형강 또는 ㄷ형강의 압축플랜지의 경우

λ = $\frac{b}{t_f}$

t_f = 1.2.1에 제시된 플랜지 두께, mm

λ_{pf} = λ_p이며 표 1.2-2에 제시된 조밀플랜지의 한계 폭두께비

λ_{rf} = λ_r이며 표 1.2-2에 제시된 비조밀플랜지의 한계 폭두께비

3.3.4 강축휨을 받는 2축 대칭 비조밀웨브 H형강 부재

이 기준은 강축에 휨을 받는 2축 대칭 비조밀웨브 H형강에 적용한다. 공칭휨강도 M_n은 압축플랜지의 항복, 횡좌굴, 그리고 압축플랜지 국부좌굴에 의한 한계상태 중 최솟값으로 결정한다.

3.3.4.1 압축플랜지 항복강도

$$M_n = R_p M_y \quad \text{(3.3-20)}$$

여기서, M_y = 항복모멘트, N·mm

= $F_y S_x$

R_p = 3.3.4.2에 따른 웨브소성화계수

S_x = 강축에 대한 탄성단면계수, mm^3

3.3.4.2 횡좌굴강도

(1) $L_b \le L_p$의 경우 : 횡좌굴강도를 고려하지 않아도 된다.

(2) $L_p < L_b \le L_y$의 경우

$$M_n = C_b\left[M_p - (M_p - F_y S_x)\left(\frac{L_b - L_p}{L_y - L_p}\right)\right] \le R_p M_y \quad \cdots\cdots (3.3\text{-}21)$$

(3) $L_y < L_b \le L_r$의 경우

$$M_n = C_b\left[M_y - (M_y - 0.30F_y S_x)\left(\frac{L_b - L_y}{L_r - L_y}\right)^{a_{LT}}\right] \le R_p M_y \quad \cdots\cdots (3.3\text{-}22)$$

(4) $L_b > L_r$의 경우

$$M_n = \beta_{LT} F_{cr} S_x \le R_p M_y \quad \cdots\cdots (3.3\text{-}23)$$

여기서, α_{LT} = 식 3.3-7에 제시된 횡비틀림좌굴계수

β_{LT} = 표 3.3-2에 제시된 탄성횡비틀림좌굴 감소계수

F_{cr} = 식 3.3-6에 제시된 탄성횡좌굴응력, MPa

L_p = 식 3.3-8에 제시된 소성한계 비지지길이, mm

L_y = 식 3.3-9에 제시된 항복한계 비지지길이, mm

웨브소성화계수 R_p는 다음과 같이 산정한다.

① $I_{yf}/I_y > 0.23$인 경우

$$R_p = \left[\frac{M_p}{M_y} - \left(\frac{M_p}{M_y} - 1\right)\left(\frac{\lambda - \lambda_{pw}}{\lambda_{rw} - \lambda_{pw}}\right)\right] \le \frac{M_p}{M_y} \quad \cdots\cdots (3.3\text{-}24)$$

② $I_{yf}/I_y < 0.23$인 경우

$$R_p = 1.0 \quad \cdots\cdots (3.3\text{-}25)$$

여기서, I_{yf} = 약축에 대한 압축플랜지의 단면2차모멘트, mm^4

M_p = $F_y Z_x$

h = 표 1.5-2에 의해 정의되는 웨브 높이, mm

$\lambda \quad = \dfrac{h}{t_w}$

$\lambda_{pw} \;= \lambda_p$, 표 1.2-2에 제시된 조밀웨브의 한계 폭두께비

$\lambda_{rw} \;= \lambda_r$, 표 1.2-2에 제시된 비조밀웨브의 한계 폭두께비

3.3.4.3 압축플랜지 국부좌굴강도

(1) 조밀플랜지인 경우 : 압축플랜지 국부좌굴강도를 고려하지 않아도 된다.

(2) 비조밀플랜지의 경우

$$M_n = R_p M_y - (R_p M_y - F_y S_x)\left(\frac{\lambda - \lambda_{pf}}{\lambda_{rf} - \lambda_{pf}}\right) \quad \text{(3.3-26)}$$

(3) 세장판플랜지의 경우

$$M_n = F_y S_{xe} \quad \text{(3.3-27)}$$

여기서, S_{xe} = 유효폭 b_e로 산정한 유효 압축단면의 탄성단면계수, mm^3

R_p = 식 3.3-24 또는 3.3-25의 웨브소성화계수

$\lambda \;= \dfrac{b_f}{2t_f}$

$\lambda_{pf} = \lambda_p$, 표 1.2-2에 제시된 조밀웨브의 한계 폭두께비

$\lambda_{rf} = \lambda_r$, 표 1.2-2에 제시된 비조밀웨브의 한계 폭두께비

3.3.5 강축휨을 받는 세장판 웨브단면을 갖는 2축 대칭 H형강 부재

이 기준은 강축에 휨을 받는 세장판 웨브단면의 2축 대칭 H형강에 적용한다. 공칭휨강도 M_n은 압축플랜지의 항복, 횡좌굴, 그리고 압축플랜지 국부좌굴에 의한 한계상태 중 최솟값으로 결정한다.

3.3.5.1 압축플랜지 항복강도

$$M_n = R_{pg} F_y S_x \quad \text{(3.3-28)}$$

3.3.5.2 횡비틀림좌굴강도

(1) $L_b \le L_p$의 경우 : 횡좌굴강도를 고려하지 않아도 된다.

(2) $L_y < L_b \le L_r$의 경우

$$M_n = C_b R_{pg}\left[M_y - (M_y - 0.30F_y S_x)\left(\frac{L_b - L_y}{L_r - L_y}\right)^{\alpha LT}\right] \le R_{pg}F_y S_x \quad \cdots\cdots\cdots\cdots (3.3\text{-}29)$$

(3) $L_b > L_r$의 경우

$$M_n = \beta_{LT} R_{pg} F_{cr} S_x \le R_{pg} F_y S_x \quad \cdots\cdots\cdots\cdots (3.3\text{-}30)$$

여기서, α_{LT}= 식 3.3-7에 제시된 횡비틀림좌굴계수

β_{LT}= 표 3.3-2에 제시된 탄성횡비틀림좌굴 감소계수

F_{cr} = 식 3.3-6에 제시된 탄성횡좌굴응력, MPa

L_y = 식 3.3-9에 제시된 항복한계 비지지길이, mm

L_r = 식 3.3-10에 제시된 비탄성한계비지지길이, mm

R_{pg} = 휨강도 감소계수

$$= 1 - \frac{a_w}{6.75 + 2.12a_w}\left(\frac{\lambda}{\lambda_{rw}} - 1.0\right) \le 1.0 \quad \cdots\cdots\cdots\cdots (3.3\text{-}31)$$

여기서, $a_w = \dfrac{ht_w}{b_f t_f} \le 10.0$

b_f = 플랜지 폭, mm

h = 표 1.2-2에 정의되는 웨브의 춤, mm

t_f = 1.2.1에 정의되는 플랜지 두께, mm

t_w = 1.2.1에 정의되는 웨브 두께, mm

$$\lambda = \frac{h}{t_w} \quad \cdots\cdots\cdots\cdots (3.3\text{-}31)$$

$\lambda_{rw} = \lambda_r$, 표 1.2-2에 제시된 비조밀웨브의 한계 폭두께비

3.3.5.3 압축플랜지 국부좌굴강도

(1) 조밀 또는 비조밀 플랜지인 경우 : 압축플랜지 국부좌굴강도를 고려하지 않아도 된다.

(2) 세장판 플랜지인 경우

$$M_n = R_{pg} F_y S_{xe} \quad \cdots\cdots (3.3\text{-}32)$$

여기서, R_{pg} = 식 3.3-31의 휨강도 감소계수

S_{xe} = 전체단면 탄성국부좌굴응력 또는 식 3.3-19의 탄성국부좌굴응력에 따른 유효폭 b_e로 산정한 유효 압축단면의 탄성단면계수, mm^3

3.3.6 약축휨을 받는 H형강 또는 ㄷ형강 부재

이 기준은 약축에 휨을 받는 H형강 또는 ㄷ형강에 적용한다. 공칭휨강도 M_n은 압축플랜지의 항복(소성모멘트), 플랜지 국부좌굴, 그리고 웨브 국부좌굴에 의한 한계상태 중 최솟값으로 결정한다.

3.3.6.1 항복강도

$$M_n = M_p = F_y Z_y \quad \cdots\cdots (3.3\text{-}33)$$

여기서, Z_y = 약축에 대한 소성단면계수, mm^3

3.3.6.2 플랜지 국부좌굴강도

플랜지 국부좌굴의 한계상태는 플랜지 끝단이 압축되어 휘어지는 H형강 또는 ㄷ형강부재에만 적용한다.

(1) 조밀플랜지인 경우 : 국부좌굴강도를 고려하지 않는다.

(2) 비조밀플랜지인 경우

$$M_n = M_p - (M_p - F_y S_{yc})\left(\frac{\lambda - \lambda_{pf}}{\lambda_{rf} - \lambda_{pf}}\right) \quad \cdots\cdots (3.3\text{-}34)$$

(3) 세장판플랜지인 경우

$$M_n = F_y S_{ye} \quad \cdots\cdots (3.3\text{-}35)$$

여기서, S_{yc} = 약축에 대한 압축연단의 탄성단면계수, mm^3

S_{ye} = 약축에 대한 유효폭 b_e로 산정한 유효 압축연단의 탄성단면계수, mm^3

b = 요소의 너비; H형강의 경우 플랜지 폭 b_f의 1/2, ㄷ형강의 경우 플랜지의 전체 공칭치수, mm

t_f = 1.2.1에 정의되는 플랜지 두께, mm

$\lambda = \dfrac{b}{t_f}$

$\lambda_{pf} = \lambda_p$, 표 1.2-2에 제시된 조밀플랜지의 한계 폭두께비

$\lambda_{rf} = \lambda_p$, 표 1.2-2에 제시된 비조밀플랜지의 한계 폭두께비

3.3.6.3 웨브 국부좌굴강도

웨브국부좌굴에 대한 한계상태는 플랜지 연단끝단이 인장력에 의해 휘어지는 ㄷ형강부재에 대해서만 적용한다.

(1) 조밀웨브인 경우 : 웨브국부좌굴강도는 고려하지 않는다.

(2) 비조밀 웨브인 경우

$$M_n = M_p - (M_p - F_y S_{yt})\left(\frac{\lambda - \lambda_{pw}}{\lambda_{rw} - \lambda_{pw}}\right) \quad \cdots\cdots (3.3\text{-}36)$$

(3) 세장판웨브인 경우 $\lambda_{rw} < \lambda \leq 1.5\lambda_{rw}$

$$M_n = F_y S_{yt} \quad \cdots\cdots (3.3\text{-}37)$$

여기서, S_{yt} = 약축에 대한 인장연단의 탄성단면계수, mm^3

$\lambda = \dfrac{h}{t_w}$

h = 표 1.2-2절에 정의되는 웨브 높이, mm

t_w = 1.2.1에서 정의하는 웨브의 두께, mm

$\lambda_{pw} = \lambda_p$, 표 1.2-2에 제시된 조밀웨브의 한계 폭두께비

$\lambda_{rw} = \lambda_p$, 표 1.2-2에 제시된 비조밀웨브의 한계 폭두께비

3.3.7 각형강관

이 기준은 조밀, 비조밀, 또는 세장판 웨브/플랜지를 가지는 정사각형 또는 직사각형, 그리고 $h/b \leq 3$를 만족하는 2축대칭 각형강관에 적용한다. 공칭휨강도 M_n은 단순 휨에 대한 항복(소성모멘트), 플랜지 국부좌굴, 그리고 웨브 국부좌굴에 의한 한계상태 중 최솟값으로 한다.

3.3.7.1 항복강도

$$M_n = M_p = F_y Z \qquad (3.3\text{-}38)$$

여기서, F_y = 최소항복강도, 냉간성형 각형강관의 경우 1.2.1.4.3의 조항에 따른 $F_{y,avg}$값으로 대체할 수 있다, MPa

Z = 휨축에 대한 소성단면계수, mm^3

3.3.7.2 플랜지 국부좌굴강도

(1) 조밀단면의 경우 : 플랜지 국부좌굴강도는 고려하지 않는다.

(2) 비조밀플랜지인 경우

$$M_n = M_p - (M_p - F_y S)\left(\frac{\lambda - \lambda_{pf}}{\lambda_{rf} - \lambda_{pf}}\right) \leq M_p \qquad (3.3\text{-}39)$$

(3) 세장판 플랜지인 경우

$$M_n = F_y S_e \qquad (3.3\text{-}40)$$

여기서, S = 휨축에 대한 탄성단면계수, mm^3

S_e = 전체단면 탄성국부좌굴응력 또는 식 3.3-19의 탄성국부좌굴응력에 따른 유효폭 로 산정한 유효 압축단면의 탄성단면계수, mm^3

$\lambda = \dfrac{b}{t_f}$

b = 표 1.2-2 에서 정의되는 압축플랜지의 너비, mm

t_f = 1.2.1에 정의되는 플랜지 두께, mm

$\lambda_{pf} = \lambda_p$, 표 1.2-2에 제시된 조밀플랜지의 한계 폭두께비

$\lambda_{rf} = \lambda_p$, 표 1.2-2에 제시된 비조밀플랜지의 한계 폭두께비

냉간성형 각형강관의 경우, 식 3.3-41의 압축 플랜지의 유효 폭 b_e로 산정한 유효 단면계수 S_e를 사용할 수 있다. 그러나 식 3.3-41을 사용하는 경우 b_e 또는 M_n을 산정하는데 $F_{y,avg}$를 사용할 수 없다.

$$b_e = b\left(1 - 0.22\sqrt{\frac{F_{el}}{F_y}}\right)\sqrt{\frac{F_{el}}{F_y}} \le b \quad \cdots\cdots (3.3\text{-}41)$$

3.3.7.3 웨브 국부좌굴강도

(1) 조밀단면인 경우 : 웨브 국부좌굴강도를 고려하지 않는다.

(2) 비조밀웨브의 경우

$$M_n = M_p - (M_p - F_y S)\left(\frac{\lambda - \lambda_{pw}}{\lambda_{rw} - \lambda_{pw}}\right) \le M_p \quad \cdots\cdots (3.3\text{-}42)$$

(3) 세장판웨브인 경우

① 압축플랜지 항복강도

$$M_n = R_{pg} F_y S \quad \cdots\cdots (3.2\text{-}43)$$

② 압축플랜지 국부좌굴강도

$$M_n = R_{pg} F_y S_e \quad \cdots\cdots (3.2\text{-}44)$$

여기서, R_{pg} = 식 3.3-31에 $a_w = 2ht_w/(bt_f)$을 적용하여 산정한 휨강도 감소계수

S_e = 3.3.7.2절에 따른 유효단면계수

h = 표 1.2-2에 정의되는 웨브 높이, mm

t_w = 1.2.1에서 정의하는 웨브의 두께, mm

λ = $\dfrac{h}{t_w}$

λ_{pw} = λ_p, 표 1.2-2에 주어지는 조밀웨브의 한계 폭두께비

λ_{rw} = λ_p, 표 1.2-2에 주어지는 비조밀웨브의 한계 폭두께비

3.3.8 원형강관

이 기준은 표 1.2-2에서 정의되는 조밀 또는 비조밀 원형강관에 적용한다. 공칭휨강도 M_n은 항복(전소성모멘트), 국부좌굴에 의한 한계상태 중 최솟값으로 한다.

3.3.8.1 항복강도

$$M_n = M_p = F_y Z \quad \cdots\cdots (3.3\text{-}45)$$

3.3.8.2 국부좌굴강도

(1) 조밀단면인 경우 : 플랜지 국부좌굴강도는 고려하지 않는다.

(2) 비조밀단면인 경우

$$M_n = \left(\frac{0.068\lambda_r}{\lambda} + 1\right) F_y S \quad \cdots\cdots (3.3\text{-}46)$$

여기서, $\lambda = \dfrac{D}{t}$

D = 원형강관의 외측 직경, mm

t = 1.2.1에 정의되는 원형강관 부재의 두께, mm

λ_r = 표 1.2-2에 따른 한계폭두께비

3.3.9 각형 또는 원형강봉

이 기준은 각형 또는 원형강봉에 적용한다. 공칭휨강도 M_n은 항복(전소성모멘트), 횡비틀림좌굴에 의한 한계상태 중 최솟값으로 한다.

3.3.9.1 항복강도

$$M_n = M_p = F_y Z \quad \cdots\cdots (3.3\text{-}47)$$

3.3.9.2 횡좌굴강도

(1) $\dfrac{L_b d}{t^2} \leq \dfrac{0.31E}{F_y}$ 을 만족하는 강축 휨을 받는 각형강봉, 약축휨을 받는 각형강봉 또는 원형

강봉은 횡비틀림좌굴강도를 산정하지 않는다.

(2) $\dfrac{0.31E}{F_y} < \dfrac{L_b d}{t^2} \le \dfrac{2.00E}{F_y}$ 을 만족하는 강축휨을 받는 각형강봉의 경우

$$M_n = C_b\left[1.61 - 0.36\left(\frac{L_b d}{t^2}\right)\frac{F_y}{E}\right]M_y \le M_p \quad \text{(3.3-48)}$$

여기서, L_b = 횡비지지길이, mm

d = 각형강봉의 두께, mm

t = 휨축과 평행한 방향의 각형강봉의 너비, mm

(3) $\dfrac{L_b d}{t^2} > \dfrac{2.00E}{F_y}$ 을 만족하는 강축휨을 받는 각형강봉의 경우

$$M_n = F_{cr} S_x \le M_p \quad \text{(3.3-49)}$$

여기서, $F_{cr} = \dfrac{1.78EC_b}{\dfrac{L_b d}{t_2}}$ ······ (3.3-50)

3.3.10 기타부재

이 기준은 T형 단면 등 1축 대칭단면과 기타 2축 대칭단면, 그리고 세장판요소가 없는 모든 비대칭 형상에 적용한다. 공칭휨강도 M_n은 항복(전소성모멘트), 횡비틀림좌굴에 의한 한계상태 중 최솟값으로 한다.

3.3.10.1 항복강도

$$M_n = F_y S_{\min} \quad \text{(3.3-51)}$$

여기서, $S_{\min}$ = 휨축에 대한 최소 탄성단면계수, mm^3

3.3.10.2 횡좌굴강도

(1) $L_b \le L_y$인 경우 : 횡비틀림좌굴강도는 고려하지 않는다.

(2) $L_y < L_b \le L_r$인 경우

$$M_n = C_b\left[F_y S_{\min} - (F_y S_{\min} - 0.30F_y S_{\min})\left(\frac{L_b - L_y}{L_r - L_y}\right)^{\alpha_{LT}}\right] \le F_y S_{\min} \cdots\cdots (3.3\text{-}52)$$

(3) $L_b > L_r$인 경우

$$M_n = 0.82F_{cr}S_{\min} \le F_y S_{\min} \cdots\cdots (3.3\text{-}53)$$

여기서, F_{cr} = 해석으로부터 산정된 좌굴응력, MPa

L_r = 비탄성 한계비지지길이, $F_{cr} = 0.37F_y$를 적용하여 산정한 값, mm

L_y = 항복한계 비지지길이, $F_{cr} = 1.22F_y$를 적용하여 산정한 값, mm

α_{LT} = 식 (3.3-7)에 따른 횡비틀림좌굴계수

3.3.11 휨부재의 단면산정

3.3.11.1 구멍단면적 공제에 따른 강도저감

이 조항은 전체단면에 의해 휨강도가 산정되는 구멍이 있는 압연형강 및 용접형강을 사용한 휨재에 적용한다. 이와 같은 경우 다른 조항에 규정된 한계상태에 추가하여 인장플랜지의 인장파괴 한계상태를 추가로 산정한다.

(1) $F_u A_{fn} \ge F_y A_{fg}$의 경우, 인장파괴에 대한 한계상태를 산정하지 않는다.

(2) $F_u A_{fn} < F_y A_{fg}$의 경우, 인장플랜지에 구멍이 있는 위치에서의 공칭휨강도는 다음의 값을 초과할 수 없다.

$$M_n = \frac{F_u A_{fn}}{A_{fg}} S_x \cdots\cdots (3.3\text{-}54)$$

여기서, A_{fg} = 1.2.1.4.4에 따라 산정한 인장플랜지의 총단면적, mm^2

A_{fn} = 1.2.1.1.4에 따라 산정한 인장플랜지의 순단면적, mm^2

F_u = 인장강도, MPa

S_x = 강축에 대한 탄성단면계수, mm^3

3.3.11.2 조립 보

두 개 이상의 압연형강으로 구성된 조립휨부재는 3.2.6.2에 따라 접합되어야 한다. 집중하중이 한 보에서 다른 보로 옮겨가거나 분배될 때 하중을 분배하기에 충분한 강성을 가진 띠판이 보 사이에 용접되거나 볼트체결이 되어야 한다.

3.4 전단 및 비틀림 부재

3.4.1 일반사항

3.4.1.1 적용범위

이 기준은 웨브의 면내 또는 약축 방향의 전단력을 받는 1축 또는 2축 대칭 형강, 전단력을 받는 강관과 박스형 단면, 비틀림만을 받는 2축 대칭 H형강, ㄷ형강, 강관, 박스형 단면의 오스테나이트계, 페라이트계와 듀플레스계 스테인리스강에 적용한다. 단, 용접조립 단면에는 페라이트계 스테인리스강을 적용하지 않는다.

3.4.1.2 설계전단강도

(1) 설계전단강도, $\phi_v V_n$은 다음과 같이 산정한다.

① 3.4.2~3.4.6의 기준을 적용하는 경우,

$$\phi_v = 0.90$$

② 공칭전단강도, V_n은 3.4.2~3.4.6에 따라 결정한다.

(2) 설계비틀림강도, $\phi_t T_n$은 다음과 같이 산정한다.

① 3.4.2~3.4.6의 기준을 적용하는 경우,

$$\phi_t = 0.90$$

② 공칭비틀림강도, T_n은 3.4.8~3.4.9에 따라 결정한다

3.4.2 주축 전단력을 받는 H형강과 ㄷ형강

전단강도는 다음과 같은 2가지 방법으로 산정한다. 3.4.2.1은 인장역작용을 고려하지 않고

부재의 후좌굴강도를 이용하여 산정하는 방법이며 보강재의 유무에 관계없이 웨브에 적용한다. 3.4.2.2는 인장역작용을 고려한 후좌굴강도를 이용하여 산정하는 방법이며, 보강재를 갖는 웨브에 적용한다.

3.4.2.1 인장역작용을 고려하지 않는 경우의 웨브전단강도

공칭전단강도, V_n은 다음과 같이 산정한다.

$$V_n = 0.6 F_y A_w C_{v1} \quad \cdots\cdots (3.4\text{-}1)$$

여기서, A_w = 웨브의 면적, 부재 전체 높이와 웨브폭의 곱(dt_w, mm^2)

F_y = 재료 항복강도 (MPa)

(1) 웨브의 전단상수, C_{v1}은 다음에 따라 산정한다.

① $\lambda \le 0.59\sqrt{k_v E/F_y}$ 인 경우

$$C_{v1} = 1.2 \quad \cdots\cdots (3.4\text{-}2)$$

② $\lambda > 0.59\sqrt{k_v E/F_y}$ 인 경우

$$C_{v1} = \frac{1.55\sqrt{k_v E/F_y}}{0.7\sqrt{k_v E/F_y} + \lambda} \quad \cdots\cdots (3.4\text{-}3)$$

여기서, E = 스테인리스강의 탄성계수 (MPa)

= 오스테나이트계와 듀플렉스계인 경우, 195,000MPa;

페라이트계인 경우, 200,000MPa

$\lambda = \dfrac{h}{t_w}$

h = 압연 H형강의 필릿반경을 제외한 플랜지 간 순거리 (mm)

= 용접 조립단면 또는 부재의 플랜지 간 순거리 (mm)

= 볼트 조립단면의 파스너선 사이의 거리 (mm)

t_w = 1.2.1.4.2절에 따른 웨브의 설계 두께 (mm)

(2) 웨브 판좌굴계수, k_v는 다음에 따라 산정한다.

① 수직보강재가 없는 경우

$$k_v = 5.34$$

② 수직보강재가 있는 경우

$$k_v = 5 + \frac{5}{(a/h)^2} \quad \cdots\cdots (3.4\text{-}4)$$

단, $a/h > 3.0$ 인 경우, $k_v = 5.34$

여기서, a = 수직보강재 사이의 순거리 (mm)

3.4.2.2 $a/h \leq 3$ 이고, 인장역작용을 고려하는 경우의 웨브전단강도

공칭전단강도, V_n은 다음과 같이 산정한다.

(1) $\lambda \leq 0.65\sqrt{k_v E/F_y}$ 인 경우

$$V_n = 0.6 C_{v2} F_y A_w \quad \cdots\cdots (3.4\text{-}5)$$

(2) $\lambda > 0.65\sqrt{k_v E/F_y}$ 인 경우

① $2A_w/(A_{fc} + A_{ft}) \leq 2.5$, $h/b_{fc} \leq 6.0$, $h/b_{ft} \leq 6.0$ 일 때

$$V_n = 0.6 F_y A_w \left[C_{v2} + \frac{1 - C_{v2}}{1.15\sqrt{1 + (a/h)^2}} \right] \quad \cdots\cdots (3.4\text{-}6)$$

② 그 외,

$$V_n = 0.6 F_y A_w \left[C_{v2} + \frac{1 - C_{v2}}{1.15\left[a/h + \sqrt{1 + (a/h)^2}\,\right]} \right] \quad \cdots\cdots (3.4\text{-}7)$$

웨브전단상수, C_{v2}는 다음과 같이 산정한다.

(1) $\lambda \leq 0.33\sqrt{k_v E/F_y}$ 인 경우

$$C_{v2} = 1.2 \quad \cdots\cdots (3.4\text{-}8)$$

(2) $0.33\sqrt{k_v E/F_y} < \lambda \leq 0.97\sqrt{k_v E/F_y}$ 인 경우

$$C_{v2} = 1.2 - 0.62\left(\frac{\lambda}{\sqrt{k_v E/F_y}} - 0.33 \right) \quad \cdots\cdots (3.4\text{-}9)$$

(3) $0.97\sqrt{k_v E/F_y} < \lambda \le 2.68\sqrt{k_v E/F_y}$ 인 경우

$$C_{v2} = \frac{5.02\sqrt{k_v E/F_y} - \lambda}{1.62\sqrt{k_v E/F_y} + 3.55\lambda} \quad \cdots\cdots (3.4\text{-}10)$$

(4) $\lambda > 2.68\sqrt{k_v E/F_y}$ 인 경우

$$C_{v2} = \frac{1.51 k_v E}{\lambda^2 F_y} \quad \cdots\cdots (3.4\text{-}11)$$

여기서, A_{fc} = 압축플랜지의 면적 (mm^2)

A_{ft} = 인장플랜지의 면적 (mm^2)

b_{fc} = 압축플랜지의 폭 (mm)

b_{ft} = 인장플랜지의 폭 (mm)

k_v = 3.4.2.1에 따른 판 좌굴계수

$\lambda = \dfrac{h}{t_w}$

공칭전단강도는 3.4.2.1과 3.4.2.2 중 큰 값으로 결정한다.

3.4.2.3 수직보강재

수직보강재는 다음의 요구조건을 만족해야 한다.

(1) $\lambda \le 2.46\sqrt{E/F_y}$ 이거나, $k_v = 5.34$를 이용하여 3.4.2.1에 따라 산정한 설계전단강도가 소요강도보다 클 경우, 수직보강재를 사용할 필요는 없다.

(2) 수직보강재는 집중하중이나 반력을 전달하기 위한 지압이 필요하지 않는 경우, 인장 플랜지에 접합하지 않아도 된다. 이 경우 수직보강재를 웨브에 접합시키는 용접은 웨브와 플랜지가 만나는 끝에서 웨브두께의 4배 이상 그리고 6배 이하에서 끝나야 한다. 단일 보강재가 사용될 때, 부재의 비틀림에 의한 플랜지의 상향 변형에 저항하기 위해 보강재는 압축플랜지에 용접해야 한다.

(3) 거더 웨브에 보강재를 접합시키는 볼트의 중심간격은 300 mm 이하로 한다. 단속 필릿용접을 사용하면 용접간 순간격은 웨브 두께의 16배 또는 250 mm 이하이어야 한다.

(4) $(b/t)_{st} \le 0.41\sqrt{\dfrac{E}{F_{yst}}}$ $\cdots\cdots$ (3.4-12)

(5) $I_{st} \ge I_{st2} + (I_{st1} - I_{st2})\rho_w$ $\cdots\cdots$ (3.4-13)

여기서, F_{yst} = 보강재의 설계항복강도 (MPa)

I_{st} = 양면 보강재의 경우 웨브중심축, 일면 보강재의 경우 웨브면에 대한 단면2차모멘트 (mm^4)

I_{st1} = 완전 후좌굴 전단강도가 발현되는 단면2차모멘트 (mm^4)

$$= \frac{h^4 \rho_{st}^{1.3}}{40}\left(\frac{F_{yw}}{E}\right)^{1.5} \quad \cdots\cdots (3.4\text{-}14)$$

F_{yw} = 웨브의 항복강도 (MPa)

I_{st2} = 웨브 전단강도가 발현되는 ($V_r = V_{c2}$) 단면2차모멘트 (mm^4)

$$= \left[\frac{2.5}{(a/h)^2} - 2\right] b_p t_w^3 \geq 0.5 b_p t_w^3 \quad \cdots\cdots (3.4\text{-}15)$$

V_{c1} = 3.4.2.1 또는 3.4.2.2에 따라 계산된 공칭강도 V_n를 이용한 설계전단강도 (N)

V_{c2} = 설계전단강도, 여기서, $V_n = 0.6F_y A_w C_{v2}$

V_r = 웨브패널의 소요전단강도

b_p = a와 h중 작은 값 (mm)

$(b/t)_{st}$ = 보강재의 판폭두께비

ρ_{st} = F_{yw}/F_{yst} 와 1 중 큰 값

ρ_w = $\left(\frac{V_r - V_{c2}}{V_{c1} - V_{c2}}\right) \geq 0$, 수직보강재의 각 면에 있는 웨브패널 내의 최대 전단력 비

3.4.3 전단을 받는 각형강관 및 박스형 단면

공칭전단강도, V_n은 다음과 같이 산정한다.

$$V_n = 0.6F_y A_w C_{v2} \quad \cdots\cdots (3.4\text{-}16)$$

여기서, A_w = $2ht$

C_{v2} = 3.4.2.2에 따른 웨브의 전단상수. 이때, $\lambda = h/t$ and $k_v = 5$

h = 코너반경 안쪽의 플랜지 간 순거리(mm)이며, 코너반경을 모르는 경우, 단면 외부 치수에서 두께의 3배를 감한 값이다.

t = 1.2.1.4.2에 따른 설계 두께

3.4.4 전단을 받는 원형 강관

원형강관의 공칭전단강도, V_n은 다음과 같이 산정한다.

$$V_n = 0.6C_vF_yA_g/2 \quad \cdots\cdots (3.4\text{-}17)$$

여기서, A_g = 부재 단면적 (mm²)

F_y = 부재 항복강도 (MPa)

웨브전단상수, C_v는 다음과 같이 산정한다.

(1) $\dfrac{L_v}{D} \le 4.21\sqrt{\lambda}$ 인 경우

$$C_v = C_{vM} \quad \cdots\cdots (3.4\text{-}18)$$

(2) $\dfrac{L_v}{D} > 4.24\sqrt{\lambda}$ 인 경우

$$C_v = C_{vL} \quad \cdots\cdots (3.4\text{-}19)$$

여기서, D = 강관의 외경 (mm)

L_v = 최대전단력 작용점과 전단력이 0인 지점 사이의 거리 (mm)

λ = $\dfrac{D}{t}$

① 전단좌굴강도계수, C_{vM}는 다음과 같이 산정한다.

a) $\lambda \le 0.32\left(\dfrac{E/F_y}{\sqrt{L_v/D}}\right)^{0.80}$ 인 경우

$$C_{vM} = 1.0 \quad \cdots\cdots (3.4\text{-}20)$$

b) $0.32\left(\dfrac{E/F_y}{\sqrt{L_v/D}}\right)^{0.80} < \lambda \le 4.65\left(\dfrac{E/F_y}{\sqrt{L_v/D}}\right)^{0.80}$ 인 경우

$$C_{vM} = 1 - 0.61\left(0.47\sqrt{\frac{\sqrt{L_v/D}\,\lambda^{1.25}}{E/F_y}} - 0.23\right) \quad \cdots\cdots (3.4\text{-}21)$$

c) $\lambda > 4.65\left(\dfrac{E/F_y}{\sqrt{L_v/D}}\right)^{0.80}$ 인 경우

$$C_{vM} = \frac{2.67E}{\sqrt{L_v/D}\,\lambda^{1.25}F_y} \quad \cdots\cdots (3.4-22)$$

② 전단좌굴강도계수, C_{vL}은 다음과 같이 산정한다.

a) $\lambda \le 0.24(E/F_y)^{0.67}$ 인 경우

$$C_{vL} = 1.0 \quad \cdots\cdots (3.4-23)$$

b) $0.24(E/F_y)^{0.67} < \lambda \le 2.23(E/F_y)^{0.67}$ 인 경우

$$C_{vL} = 1 - 0.61\left(0.68\sqrt{\frac{\lambda^{1.50}}{E/F_y}} - 0.23\right) \quad \cdots\cdots (3.4-24)$$

c) $\lambda > 2.23(E/F_y)^{0.67}$ 인 경우

$$C_{vL} = \frac{1.30E}{\lambda^{1.50}F_y} \quad \cdots\cdots (3.4-25)$$

3.4.5 약축에 대해 전단이 작용하는 2축대칭 H형강 및 ㄷ형강단면

비틀림 없이 약축에 하중이 작용하는 2축대칭 H형강 및 ㄷ형강 단면의 각 저항요소에 대한 공칭전단강도, V_n은 다음과 같이 산정한다.

$$V_n = 0.6F_y b_f t_f C_{v2} \quad \cdots\cdots (3.4-26)$$

여기서, C_{v2} = 3.4.2.2에 따라 결정된 웨브의 전단상수로서, I형강의 경우 $\lambda = b_f/2t_f$, ㄷ형강의 경우 $\lambda = b_f/t_f$ 및 $k_v = 1.2$를 적용한다.

b_f = 플랜지 폭 (mm)

t_f = 1.2.1.4.2에 따른 플랜지의 설계 두께 (mm)

3.4.6 그 외 전단을 받는 1축 또는 2축대칭 단면

3.4.2~3.4.5의 단면을 제외한 1축 또는 2축 대칭 단면의 공칭전단강도, V_n은 다음과 같이 산정한다.

$$V_n = 0.6 C_{v2} F_y A_w \quad \cdots\cdots (3.4-27)$$

여기서, A_w = 전단에 저항하는 요소 또는 요소들의 면적 (mm^2)으로 전반적인 높이에 요소의 설계두께를 곱하여 산정한다.

C_{v2} = 3.4.2.2에 따른 웨브의 전단좌굴상수로써, 구속판요소(양연지지판)의 경우 $\lambda = d/t$, $k_v = 5$, 비구속판요소(자유돌출판)의 경우 $k_v = 1.2$를 적용한다.

d = 전단저항요소의 높이 (mm)

= 용접 조립단면의 경우, 플랜지간 순거리, h (mm)

= 볼트 조립단면의 경우, 파스너선 사이의 거리, h (mm)

= T형강의 경우, 스템의 높이 b (mm)

t = 1.2.1.4.2에 따른 설계 두께 (mm)

3.4.7 웨브에 구멍이 있는 보

작은보 및 큰보의 웨브에 구멍이 있을 경우 그 영향을 고려하여 공칭전단강도를 산정한다. 웨브에 구멍이 있는 부분의 소요전단강도가 설계전단강도를 초과하는 경우 이를 적절히 보강해야 한다.

3.4.8 비틀림을 받는 원형 각형 강관과 박스형 단면

공칭비틀림강도, T_n은 비틀림 항복, 비틀림 좌굴의 한계상태에 따라 다음과 같이 산정한다.

$$T_n = 0.6 C C_v F_y \quad \cdots\cdots (3.4-28)$$

여기서, C = 강관의 비틀림상수 (mm^3)

여기서, 비틀림상수(C)는 다음과 같이 보수적으로 결정할 수 있다.

(1) 원형강관의 경우 : $C = \dfrac{\pi\left(D^4 - D_i^4\right)}{32D/2} = \dfrac{\pi(D-t)^2 t}{2}$

(2) 각형강관의 경우 : $C = 2(B-t)(H-t)t - 4.5(4-\pi)t^3$

3.4.8.1 원형강관 C_v

전단상수, C_v는 다음과 같이 산정한다.

(1) $\frac{L}{D} \leq 4.21\sqrt{\lambda}$ 인 경우

$$C_v = C_{vM} \quad \cdots\cdots (3.4\text{-}29)$$

(2) $\frac{L}{D} > 4.21\sqrt{\lambda}$ 인 경우

$$C_v = C_{vL} \quad \cdots\cdots (3.4\text{-}30)$$

여기서, D = 강관의 외경 (mm)

L = 부재의 길이 (mm)

t = 1.2.1.4.2절에 따른 설계두께 (mm)

$\lambda = \frac{D}{t}$

① C_{vM}는 다음과 같이 산정한다.

a) $\lambda \leq 0.26\left(\frac{E/F_y}{\sqrt{L/D}}\right)^{0.80}$ 인 경우

$$C_{vM} = 1.0 \quad \cdots\cdots (3.4\text{-}31)$$

b) $0.26\left(\frac{E/F_y}{\sqrt{L/D}}\right)^{0.80} < \lambda \leq 3.77\left(\frac{E/F_y}{\sqrt{L/D}}\right)^{0.80}$ 인 경우

$$C_{vM} = 1 - 0.61\left(0.54\sqrt{\frac{\sqrt{L/D}\,\lambda^{1.25}}{E/F_y}} - 0.23\right) \quad \cdots\cdots (3.4\text{-}32)$$

c) $\lambda > 3.77\left(\frac{E/F_y}{\sqrt{L/D}}\right)^{0.80}$ 인 경우

$$C_{vM} = \frac{2.05E}{\sqrt{L/D}\,\lambda^{1.25}F_y} \quad \cdots\cdots (3.4\text{-}33)$$

② 전단좌굴강도계수, C_{vL}은 다음과 같이 산정한다.

a) $\lambda \leq 0.20(E/F_y)^{0.67}$ 인 경우

$$C_{vL} = 1.0 \quad \cdots\cdots (3.4\text{-}34)$$

b) $0.20(E/F_y)^{0.67} < \lambda \le 1.87(E/F_y)^{0.67}$ 인 경우

$$C_{vL} = 1 - 0.61\left(0.77\sqrt{\frac{\lambda^{1.50}}{E/F_y}} - 0.23\right) \quad \cdots\cdots (3.4\text{-}35)$$

c) $\lambda > 1.87(E/F_y)^{0.67}$ 인 경우

$$C_{vL} = \frac{E}{\lambda^{1.50}F_y} \quad \cdots\cdots (3.4\text{-}36)$$

3.4.8.2 각형강관 및 박스형 단면

웨브의 전단상수, C_v는 다음과 같이 산정한다.

(1) $\lambda \le 0.74\sqrt{E/F_y}$ 인 경우

$$C_v = 1.2 \quad \cdots\cdots (3.4\text{-}37)$$

(2) $0.74\sqrt{E/F_y} < \lambda \le 2.17\sqrt{E/F_y}$ 인 경우

$$C_v = 1.2 - 0.28\left(\frac{\lambda}{\sqrt{E/F_y}} - 0.74\right) \quad \cdots\cdots (3.4\text{-}38)$$

(3) $2.17\sqrt{E/F_y} < \lambda \le 5.99\sqrt{E/F_y}$ 인 경우

$$C_v = \frac{11.23\sqrt{E/F_y} - \lambda}{3.62\sqrt{E/F_y} + 3.55\lambda} \quad \cdots\cdots (3.4\text{-}39)$$

(4) $\lambda > 5.99\sqrt{E/F_y}$ 인 경우

$$C_v = \frac{7.56E}{\lambda^2 F_y} \quad \cdots\cdots (3.4\text{-}40)$$

여기서, $\lambda = \frac{h}{t}$

h = 1.2.1.4.1(2)④에 따른 긴 쪽의 폭 (mm)

t = 1.2.1.4.2에 다른 긴 쪽의 설계두께 (mm)

3.4.9 비틀림을 받는 2축 대칭 H형강과 ㄷ형강

공칭전단강도, T_n은 축응력의 항복, 전단응력에 의한 전단항복, 좌굴의 한계상태에 따른 강도 중 가장 작은 값으로 산정한다

(1) 축응력의 항복

$$F_n = F_y \quad \cdots\cdots (3.4\text{-}41)$$

(2) 전단응력의 항복

$$F_n = 0.6F_y \quad \cdots\cdots (3.4\text{-}42)$$

(3) 축응력의 항복

$$F_n = F_{cr} \quad \cdots\cdots (3.4\text{-}43)$$

여기서, F_{cr} = 해석에 의해 결정된 단면의 좌굴응력 (MPa)

3.5 조합력을 받는 부재

이 절에서는 오스테나이트계, 페라이트계 및 듀플렉스계 스테인리스강 1축 또는 2축 휨의 조합상태에 비틀림응력이 작용하거나 작용하지 않는 부재에 적용한다.
2축 대칭 H형강부재, ㄷ형강, 강관 및 비틀림 유무에 관계없이 1축 또는 2축에 축력과 휨이 작용하는 상자형 단면 부재에 적용한다.

3.5.1 휨과 축력이 작용하는 1축 및 2축 대칭단면부재

3.5.1.1 압축력과 휨을 받는 1축 및 2축 대칭단면부재

2축 대칭단면부재와 I_{yc}/I_y의 값이 0.1 이상 0.9 이하로서 x축 또는 y축으로만 휨이 발생하도록 구속된 1축 대칭단면부재에 있어서 휨과 압축력의 상관관계는 식 (3.5-1)과 식 (3.5-2)에 의하여 제한된다. 여기서 I_{yc}는 압축력을 받는 플랜지의 y축에 대한 단면2차모멘트를 나타낸다. 이 기준의 규정 대신 3.5.2를 적용해도 무방하다.

(1) $\frac{P_r}{P_c} \geq 0.2$ 인 경우

$$\frac{P_r}{P_c} + \frac{8}{9}\left(\frac{M_{rx}}{M_{cx}} + \frac{M_{ry}}{M_{cy}}\right) \leq 1.0 \quad \text{(3.5-1)}$$

(2) $\frac{P_r}{P_c} < 0.2$ 인 경우

$$\frac{P_r}{2P_c} + \left(\frac{M_{rx}}{M_{cx}} + \frac{M_{ry}}{M_{cy}}\right) \leq 1.0 \quad \text{(3.5-2)}$$

여기서, P_r = 소요 압축강도, N

P_c = 3.2에 따라 결정되는 설계압축강도, N

M_r = 소요 휨강도, N·mm

M_c = 3.3에 따라 결정되는 설계휨강도, N·mm

x = 강축 휨을 나타내는 아래첨자

y = 약축 휨을 나타내는 아래첨자

ϕ_c = 압축저항계수(=0.90)

ϕ_b = 휨저항계수(=0.90)

3.5.1.2 인장력과 휨을 받는 1축 및 2축 대칭단면부재

2축 대칭단면부재와 x축 또는 y축으로만 휨이 발생하도록 구속된 1축 대칭단면부재에 있어서 휨과 인장력의 상관관계는 식 (3.5-1) 및 식 (3.5-2)로 제한한다.

2축 대칭단면을 가진 부재에서 인장력과 휨이 동시에 작용할 때, 3.3(휨부재)의 C_b값은 $\sqrt{1+\frac{P_u}{P_{ey}}}$ 만큼 증가시킬 수 있다. 여기서, P_u는 소요인장강도로서, 양(+)값을 사용한다. 또한 $P_{ey} = \frac{\pi^2 EI_y}{L_b^2}$이다. 식 (3.5-1) 및 식 (3.5-2)를 대신해서 인장과 휨과의 상관관계에 대한 좀 더 정밀한 해석결과를 사용해도 무방하다.

3.5.2 비틀림, 휨, 전단, 축력 등의 조합하중이 작용하는 1축 및 2축 대칭단면부재

3.5.2.1 비틀림, 휨, 전단, 축력 등의 조합하중이 작용하는 강관 및 상자형 단면부재

소요비틀림강도(T_r)가 설계비틀림강도(T_c)의 20% 이하인 경우 강관 및 상자형 단면에 대한 비틀림, 전단, 굽힘 및/또는 축력의 상호 작용은 3.5.1에 의해 결정되고, 비틀림 효과는 무시될 수 있다. 소요비틀림강도(T_r)가 설계비틀림강도(T_c)의 20%를 초과하면 비틀림, 전단, 굴곡 및/또는 축력의 상호 작용식을 고려하여 제한해야 한다.

$$\left(\frac{P_r}{P_c}+\frac{M_r}{M_c}\right)+\left(\frac{V_r}{V_c}+\frac{T_r}{T_c}\right)^2 \le 1.0 \quad \cdots\cdots (3.5\text{-}3)$$

여기서, M_r = 소요휨강도, N·mm

M_c = 3.3에 따라 결정되는 설계휨강도, $\phi_b M_n$ N·mm

P_r = 소요축강도, N

P_c = 3.1 또는 3.2에 따라 결정되는 설계 인장 또는 압축강도, N

T_r = 소요비틀림강도, N

T_c = 3.4에 따라 결정된 설계휨강도, N·mm

V_r = 소요전단강도, N

V_c = 3.4에 따라 결정된 설계전단강도, N

3.5.2.2 조합응력을 받는 1축 및 2축 대칭 단면 부재

전단력, 휨 및/또는 축력과 조합된 비틀림을 받는 2축 대칭 H형강 부재 및 ㄷ형강의 설계강도는 수직 응력, 전단응력 또는 좌굴 시 항복한계상태에 대해 3.4에 따라 결정된 가장 작은 값이어야 한다.

3.5.3 인장력을 받고 있는 구멍을 가진 플랜지의 파단

축력과 강축 휨으로 조합된 인장을 받는 플랜지의 볼트 구멍부분에서 플랜지의 인장파단강도는 식 (3.5-5)에 의해 제한된다. 축력과 휨으로 인해 인장력을 받는 각 플랜지는 별도로 검토해야 한다.

$$\frac{P_r}{P_c}+\frac{M_{rx}}{M_{cx}} \le 1.0 \quad \cdots\cdots (3.5\text{-}4)$$

여기서, P_r = 볼트구멍에서 부재의 소요축강도(N)

P_c = 3.1에 따라 결정된 볼트구멍 위치에서 순단면의 인장파단 한계상태에 대한 설계축강도, N

M_{rx} = 볼트구멍에서의 소요휨강도, N·mm

M_{cx} = 3.3에 따라 결정된 플랜지의 인장파단 한계상태에 대해 강축에 대한 설계휨강도, N·mm

휨 인장파단 한계상태를 적용하지 않는 경우에는 볼트구멍을 고려하지 않고 소성모멘트 M_p를 사용한다.

3.6 접합

3.6.1 일반사항

3.6.1.1 설계일반

(1) 접합부 설계강도 ϕR_n은 이 절과 1.5절에 따라 산정한다.

(2) 접합부 소요강도는 명시된 설계하중에 대한 구조해석에 의해 결정되어야 한다.

(3) 접합부 설계에 사용되는 힘과 변형은 구조해석 시 적용한 접합부의 의도된 성능 및 가정과 일치해야 한다.

(4) 축력을 받는 부재의 축이 한 점에서 만나지 않을 경우에는 편심의 영향을 고려하여야 한다.

3.6.1.2 단순접합

(1) 설계도서에서 별도 지정이 없는 한 작은보, 큰보 또는 트러스의 단부접합은 회전에 대해 유연하게 설계해야 하며, 일반적으로 접합부에서 전달하는 축력 및 전단력에 대해서만 설계한다.

(2) 단순보의 접합부는 충분한 단부의 회전능력이 있어야 하며, 이를 위해서는 어느정도의 비탄성변형도 허용할 수 있다.

3.6.1.3 모멘트접합

(1) 단부가 구속된 작은보, 큰보 및 트러스의 접합은 접합강성에 의하여 유발되는 모멘트와 전단의 조합력에 따라 설계하여야 한다.

(2) 연결부의 설계강도를 산정하기 위한 요구사항은 1.5에 따른다.

3.6.1.4 압축재의 선단밀착접합

(1) 기둥이 지압판으로 지지되거나 또는 이음부에서 선단지지 되도록 가공된 경우에는 모든 부분들이 안전하게 제 위치를 유지할 수 있도록 충분한 연결재들이 있어야 한다.

(2) 기둥 이외의 압축부재가 선단지지 되도록 가공된 경우에는 이음판과 연결재들이 모든 부분을 제 위치에 유지할 수 있도록 배치되어야 하며, 다음의 조건 중 하나에 따라 설계 되어야 한다. 두 가지 조건 중 엄격하지 않은 조건의 적용도 허용된다.

① 소요압축강도의 50%에 해당하는 축방향 인장력

② 소요압축강도의 2%에 해당하는 횡방향 하중으로 인한 휨모멘트와 전단력. 횡방향 하중은 부재에 작용하는 다른 하중을 제외하고, 이음부에 작용시켜야 한다. 부재는 핀 연결된 것으로 가정하여 이음부의 전단과 휨모멘트를 정한다.

(3) 모든 압축이음부는 1.5.1.2에 명시된 하중 조합에 의해 발생하는 어떠한 인장력에도 저항할 수 있도록 비례적으로 설계되어야 한다.

3.6.1.5 대형단면의 이음

(1) 단순인장 또는 휨인장으로 인한 인장력이 대형단면의 완전용입그루브용접 이음을 통해 전달되어야 하는 경우 다음 조항을 만족해야 한다.

① 재료 노치인성 요구사항

② 3.6.1.6의 용접접근공 세부사항

③ 3.6.2.6의 용접재 요구사항

④ 3.9.1.2(4)의 열 전단에 대한 표면 준비 및 검사사항

(2) 단면을 조립하기 전에 조립부재 요소가 용접이음될 경우에는 3.6.1.5(1)을 적용하지 않는다.

(3) 대형단면의 완전용입그루브용접 이음부는 용접수축에 의한 악영향을 받을 수 있다. 인장력도 전달하는 압축재는 필릿용접된 웨브와 플랜지에 부분용입용접(PJP)를 적용하여 접합시키거나 접합부 일부 또는 전체에 볼트를 사용하여 접합시켜 용접수축에 의한 영향을 줄일 수 있다.

3.6.1.6 따낸보(Coped beam)와 용접접근공

모든 보의 따냄과 용접접근공에는 노치 또는 오목 모서리가 없어야 한다. 절단면 반경과 용

접접근공은 인접한 표면의 접하는 부위와 매끈하게 연결되어야 하고 다음 요구사항을 만족해야 한다.

(1) 용접 작업을 용이하게 하는 데 필요한 모든 용접접근공은 필요 시 뒷댐재를 설치하기 위한 여유 공간을 확보해야 한다.

(2) 용접접근공의 크기와 모양은 건실한 용착금속의 적층에 적합해야 하고 용접탭을 설치하기 위한 여유 공간을 확보해야 한다.

(3) 용접지단(toe)으로부터 용접접근공 끝단까지의 길이는 모재 두께의 1.5배 이상이거나 최소 38 mm 이상이어야 한다.

(4) 단면을 조립하기 전에 조립부재 요소가 용접이음될 경우에는 상기 조항을 적용하지 않는다.

(5) 오목 모서리 또는 절단면은 최소 반경 25 mm 이상으로 둥글게 가공해야 한다. 부재 치수로 인해 25 mm 반경을 얻을 수 없는 경우 25 mm 미만의 반경이 허용된다. 오목 모서리는 기계 절단을 할 수 있다. 플라즈마 또는 레이저를 사용한 열 절단도 허용되지만 이 경우 절단 연단부에서 최소 3 mm 이상을 기계 절삭해야 한다. 두 조건 모두 3.9.1.2(4)의 표면 요구사항을 충족해야 한다.

(6) 절단하기 전에 압연되거나 용접된 단면의 경우, 웨브의 가장자리는 플랜지 표면에서부터 용접접근공의 재진입 표면까지 경사 또는 곡선으로 가공되어야 하며 용접접근공에는 노치 및 오목 모서리가 없어야 한다.

(7) 용접접근공의 최소 반경은 10 mm이어야 한다. 부재 치수로 인해 10 mm 반경을 얻을 수 없는 경우 10 mm 미만의 반경이 허용된다.

(8) 조립부재에서 웨브와 플랜지의 용접이 용접접근공으로부터 적어도 용접크기와 동일한 거리에서 종료되는 경우, 용접접근공은 플랜지에 수직으로 종단되는 것이 허용된다.

3.6.1.7 용접 또는 볼트의 배열

(1) 편심에 대한 별도의 검토가 없는 경우, 축방향 힘을 전달하는 부재의 단부에서 용접이나 볼트의 군은 그 군의 중심이 부재의 중심과 일치하도록 배열해야 한다.

(2) 정적으로 재하되는 ㄱ형강, 쌍ㄱ형강부재 또는 이와 유사한 부재의 단부접합에서는 3.6.1.7(1)은 해당되지 않는다.

3.6.1.8 용접과 볼트의 병용

구조물에 용접을 보강할 경우 기존의 스테인리스강 볼트는 용접과 함께 하중을 부담하는 것으로 볼 수 없다. 이러한 경우 용접접합 또는 볼트접합이 전체하중을 부담하는 것으로 한다.

비고 및 해설

- 오목 모서리는 AISC 370에서 reentrant corner이며 다음 그림과 같은 위치와 형상으로 정의한다.

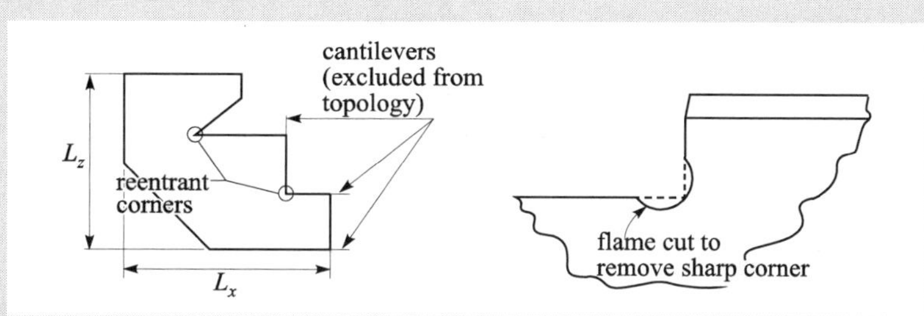

- AWS D1.6/D1.6M의 모든 조항은 오스테나이트계, 페라이트계 및 듀플렉스계 스테인리스강에 적용한다. 스테인리스강 용접절차는 KCS 24 31 10에 따라 인정을 받아야 한다. 별도 규정이 없는 경우는 AWS B2.1/B2.1M에 기초한 AWS 표준 용접절차사양서(WPS)도 참조할 수 있다.
- 스테인리스 강재의 용접 세부사항은 일반적으로 다른 합금강의 용접 세부사항과 유사하다. 자세한 사항은 AISC Design Guide 27, Structural Stainless Steel을 참고할 수 있다.
- 일반 용접이 가능하지만 AWS D1.6/D1.6M에는 고합금 오스테나이트계 스테인리스강 또는 듀플렉스계 스테인리스강에 대한 사전인정 용접절차사양(pWPS)은 없다.
- 듀플렉스계 스테인리스강 용접부에 대해 내식성 시험이 요구되는 경우, 저니켈 듀플렉스계(lean duplex steels) S32101, S32202 및 S32304에는 표준시험 방법 ASTM A1084가 적용된다. 고합금 듀플렉스강인 S32003, S32205, S32760, S32750 및 S82441에는 표준시험방법 ASTM A923이 적용된다.

3.6.2 용접

3.6.2.1 그루브용접

(1) 유효면적

① 그루브용접의 유효면적은 유효길이에 유효목두께를 곱한 것으로 한다.

② 완전용입 그루브용접의 유효목은 연결된 두 판재 중 얇은 쪽 판의 두께로 정의한다. 보강덧붙임에 의한 유효목의 두께 증가는 허용되지 않는다.

③ 사전 승인된 오스테나이트 스테인리스강의 부분용입 그루브용접의 유효목 두께는 표 3.6-1에 따른다.

④ 용접 표면을 평평하게 채운 모든 플레어 그루브용접은 표 3.6-2에 따른다.

⑤ 부분용입 그루브용접 또는 용접 표면이 평평하게 채워지지 않은 플레어 그루브용접

의 유효목두께는 표 3.6-1 또는 표 3.6-2에 제시된 값에서 용접 표면부터 모재 표면까지의 수직 거리 중 가장 큰 값을 감해야 한다.

⑥ 보강 필릿용접이 있는 부분용입 그루브용접의 경우, 유효목두께는 용접부 루트부터 용접표면까지의 최단 거리에서 3 mm를 감해야 한다.

⑦ 보강 필릿용접이 있는 플레어베벨용접의 경우, 유효목두께는 용접부 루트에서 용접 표면까지의 최단 거리에서 용입되지 않은 부위를 감해야 한다.

⑧ 제작자가 자격인정을 통해 표 3.6-2에 명시된 것보다 큰 유효목두께를 일관되게 생산할 수 있음을 입증하는 경우, 큰 유효목두께가 주어진 용접절차서에 승인된다. 자격 인정은 용접부를 그 축에 수직으로 중간부 및 단부에 대해 각각 절단하는 것으로 이루어져야 하며, 절단은 제작과정에서 사용될 대표적인 재료 크기 조합들에 대해 수행되어야 한다. 용접 루트로의 용입 또는 보강덧붙임을 통한 용접 크기 증가는 허용되지 않는다.

⑨ 모든 그루브용접의 최대 유효길이는 방향에 관계없이 인장응력 또는 압축응력의 방향과 수직인 부분의 폭으로 한다. 전단응력을 전달하는 그루브용접의 경우의 유효길이는 명시된 길이로 한다.

표 3.6-1 오스테나이트계 스테인리스강의 부분용입 그루브용접의 유효목두께

<table>
<tr><th>용접방법</th><th>용접자세
F(하향)
H(수평)
V(수직)
OH(상향)</th><th>루트부의 개선각도</th><th>유효목두께</th></tr>
<tr><td>실드메탈 아크용접
가스메탈 아크용접</td><td>전자세</td><td>J 또는 U자 홈
60° V자 홈</td><td rowspan="2">홈의 깊이</td></tr>
<tr><td>서브머지드 아크용접</td><td>F</td><td>J 또는 U자 홈
60° 베벨 또는 V자 홈</td></tr>
<tr><td>가스메탈 아크용접
플럭스코어드 아크용접</td><td>F, H</td><td>45° 베벨</td><td>홈의 깊이</td></tr>
<tr><td>실드메탈 아크용접</td><td>전자세</td><td rowspan="2">45° 베벨</td><td rowspan="2">홈의 깊이에서
3 mm 공제</td></tr>
<tr><td>가스메탈 아크용접
플럭스코어드 아크용접</td><td>V, OH</td></tr>
</table>

표 3.6-2 플레어그루브용접의 유효목두께

플레어베벨용접	플레어V용접
$5/16R$	$1/2R$[1)]

주) 1) 가스메탈 아크용접인 경우 3/8 R을 적용한다. 유효크기는 단락이행 가스메탈 아크용접 공정에 적합해야 한다.
R =접합 표면의 반경

표 3.6-3 부분용입 그루브용접(PJP)의 최소유효목두께

접합부의 얇은쪽 소재 두께 t (mm)	최소 유효목두께 (mm)
$t \leqq 6$	3
$6 < t \leqq 13$	5
$13 < t \leqq 19$	6
$19 < t \leqq 38$	8
$38 < t \leqq 57$	10
$57 < t \leqq 150$	13
$150 < t$	16

(2) 제한사항

부분용입 그루브용접의 최소유효목두께는 계산에 의한 응력전달에 필요한 값 이상, 또한 표 3.6-3의 값 이상으로 한다. 다만, 표에서 t는 접합되는 얇은쪽 판두께이다.

3.6.2.2 필릿용접

(1) 유효면적

① 필릿용접의 유효면적은 유효길이에 유효목두께를 곱한 것으로 한다.

② 필릿용접의 유효목두께는 용접루트에서부터 용접표면까지의 최단거리로 한다. 용접치수가 동일하고 두 부재사이의 각도가 90°인 경우 유효목두께는 용접치수의 0.7배로 한다. 용접루트를 넘어서 깊이 용입된 필릿용접부의 유효목두께는 용입깊이를 추가한 값으로 할 수 있다. 단, 인정시험을 통해 검증되어야 한다.

③ 필릿구멍용접과 필릿슬롯용접의 유효길이는 목두께의 중심을 잇는 용접중심선의 길이로 한다. 필릿이 중첩되는 경우 유효면적은 접합면 내에서 구멍 또는 슬롯의 공칭단면적을 초과하지 않아야 한다.

(2) 제한사항

① 필릿용접의 최소치수는 응력전달에 필요한 값 이상이거나 표 3.6-4에 따른다. 이 조항은 완전용입 또는 부분용입 그루브용접에 보강되는 필릿용접부에는 적용하지 않는다.

표 3.6-4 필릿용접의 최소치수, mm

접합부의 얇은 쪽 모재두께 t	필릿용접의 최소 치수
$t \leq 6$	3
$6 < t \leq 13$	5
$13 < t \leq 19$	6
$19 < t$	8

② 필릿용접의 최대치수

가. $t < 6\text{mm}$ 일 때, $s = t$

나. $t \geq 6\text{mm}$ 일 때, $s = t - 2\text{mm}$

③ 강도를 기반으로 하여 설계되는 필릿용접의 최소길이는 공칭용접사이즈의 4배 이상으로 해야 한다. 또는 유효용접사이즈는 그 용접길이의 1/4 이하가 되어야 한다.

④ 단부하중을 받는 필릿용접에서 용접길이가 용접치수의 100배 이하일 경우에는 유효길이를 실제길이와 같은 값으로 간주할 수 있다. 100배를 초과하는 경우에는 실제길이에 저감계수 $\beta(= 1.2 - 0.002(l/w) \leq 1.0)$를 곱하여 유효길이를 산정한다. 여기서 l은 단부하중을 받는 용접부의 실제길이(mm), w는 용접치수이다. 용접길이가 용접치수의 300배를 초과하는 경우에는 유효길이를 $180w$로 택한다.

⑤ 단속필릿용접은 접합부나 접합면을 따라 응력을 전달하고 조립부재의 요소들을 연결하는데 적용할 수 있다. 단속필릿용접에서 모든 부위의 길이는 용접사이즈의 4배 이상이면서 최소 38mm이어야 한다.

⑦ 겹침이음의 경우 최소겹침길이는 얇은 쪽 판두께의 5배가 되어야 하고 최소 25 mm 이어야 한다. 가로(수직)방향 필릿용접으로만 축방향 응력을 전달하는 겹침이음의 경우 양쪽단부를 필릿용접해야 한다. 그러나 최대하중 작용 시에 겹친 부분의 변형이 접합부의 벌어짐현상(opening)을 충분히 방지할 수 있도록 구속될 경우는 예외로 한다. 겹친 부분의 횡변형이 방지되지 않는 경우 최소한 두 줄의 횡단식 플러그 또는 슬롯용접이나 두 개 이상의 가로(수직)방향 필릿용접을 해야 한다.

⑧ 반복하중을 받지 않는 구조물의 경우, 겹친 면과 평행한 방향의 응력을 전달하지 않

는 필릿용접은 겹침이음 요소 또는 부재의 끝단에서 종료되지 않도록 단부돌림용접을 적용한다. 단부돌림용접의 길이는 공칭용접사이즈의 2배가 되도록 하며, 해당 위치가 설계 및 상세도면에 명기되어야 한다.

⑨ 필릿구멍용접과 필릿슬롯용접은 겹침이음부에서의 전단력 전달, 겹침이음한 요소들 사이의 벌어짐 또는 좌굴을 방지하기 위해 사용할 수 있다. 필릿용접이 용착될 구멍 및 슬롯의 크기는 필릿용접이 겹치지 않고 용접지단(toe) 사이에 모재가 보이도록 충분히 커야 한다. 구멍 또는 슬롯에서 필릿용접이 겹치는 경우 부분적으로 채워진 플러그 또는 슬롯용접으로 간주할 수 있다. 슬롯의 끝부분은 반원형, 또는 귀퉁이를 판두께 이상의 반지름으로 둥글게 해야 한다. 단, 슬롯의 단부가 겹침이음 요소의 연단에 도달하는 경우는 예외로 한다.

3.6.2.3 플러그 및 슬롯용접

(1) 유효면적

플러그 및 슬롯용접의 유효전단면적은 접합면 내에서 구멍 또는 슬롯의 공칭단면적으로 한다.

(2) 제한사항

① 플러그용접을 위한 구멍의 직경은 구멍이 있는 판의 두께에 8mm를 더한 값 이상이어야 하며, 2mm 단위로 반올림한 값이어야 한다. 또한 최소 직경에 3mm를 더한 값 또는 용접 두께의 24배 이하로 한다.

② 플러그용접의 최소중심간격은 공칭구멍직경의 4배로 해야 한다.

③ 슬롯용접의 최소 폭은 슬롯이 있는 판의 두께에 8 mm를 더한 값 또는 판 두께의 2.5배 중 작은 값으로 한다. 슬롯의 최대 폭은 최소 폭에 3mm를 더한 값 또는 용접 두께의 2.25배 이상으로 한다. 슬롯의 끝부분은 반원형이어야 한다.

④ 슬롯용접길이에 가로방향인 슬롯용접선의 최소간격은 슬롯폭의 4배로 한다. 길이방향의 최소중심간격은 슬롯길이의 2배로 한다.

⑤ 플러그 및 슬롯용접의 두께는 판 두께 16mm 이하인 경우 판 두께와 동일하게 하고, 16mm를 초과하는 경우에는 판 두께의 1/2 이상으로 하되 최소 16mm로 한다. 어떠한 경우에도 충전 깊이는 접합부의 얇은 판 두께보다 커야 한다.

비고 및 해설

- AISC 370에서 부분용입 그루브용접의 유효목두께는 용접공정과 용접위치에 따라 달라진다. 설계 도서에는 필요한 유효목두께 및 용접강도가 명기되어야 하며, 제작자는 연결 부위를 용접할 때 사용할 용접 공정과 위치에 따라 접합을 상세히 설계해야 한다. 완전용입 그루브용접이 연결부위의 한 쪽에서만 이루어지는 경우, 고합금 오스테나이트강(N08904, S31254, N08367, N08926) 및 듀플렉스 스테인리스강에는 루트 간격이 있어야 한다.
- 필릿용접의 종단은 인장력에 수직방향인 모재에 노치가 발생하지 않도록 설계되어야 한다. 모재에 노치가 생기지 않도록 하는 일반적인 방법은 필릿용접을 모재 가장자리에서 용접 크기만큼 짧게 종료하는 것이다. 대부분의 경우, 용접 크기만큼 짧게 제작하여도 강도에 영향을 미치지 않는다.
- 돌출요소의 유연성이 요구되는 접합부에서 단부돌림용접이 사용되는 경우, 단부돌림용접의 길이는 공칭용접크기의 4배 이하, 용접되는 부분 폭의 절반 이하이어야 한다.
- 횡방향 보강재를 두께 19 mm 이하의 큰보의 웨브에 연결하는 필릿용접은 플랜지-웨브 필릿용접의 웨브 토우에서 웨브 두께의 4~6배만큼에서 종료한다. 단, 보강재의 끝 부분이 플랜지에 용접되는 경우는 제외한다.
- 필릿용접의 종단에 대한 자세한 내용은 표준 제작상세에 표기한다.

3.6.2.4 설계강도

(1) 용접부의 설계강도 ϕR_n은 모재의 인장파단, 전단파단 한계상태에 의한 강도와 용접재의 파단한계상태 강도 중 작은 값으로 한다.

① 모재 강도

$$R_n = F_{nBM} A_{BM} \quad \cdots\cdots (3.6\text{-}1)$$

여기서, F_{nBM} = 모재의 공칭강도, MPa

A_{BM} = 모재의 단면적, mm^2

② 용접재 강도

$$R_n = F_{nw} A_{we} \quad \cdots\cdots (3.6\text{-}2)$$

여기서, F_{nw} = 용접재의 공칭강도, MPa

A_{we} = 용접재의 유효면적, mm^2

ϕ, F_{nBM}, F_{nw} 값은 표 3.6-5에 따른다.

(2) 필릿용접부 설계에서 각 용접요소들의 변형적합성을 고려하는 경우에는 하중각도의 영향에 의한 강도 증진을 반영할 수 있다. 강도저항계수 ϕ는 0.75이다.

① 용접치수가 균일한 선형용접군의 중심에 하중이 가해지는 경우

$$R_n = F_{nw}A_{we} \quad \cdots\cdots (3.6\text{-}3)$$

여기서, θ = 용접부 선의 길이방향 축과 하중방향 사이의 각도

$$F_{nw} = 0.60F_w\left(1.0 + 0.50\sin^{1.5}\theta\right) \quad \cdots\cdots (3.6\text{-}4)$$

F_w = 용접재의 공칭인장강도, MPa

선형용접군은 모든 용접요소가 한 선상에 있는 용접군 또는 병렬로 배치되어 있는 용접군이다.

② 필릿용접군이 중심하중을 받고 하중의 방향에 대해 수평방향 및 수직방향에 균일한 용접치수를 갖는 요소로 구성된 경우, 필릿용접군의 조합강도 R_n 은 다음 두 값 중에서 큰 값으로 결정한다.

$$R_n = R_{nwl} + R_{nwt} \quad \cdots\cdots (3.6\text{-}5)$$

$$R_n = 0.85R_{nwl} + 1.5R_{nwt} \quad \cdots\cdots (3.6\text{-}6)$$

여기서, R_{nwl} = 표 3.6-5에 따라 결정된 수평방향하중을 받는 필릿용접의 총 공칭강도, N

R_{nwt} = 3.6.2.4(2)의 용접강도증진을 이용하지 않고 표 3.6-5에 따른 가로방향하중을 받는 필릿용접의 총 공칭강도, N

책임구조기술자가 확인한 경우에 소성회전중심법을 적용하여 용접접합부를 해석 및 설계할 수 있다.

표 3.6-5 용접조인트 강도표

하중 유형 및 방향	적용재료	ϕ	공칭강도 (F_{nBM}, F_{nw}) (MPa)	유효면적 (A_{BM}, A_{we}) (mm^2)
완전용입그루브용접				
용접선에 직교인장	모재	3.6.4에 따른다.		
	용접재	$\phi = 0.75$	F_w 1)	3.6.1(1) 참조
용접선에 직교압축	모재	$\phi = 0.90$	F_y	3.6.4 참조
	용접재	$\phi = 0.75$	F_w 1)	3.6.1(1) 참조
용접선에 평행한 인장, 압축	용접에 평행하게 접합된 요소들에 작용하는 인장 또는 압축은 그 요소들을 접합하는 용접부 설계에 고려할 필요가 없다.			
전단	모재	3.6.4에 따른다.		
	용접재	$\phi = 0.75$	$0.60F_w$ 1)	3.6.1(1) 참조
부분용입그루브용접 (플레어V그루브용접, 플레어베벨그루브용접 포함)				
용접선에 직교인장	모재	$\phi = 0.75$	F_u	3.6.4 참조
	용접재	$\phi = 0.80$	$0.60F_w$	3.6.2.1(1) 참조
3.6.1.4(1)에 따라 설계된 기둥주각부와 기둥이음부의 압축	해당 용접부 설계에서 압축응력은 고려하지 않아도 된다.			
기둥을 제외한 부재의 지압접합부의 압축	모재	$\phi = 0.90$	F_y	3.6.4 참조
	용접재	$\phi = 0.80$	$0.60F_w$ 1)	3.6.2.1(1) 참조
지압응력을 전달할 수 있도록 마감되지 않은 접합부의 압축	모재	$\phi = 0.90$	F_y	3.6.4 참조
	용접재	$\phi = 0.80$	$0.90F_w$ 1)	3.6.2.1(1) 참조
용접선에 평행한 인장, 압축	용접에 평행하게 접합된 요소들에 작용하는 인장 또는 압축은 그 요소들을 접합하는 용접부 설계에 고려할 필요가 없다.			
전단	모재	3.6.4에 따른다.		
	용접재	$\phi = 0.75$	$0.60F_w$ 1) 2)	3.6.2.1(1) 참조
전단	모재	3.6.4에 따른다.		
	용접재	$\phi = 0.75$	$0.60F_w$ 1)	3.6.2.2(1) 참조
용접선에 평행한 인장, 압축	용접에 평행하게 접합된 요소들에 작용하는 인장 또는 압축은 그 요소들을 접합하는 용접부 설계에 고려할 필요가 없다.			
플러그 및 슬롯 용접				
유효면적의 접합면에 평행한 전단	모재	3.6.4에 따른다.		
	용접재	$\phi = 0.75$	$0.60F_w$ 1)	3.6.2.3(1) 참조

3.6.2.5 용접의 병용

접합부에서 2가지 이상의 용접유형(그루브용접, 필릿용접, 플러그용접, 슬롯용접)을 병용할 경우, 용접군의 축에 대하여 독립적으로 계산하여야 한다.

3.6.2.6 용접봉 및 용접소모재 요구사항

(1) 용접소모재가 사용될 때 용가재는 모재의 내식성과 동등하거나 더 높아야 한다.
(2) 용접절차의 인정 시, 용가재의 강도가 모재의 강도보다 낮은 언더매칭인 경우 재료시험을 수행하여 용접부의 인장강도가 용접재의 최소 인장강도를 상회한다는 것을 입증해야 한다. 충분한 내식성과 강도가 보장된 용가재를 사용해야 한다.

3.6.2.7 혼합 용착금속

샤르피 V-노치 인성이 명시된 경우, 접합부에 용착되는 모든 용착금속, 가용접, 루트패스 및 후속패스에 대한 용접재료는 혼합 용착금속의 노치 인성을 확보하기 위해 호환될 수 있어야 한다.

3.6.2.8 이종강재의 용접

(1) 이종 스테인리스강을 용접할 경우, 설계 시 내식성과 강도 매칭을 모두 고려해야 한다.
(2) 합금강과 스테인리스강이 용접된 경우, 합금강에 적용된 도장은 스테인리스강으로 50 mm 이상 연장되어야 한다.
(3) 합금강에 적용된 표면코팅은 용접작업 이전에 완전히 제거되어야 한다.
(4) 이종 용접부에 적용된 코팅은 아연 또는 아연 성분이 스테인리스강 소재와 용접부에 접촉하지 않도록 설계 및 적용되어야 한다.

비고 및 해설

- 스테인리스강에 대해 AWS D1.6/D1.6M 표 5.2의 pWPS 모재의 매칭용접재는 AWS D1.6/D1.6M 표 5.3을 참조한다. AWS D1.6/D1.6M pWPS가 없는 합금의 경우, 생산자 및 용접 소모품 제조업체에서 매칭용접재를 사용할 수 있는지 확인한다.
- 경우에 따라 모재와 사전검증된 용가재의 종류, 용접절차서 및 요구되는 내식성의 조합으로 인해 낮은 강도의 용가재가 적용될 수 있으며, 이는 연결부 설계에 영향을 미칠 수 있다.
- AISC Design Guide 27, Structural Stainless Steel에서는 일반적인 스테인리스 강재에 적합한 용가재와 내식성에 대한 지침을 제공한다. 사전검증된 오스테나이트 스테인리스강의 종

류 및 pWPS 용가재의 전체 목록이 AWS D1.6/D1.6M에 제시되어 있다. 고합금 오스테나이트 스테인리스강 및 듀플렉스 스테인리스강에 대한 용접은 인증용접이 아니므로 용접절차사양(WPS) 인증이 요구된다. 용가재에 대한 세부사항은 생산자 또는 용접소모품 제조업체로부터 확인해야 한다.

- AWS D1.6/1.6M, 부록 D에서는 오스테나이트 스테인리스강을 자체 또는 다른 강에 용접할 때 권장되는 용가재 목록을 제공한다. 스테인리스강을 다른 합금강에 용접할 때 가장 중요한 고려 사항은 용접부에 단단하고 부서지기 쉬운 마르텐사이트의 형성과 열 균열이 발생하는 것을 방지하는 것이다. 이러한 문제를 피하기 위해 일반적으로 E309L, ER309L, E309LMo 또는 ER309LMo가 사용된다.
- 아연은 스테인리스강의 금속 취화를 일으켜 잠재적인 파단을 발생시킬 수 있다.
- KS B 1326 평와셔 규준에서 스테인리스강 와셔의 경우 120Hv(비커스 경도) 이상의 경도를 확보해야 한다고 규정되어 있다. 경화 와셔에 대한 사항은 별도로 없고, 탄소강 육각머리 고장력볼트의 경우 KS B 2819에서 와셔의 경도는 35HRC~45HRC로 되어 있다. AISC 370 기준에서는 브리넬 경도로 최소 290 HBW(로크웰 경도로 31 HRC)로 경화된 스테인리스강 와셔는 전인장조임으로 체결하여 사용해야 한다.
- 표 3.1-9의 F1(KS B 0241)에 대해서 인장강도 450MPa급에서 135~220Hv, 600MPa급에서는 180~282Hv범위로 규정되어 있다.

3.6.3 볼트 및 나사부

3.6.3.1 스테인리스강 볼트 세트

(1) 스테인리스강 볼트는 KS B 0241와 KS B 1002에서 규정한 고강도 볼트를 사용하여야 한다.
   - 최소볼트 인장력은 식 3.6-11에 따른다.
   - 설치 전 확인을 위한 최소 인장력은 $1.10\,T_b$로 하며, 여기서 T_b는 식 3.6-11에 의해 산정한다.

(2) 스테인리스강 너트는 KS B 0241와 KS B 1002에 따라야 한다.

(3) 볼트 조립재의 치수는 다음 규정을 준수해야 한다.
   ① 볼트: KS D 0241
   ② 지압접합에 사용되는 볼트는 육각 머리 또는 두꺼운 육각 머리 중 하나를 가져야 한다. 인장접합 및 마찰접합에 사용되는 볼트는 두꺼운 육각 머리를 가져야 한다. 나사는 KS B 0211 미터 보통나사 및 KS B 0211 미터 보통나사의 허용한계 치수 및 공차에 따라 절단 또는 압연되어야 한다.
   ③ 너트 : KS D 0241

④ 지압접합에 사용되는 너트는 육각 머리 또는 두꺼운 육각 머리여야 한다. 인장 또는 마찰접합에 사용되는 너트는 두꺼운 육각 머리여야 한다. 나사는 KS B 0241과 KS B 0201(미터 보통 나사) 규정에 따라야 한다.

⑤ 와셔 : KS B 1326 평와셔, KS B 1324 스프링와셔

⑥ 볼트, 와셔 및 너트는 모두 접합된 금속 합금 중 부식에 가장 강한 것과 동등하거나 더 큰 부식 저항성을 가져야 한다.

(4) 마찰 및 인장 용도에 사용되는 스테인리스강 볼트는 설계 인장력으로 조임된 후 재사용해서는 안 된다. 스테인리스강 와셔형 표시 장치(DTI) 및 T/S 고장력볼트(토크-전단형 볼트) 조립재는 이 기준의 적용 범위에 포함하지 않는다. 다른 대체 설계 파스너는, 이 기준의 3.2.1에서 허용된 합금 및 3.3.3장에 나열된 KS에 대한 제조, 화학 조성 및 기계적 특성 요구사항을 충족하는 경우 허용된다.

(5) 마찰접합부의 접합 표면은 그릿 블라스트 처리되어야 한다.

(6) 조립 시, 와셔에 인접한 부분을 포함한 모든 접합부 면은 산화피막을 포함한 모든 피막이 없어야 한다.

(7) 볼트접합의 해체가 성능 요구사항인 경우 설계에 갈링(galling)을 고려해야 한다.

① 볼트는 적당히 조임된 상태로 설치되는 것이 허용되며, 다음과 같은 경우 사용된다.

가. 지압접합은 3.2.6에서 규정된 경우를 제외

나. 진동 또는 하중변동에 따른 풀림 또는 피로가 설계 고려사항이 아닌 인장 또는 전단과 인장 조합에 사용할 경우

② 다음과 같은 접합에서 볼트는 전인장되어야 한다.

가. KCS 14 31 25의 3장의 요구사항에 따를 경우

나. 진동부하가 작용하는 접합부에서는 볼트의 풀림이 고려사항인 경우

다. 3.2.6에서 제시하는 대로, 볼트로 2개의 형상이 상호접합된 조립재의 단부접합

③ 접합은 KCS 14 31 25의 3장에서 요구조건에 따라 마찰접합으로 설계되어야 한다.

(8) 밀착조임된 상태는 KCS 14 31 25 에서 제시하고 있다. 밀착조임 상태 이외의 상태로 조여야 하는 볼트는 설계자료에 명확하게 표시되어야 한다. 전인장 접합 또는 마찰접합으로 지정된 접합의 최소 볼트 인장력은 식 3.6-11에 의한다.

3.6.3.2 볼트 구멍의 크기와 사용

(1) 볼트 구멍의 크기는 표 3.6-5에서 규정된 크기를 초과해서는 안 된다. 단, 주각부의 콘크리트 기초 앵커볼트에 대해 허용오차를 위한 더 큰 구멍이 요구되는 경우에는 예외로 한다.

(2) 하중방향과 수직인 표준구멍 또는 단슬롯구멍은 이 장의 규정에 따라 사용되어야 하며,

대형구멍, 하중과 평행한 단슬롯구멍 및 장슬롯구멍은 책임구조기술자가 허용한 경우를 제외하고는 사용될 수 없다.

(3) 볼트접합에서 끼움재 두께가 6mm 이하이면 파스너의 공칭전단강도가 감소하지 않으며 표준구멍 마찰접합으로 허용한다.

(4) 대형구멍은 마찰접합에서만 허용되고, 지압접합에서는 사용할 수 없다.

(5) 단슬롯구멍은 마찰접합 또는 지압접합의 일부 피접합재 또는 모든 피접합재에 허용된다. 단, 슬롯은 마찰접합에서는 하중방향과 관계없이 허용되지만, 지압접합에서는 슬롯구멍의 길이방향이 하중방향과 수직이어야 한다.

(6) 장슬롯구멍은 마찰접합 또는 지압접합에서 피접합재 중 단 하나의 피접합재에만 허용된다. 장슬롯구멍은 마찰접합에서는 하중방향과 관계없이 허용되지만, 지압접합에서는 하중방향과 수직이어야 한다.

(7) 와셔는 파스너 및 너트와 동등한 부식저항성을 갖는 스테인리스강으로 제작되어야 한다. 밀착조임 접합부에 대해서는 이 조항을 따르지 않아도 되지만, 접합부의 외부표면이 볼트축에 대한 수직평면에 대해 1:20보다 큰 경사를 가지거나 외부 피접합재에 슬롯구멍이 있는 경우에는 적용해야 한다. 피로하중을 받는 전인장접합 및 마찰접합부에서 볼트머리와 너트 밑면에 경화된 스테인리스강 와셔를 사용해야 한다.

표 3.6-5 최대 볼트구멍 크기(mm)

공칭 볼트 지름, d	표준 구멍 지름, d_h	대형 구멍 지름, d_h	단슬롯구멍 크기	장슬롯구멍 크기
d=16	18	20	18×22	18×40
d=20	22	24	22×26	22×50
d=22	24	28	24×30	24×55
d=24	27	30	27×32	27×60
d=27	30	35	30×37	30×67
d=30	33	38	33×40	33×75
$d\geq36$	$d+3$	$d+8$	$(d+3)\times(d+10)$	$(d+3)\times2.5d$

3.6.3.3 최소 간격

표준구멍, 대형구멍, 또는 슬롯구멍의 중심간 거리는 공칭 볼트 지름 d의 $2\frac{2}{3}$배 이상이어야 한다. 단, 볼트구멍 또는 슬롯 사이의 거리는 d보다 크게 확보하여야 한다.

3.6.3.4 최소연단거리

(1) 표준구멍의 중심부터 접합재의 끝단까지의 연단거리는 하중방향과 관계없이 표 3.6-6이나 3.6.3.10에 따라 결정한다.

(2) 접합재의 단부에서 대형구멍 또는 슬롯구멍 중심까지의 거리는 접합재의 끝단에서 표준구멍 중심까지의 거리와 표 3.6-7에서 산정한 증가분 C_2를 더한 값 이상이어야 한다.

3.6.3.5 최대 간격 및 연단거리

(1) 볼트 중심으로부터 접합재 연단까지의 최대 연단거리는 접합재 두께의 12배 이하 또는 150mm 이하로 한다.

(2) 판과 판 또는 판과 형강이 연속으로 접촉하는 경우에 길이방향의 볼트 간격은 얇은쪽 두께의 24배 또는 300 mm를 초과해서는 안 된다.

3.6.3.6 볼트의 인장강도 및 전단강도

(1) 밀착조임 볼트 또는 전인장조임된 오스테나이트계와 페라이트계 스테인리스강 볼트 의 설계인장강도 또는 설계전단강도 ϕR_n 은 인장파단과 전단파단의 한계상태에 대하여 다음과 같이 산정한다.

$$R_n = F_n A_b \quad \cdots\cdots (3.6\text{-}7)$$

여기서, $\phi = 0.75$

F_n = 표 3.1-9의 공칭인장강도, F_{nt}, 또는 공칭전단강도, F_{nv}, MPa

F_{nt} = $0.75F_u$

F_{nv} = 공칭전단강도, MPa

= $0.45F_u$: 나사부가 전단면에 포함되는 경우

= $0.55F_u$: 나사부가 전단면에 포함되지 않는 경우

A_b = 볼트의 축부 공칭단면적 또는 나사 강봉의 공칭단면적, mm^2

F_u = 볼트의 인장강도, MPa

(2) F_u 값은 관련 KS 표준에 나와 있는 볼트의 규정된 최소인장강도를 사용하여야 한다.

(3) 소요인장강도는 접합부의 휨변형에 의한 지레작용을 고려한 인장력으로 한다.

(4) 나사 박리 가능성을 방지하기 위해 매칭 볼트 및 너트를 사용해야 한다.

표 3.6-6 표준 구멍 중심[1)]에서 접합된 부분의 단부까지의 최소연단거리[2)](mm)

공칭 볼트지름, d	최소연단거리
d=16	22
d=20	26
d=22	28
d=24	30
d=27	34
d=30	38
d≥36	46

주 1) 대형구멍 또는 슬롯구멍의 경우 표 3.6-5를 참조한다.
2) 필요한 경우, 3.6.3.10 및 3.6.4에서 안전성이 확인되면 더 작은 연단거리가 허용된다. 단, 볼트지름보다 작은 연단거리는 책임구조기술사의 승인 없이는 사용할 수 없다.

표 3.6-7 연단거리 증분값, C2, (mm)

<table>
<tr><th rowspan="3">공칭지름</th><th rowspan="3">대형구멍</th><th colspan="3">슬롯 구멍</th></tr>
<tr><th colspan="2">연단에 수직인 장축</th><th rowspan="2">연부에 평행한 장축</th></tr>
<tr><th>단슬롯</th><th>장슬롯[1)]</th></tr>
<tr><td>≤22</td><td>2</td><td>3</td><td rowspan="3">0.75d</td><td rowspan="3">0</td></tr>
<tr><td>24</td><td>3</td><td>3</td></tr>
<tr><td>≥27</td><td>3</td><td>5</td></tr>
</table>

주 1) 슬롯길이가 표 3.6-5의 최대 허용값보다 작을 경우, C2는 최대길이와 실제 슬롯길이 간의 차이의 1/2로 줄일 수 있다.

3.6.3.7 지압접합에서 인장과 전단의 조합

(1) 지합접합이 인장과 전단의 조합력을 받을 경우, 볼트의 설계인장강도는 다음의 인장파단과 전단파괴의 한계한태를 고려하여 산정한다.

$$R_n = F_{nt}^{'} A_b \quad \cdots\cdots (3.6\text{-}8)$$

오스테나이트계 및 페라이트계 스테인리스강 볼트의 경우에 대하여,

여기서, $F_{nt}^{'}$: 전단응력의 효과를 고려한 공칭인장강도, MPa

$$= 1.3F_{nt} - \frac{F_{nt}}{\phi F_{nv}} f_{rv} \le F_{nt} \quad \cdots\cdots (3.6\text{-}9)$$

여기서, $\phi = 0.75$

F_{nt} = 3.6.3.6에서 산정한 공칭인장강도, MPa

F_{nv} = 3.6.3.6에서 산정한 공칭전단강도, MPa

f_{rv} = 단위면적당 소요전단응력, MPa

(2) 볼트의 설계전단응력이 단위면적 당 전단소요응력 f_v 이상이 되도록 설계한다.

(3) 전단 또는 인장에 의한 소요응력 f가 설계응력의 20% 이하이면 조합응력의 효과를 무시할 수 있다.

비고 및 해설

- AISC 360에서는 전단 또는 인장에 의한 소요응력이 설계전단응력의 30% 이하일 때 조합응력의 효과를 무시할 수 있으나 국내 기준에서는 20%로 규정하고 있으므로 스테인리스강 볼트접합부에서도 이를 채택하였다.

3.6.3.8 스테인리스강 볼트 마찰접합의 미끄럼 강도

(1) 마찰접합은 미끄럼을 방지하고 지압접합에 의한 한계상태에 대하여도 검토해야 한다.

(2) 마찰접합볼트에 끼움재(필러)를 사용할 경우에는 미끄럼에 관련되는 모든 접촉면에서 미끄럼에 저항할 수 있도록 해야 한다.

(3) 마찰접합에서 사용되는 스테인리스강 볼트의 최소항복강도 F_{yb}는 450 MPa 이상 및 800 MPa 이하이어야 한다. F_{yb}는 표 3.1-8을 참고한다.

(4) 미끄럼 한계상태에 대한 마찰접합의 설계강도는 다음과 같이 산정한다.

$$R_n = \mu h_f T_b N_s \qquad (3.6\text{-}10)$$

(a) 표준구멍 또는 하중방향에 수직인 단슬롯구멍에 대하여, $\phi = 1.0$

(b) 대형구멍 또는 하중방향에 평행한 단슬롯구멍에 대하여, $\phi = 0.85$

(c) 장슬롯구멍에 대하여, $\phi = 0.7$

여기서, μ = 표 3.6-8의 미끄럼계수

T_b = 스테인리스강 볼트의 설계볼트장력은 다음과 같다.

$$= 0.7 F_{yb} A_s \qquad (3.6.11)$$

A_s = 볼트의 순인장면적, mm^2

h_f = 끼움재(필러)계수

= 1.0 ; 끼움재를 사용하지 않는 경우와 끼움재 내 하중의 분산을 위하여 볼트를 추가한 경우 또는 끼움재 내 하중의 분산을 위해 볼트를 추가하지 않은 경우로서 접합되는 재료 사이에 1개의 끼움재가 있는 경우

= 0.85 ; 끼움재 내 하중의 분산을 위해 볼트를 추가하지 않은 경우로서 접합되는 재료 사이에 2개 이상의 끼움재가 있는 경우

N_s = 전단면의 수

표 3.6-8 표면조도에 따른 마찰면의 미끄럼계수, μ

마찰표면 상태[1]	미끄럼 계수, μ	R_z[2](μm)	R_t[2](μm)
압연 상태의 별도 표면처리 하지 않은 상태	0.20	≥35	≥50
숏 또는 그릿 블라스트 처리한 깨끗한 표면	0.40	≥45	≥60
피트가 없고 무도장 그릿(grit) 블라스트 처리한 깨끗한 표면	0.50	≥55	≥70

주 1) AISC 370에 의한 접합표면의 등급을 기준으로 제시한 값을 참조한다.
2) 표면조도의 측정은 KCS 14 31 40을 따른다.

비고 및 해설

- 마찰접합에서 사용되는 스테인리스강 볼트의 최소항복강도 F_{yb}는 3.3.3절의 표 3.1-8에 따른다. 이 조건에 의하면 스테인리스강 고장력 볼트는 70급과 80급만 마찰접합용으로 적용가능하다.
- AISC 360과 AISC 370에서 공칭 미끄럼 강도는 $R_n = \mu D_u h_f T_b n_s$로 규정하고 있다. 여기서 D_u는 현장에서 볼트 체결 시 볼트의 평균 인장력과 규정된 최소 볼트 인장력 비를 반영한 계수로 현장에서 실제로 볼트를 조일 때 발생되는 설계볼트장력을 초과하는 도입장력을 반영하기 위한 값이다. 탄소강 기준인 AISC 360에서는 1.13을 적용하고 있으나 스테인리스강 기준인 AISC 370에서는 1.0으로 제시하고 있다. KDS에서는 이 계수는 포함되어 있지 않고 실제 볼트 체결 시 표준볼트장력으로 설계볼트장력에 10%로 할증한 값을 적용한다. 이 지침에서는 D_u를 미끄럼강도 식에서 삭제하였다.
- 표면거칠기(표면조도, surface roughness)에 대한 사항은 KS B 0161(1999, 2009년 확인)에 규정되어 있었으나 KS B ISO 4287로 대체되었다. 이 규격은 공업 제품의 표면 거칠기를 나타내는 파라메터로 산술평균 거칠기(중심선 평균거칠기, R_a, Arithmetic average roughness) 최대높이(R_y, $R_{\max}$), 10점 평균거칠기(R_z, Average Maximum roughness)가 있다. 국제적으로 중심선 평균거칠기에 의한 표시법이 가장 많이 통용되고 있다. R_z는 거칠

기 곡선에서 그 평균선 방향으로 기준길이만 추출한 후 이 추출부분의 평균선에서 세로배율 방향으로 측정한 가장 높은 산정에서 5번째까지의 산정표고 절대값의 평균과 가장 낮은 곡저에서 5번째까지의 곡저 표고 절대값의 평균과의 합을 구하고 이값을 마이크로미터(μm)로 표시한 것이다. R_t(Total roughness)는 측정 기준길이내에서 가장 높은점과 가장 낮은점의 차이값으로 나타낸 것이고 표면 전체적인 거칠기를 평가하는 데 사용한다.

- AISC 370의 표면거칠기에 대해서 R_z는 ASTM D7127(Standard Test Method for Measurement of Surface Roughness of Abrasive Blast Cleaned Metal Surfaces Using a Portable Stylus Instrument), R_t는 ASTM D4417(Standard Test Methods for Field Measurement of Surface Profile of Blast Cleaned Steel)에 따른다.
- 미끄럼계수에 대해서 탄소강기준 및 시방서인 KDS 14 31. 25, KCS 41 31 25와 KCS 14 31 25의 마찰면의 준비상태에서는 무도장 블라스트 처리한 마찰면에서는 미끄럼계수를 0.5, 무기질 아연말 프라이머 도장한 표면에서는 0.45로 적용한다.
- 표 3.6-8에서 AISC 370에서 마찰 표면의 등급은 SSB, SSC, SSD로 분류하며 SSPC(Steel Structures Painting Council, 미국도장위원회)기관의 규격을 따르며 철강 구조물의 도장 및 표면처리에 대한 사항을 관리하고 있다. 이 등급은 SSPC PA 17 (2012) Procedure for Determining Conformance to Steel Profile/Surface Roughness/Peak Count Requirements에서 구분한다. 현재는 The Society for Protective Coatings로 변경되었고 2021년부터 국제부식협회(AMPP)로 새로운 조직을 창립하였다. SSPC는 국내에서도 도장시 표면처리등급을 나타내는 기호로 활용되고 있다. SSPC-SP는 Surface Preparation Specification이고 표면처리와 관련된 작업수준을 등급으로 표시한 것이고 SP1에서 SP16까지 규정되어 있다. 표면처리 시 블라스트 공법의 사용여부로 구분한다.

3.6.3.9 마찰접합에서 인장과 전단의 조합

마찰접합이 인장하중을 받아 초기장력이 감소할 경우, 3.6.3.8에서 산정된 설계미끄럼강도에 다음의 감소계수 k_{sc}를 고려하여 산정한다.

$$k_{sc} = 1 - \frac{T_u}{T_b N_b} \geq 0 \qquad (3.6\text{-}12)$$

여기서, N_b = 인장력을 받는 볼트의 수

T_u = 소요인장력, kN

T_b = 식 (3.6.11)에 따른 설계볼트장력, kN

3.6.3.10 볼트구멍의 지압강도 및 찢어짐 강도

(1) 지압한계상태에 대한 볼트구멍에서 설계강도 ϕR_n은 다음과 같이 산정한다. 찢어짐 강도는 지압강도를 초과할 수 없다.

① 모든 방향에 대한 하중방향에 대해 표준구멍, 대형구멍, 단슬롯구멍과 지압력 방향과 평행한 장슬롯구멍을 갖는 접합부의 볼트에 대해,

(가) 사용하중상태에서 볼트구멍의 변형이 설계에 고려되어야 하는 경우

$$R_n = 1.25dtF_u \quad (3.6\text{-}13)$$

(나) 사용하중상태에서 볼트구멍의 변형이 설계에 고려되지 않는 경우

i. $l_2/d_h > 1.5$인 경우

$$R_n = 2.5dtF_u \quad (3.6\text{-}14)$$

ii. $l_2/d_h \le 1.5$인 경우

$$R_n = 2.0dtF_u \quad (3.6\text{-}15)$$

② 장슬롯구멍에 구멍의 방향에 수직방향으로 지압력을 받을 경우

$$R_n = 1.04dtF_u \quad (3.6\text{-}16)$$

(2) 찢어짐 한계상태에 대한 볼트구멍에서 설계강도 ϕR_n은 다음과 같이 산정한다.

① 표준구멍, 대형구멍, 단슬롯구멍의 모든 방향에 대한 지압력 또는 장슬롯구멍이 지압력방향에 평행일 경우

(가) 사용하중상태에서 볼트구멍의 변형이 설계에 고려되어야 하는 경우

$$R_n = 1.25\left(\frac{l_1}{2d_h}\right)d_tF_u \quad (3.6\text{-}17)$$

(나) 사용하중상태에서 볼트구멍의 변형이 설계에 고려되지 않는 경우

$$R_n = 2.5\left(\frac{l_1}{3d_h}\right)d_tF_u \quad (3.6\text{-}18)$$

② 장슬롯구멍에 구멍의 방향에 수직방향으로 지압력을 받을 경우

$$R_n = 1.04\left(\frac{l_1}{2d_h}\right)d_tF_u \quad (3.6\text{-}19)$$

(3) 무보강 박스형 부재 또는 강관을 관통하는 볼트를 사용한 접합에 대한 경우, 3.6.7 및 식 3.6-25에 따라 산정한다.

여기서, F_u = 피접합재의 설계인장강도, MPa

d = 볼트의 공칭직경, mm

d_h = 볼트 구멍 직경, mm

l_1 = 하중방향으로, 구멍 중심과 인접한 구멍 중심 사이 거리의 1/2 또는 구멍 중심과 피접합재 연단 사이 거리의 1/2, mm

l_2 = 하중직각방향으로 구멍 중심과 인접한 구멍 중심 사이 거리의 1/2 또는 구멍 중심과 피접합재 연단 사이 거리의 1/2, mm

t = 1.5.1.4.2 에서 규정한 피접합재의 설계두께, mm

지압접합 및 마찰접합에 대해 접합재의 지압강도와 찢어짐 강도를 검토하여야 한다. 3.6.3.2에 따라 대형구멍과 하중 방향과 평행한 단슬롯구멍 및 장슬롯구멍은 마찰접합에서 사용할 수 없다.

비고 및 해설

- 볼트구멍의 찢어짐 파단은 AISC 370에서 tear-out failure이고 이 파단에서 하중방향으로 볼트직경 양쪽의 위험전단면선을 따라 종전단파단(shear-out fracture)하는 경우와 하중방향의 접합판 연단의 돌출부(protrusion)이 형성되면서 휨파단(cleavage fracture 또는 splitting fracture)을 포함한 것이다. 다음 그림은 Mark D. Denavit 등이 AISC에 제출한 "INVESTIGATION OF BEARING AND TEAROUT OF STEEL BOLTED CONNECTIONS" 보고서(2021)에서 발췌한 내용이다.

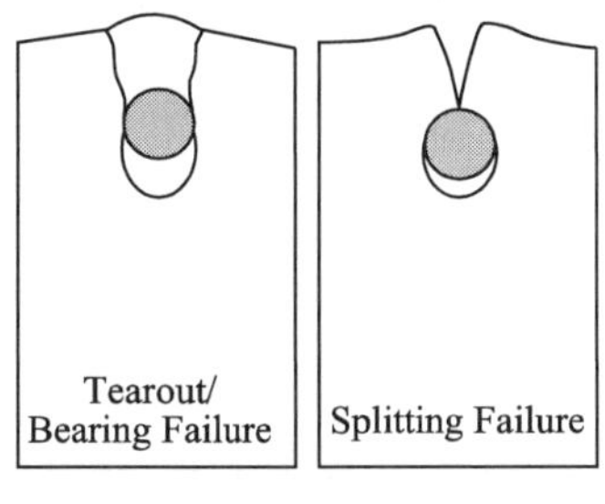

- 단일볼트 접합부를 예를 들어, 하중직각방향 연단거리가 충분이 길고 하중방향 연단거리가 작은 경우는 볼트의 지압에 의해 접합판의 찢어짐파단이 발생하고 하중방향 연단거리의 어느 한계점에 도달되면 찢어짐파단에서 지압파단(bearing failure)으로 전이되게 된다. 위 식 (3.6-17)~(3.6-19)는 찢어짐 강도를, 식 (3.6-13)~(3.6-16)은 지압강도를 나타낸다.

3.6.3.11 특수 파스너

KS에 규정되지 않은 특수 파스너의 공칭강도는 시험을 통해 확인되어야 한다. 이러한 적합성 시험에는 볼트 셋트의 연성뿐만 아니라, 짝을 이루는 나사산과 지지면의 마찰에 대한 검증이 포함되어야 한다. 또한, 볼트의 체결력수준을 평가해야 한다. 파스너가 전인장력을 받는 경우, 응력 이완 시험도 수행해야 한다.

3.6.3.12 인장 파스너에서 접합 부재의 벽 강도

인장력을 받는 볼트 또는 파스너가 무보강 박스형 부재나 강관 벽에 접합 시 벽의 강도가 합리적인 분석을 통해 검토되어야 한다.

3.6.3.13 이종 금속간 볼트접합

(1) 아연도금 볼트를 포함한 탄소강 합금 볼트는 스테인리스강 접합요소와 사용할 수 없다.

(2) 스테인리스강이 하나 이상의 이종 금속과 볼트로 접합된 경우 외부적인 요인에 의해 습윤 상태가 지속될 때 갈바닉 부식, 균열부식 등을 방지하기 위해 금속간에 전기적으로 절연되어야 한다. 절연방식은 노출 환경 유형에 적합해야 하며, 특히 침수 또는 지속적인 습윤 상태에서는 접합부에 습기가 침투되어서는 안된다. 또한 연결된 재료의 열 변형에 따른 상대적 거동을 수용할 수 있어야 한다.

(3) 밀착조임 접합에서 부식 방지를 위해 절연 와셔와 부싱이 사용되는 경우 볼트 그립에 사용되는 제품은 책임구조기술자에 의해 확인되어야 한다.

비고 및 해설

- 스테인리스강 볼트와 이종강 판재와 스테인리스강판과 이종강판의 접합 시 부식을 방지하기 위해 접촉면에 절연와셔(insulating washer)나 부싱(bushing)이 설치되어야 한다.

3.6.4 접합 부재의 설계강도

이 절은 오스테나이트계, 페라이트계 및 듀플렉스계 스테인레스강 접합부와 접합요소 (평판, 거셋 플레이트, ㄱ형강, 브라켓)에 적용한다.

3.6.4.1 설계인장강도

접합부재의 설계인장강도 ϕR_n은 인장항복과 인장파단의 한계상태에 따라 다음 중 작은 값으로 산정한다.

(1) 접합부재의 인장항복에 대하여

$$R_n = F_y A_g \quad \cdots\cdots (3.6\text{-}20)$$

여기서, $\phi = 0.90$

(2) 접합부재의 인장파단에 대하여

$$R_n = F_u A_e \quad \cdots\cdots (3.6\text{-}21)$$

여기서, $\phi = 0.75$

A_e = 3.1에서 정의한 유효단면적, mm^2

3.6.4.2 설계전단강도

접합부재의 설계전단강도는 전단항복 및 전단파단의 한계상태에 따라 다음 중 작은값으로 산정한다:

(1) 접합부재의 전단항복에 대하여

$$R_n = 0.60 C_v F_y A_{gv} \quad \cdots\cdots (3.6\text{-}22)$$

여기서, $\phi = 0.9$

A_{gv} = 전단저항 총단면적, mm^2

C_v = 전단좌굴강도계수 = 1.2

(2) 접합부재의 전단파단에 대하여

$$R_n = 0.6 F_u A_{nv} \quad \cdots\cdots (3.6\text{-}23)$$

여기서, $\phi = 0.75$

A_{nv} = 전단저항 순단면적, mm^2

3.6.4.3 블록전단강도

블록전단파단의 한계상태에 대한 설계강도는 하중방향과 평행한 전단저항과 하중방향과 직각인 인장저항의 합으로 산정한다:

$$R_n = 0.6 F_u A_{nv} + U_{bs} F_u A_{nt} \le 0.6 C_v F_y A_{gv} + U_{bs} F_u A_{nt} \quad \cdots\cdots (3.6\text{-}24)$$

여기서, $\phi = 0.75$

A_{nt} = 인장저항 순단면적, mm^2

U_{bs} = 인장응력이 균일한 경우 1.0, 불균일한 경우 0.5 적용

3.6.4.4 설계압축강도

접합부재의 압축강도는 항복 및 좌굴의 한계상태에 따라 결정하며, 3.2.2에 따라 산정한다,

여기서, L_c = 접합부재의 유효길이 (= KL), mm

K = 유효길이계수

L = 접합부재의 횡비지지길이, mm

3.6.4.5 휨강도

접합부재의 휨강도는 휨항복, 국부좌굴, 횡비틀림좌굴 및 휨파단의 한계상태에 따라 작은 값으로 산정한다.

3.6.5 끼움재

3.6.5.1 일반사항

끼움재는 구조요소와 동등한 내식성능 및 강도를 갖는 스테인리스강으로 제작하여야 한다.

3.6.5.2 용접접합 끼움재

접합부에 하중을 전달하기 위해 끼움재를 사용할 경우, 용접과 끼움재는 3.6.5.2.1 또는 3.6.5.2.2의 요구사항을 만족해야 한다.

3.6.5.2.1 얇은 끼움재 (박판 끼움재)

두께 6mm 이하인 끼움재는 응력을 전달하는 데에 사용되어서는 안 된다. 끼움재의 두께가 6mm 미만이거나 6mm 이상이더라도 접합부의 하중을 충분히 전달하지 못하는 경우, 끼움재는 접합부 외부의 단부와 일치되어야 하며, 용접의 크기는 끼움재의 두께와 동일한 크기로 증가시켜야 한다.

3.6.5.2.2 두꺼운 끼움재 (후판 끼움재)

두께 6 mm 이상의 끼움재는 이음판의 연단 밖으로 돌출해야 하며 끼움재의 표면에 작용하는 하중을 이음판에 전달하는데 충분하도록 용접되어야 한다.

3.6.5.3 지압 볼트접합 끼움재

볼트접합에서 끼움재의 두께가 6 mm 이하이면 전단강도는 감소하지 않는다고 가정한다. 단, 끼움재의 두께가 6mm를 초과하는 경우 다음의 요구조건 중 하나를 만족해야 한다.

(1) 볼트의 전단강도는 감소계수 $1-0.0154(t-6)(\geq 0.85)$를 적용해야 한다. 여기서, t는 끼움재의 두께이다.

(2) 접합재와 끼움재의 조합단면에서 전체 하중이 균등하게 분포할 수 있도록 끼움재는 용접하거나 볼트로 고정하여야 한다.

(3) 접합부의 크기는 (2)에서 산정한 볼트수를 적용할 수 있도록 증가해야 한다.

3.6.6 이음

보부재에서 그루브 용접 이음은 작은쪽 이음단면의 전강도로 설계해야 한다. 보단면 내에서 다른 형태의 이음은 이음점에서의 소요강도에 충분하도록 설계해야 한다.

3.6.7 지압강도

접합면의 설계지압강도, ϕR_n는 국부압축항복에 의한 지압 한계상태에 따라 다음과 같이 산정한다.

리밍(reaming), 드릴 또는 보링에 의해 가공된 구멍을 갖는 핀의 마감된 표면과 지압 보강재의 단부에 대한 설계지압강도R_n은 다음과 같이 산정한다.

$$R_n = 1.8F_y A_{pb} \tag{3.6-25}$$

여기서, ϕ = 0.75

A_{pb} = 투영된 지압면적(mm^2)

F_y = 설계항복강도(MPa)

3.6.8 핀접합

이 기준은 3.1.5에서 규정한 핀접합 부재에서 사용된 핀부재에 적용한다.

3.6.8.1 지압강도

핀의 설계지압강도, ϕR_n은 3.6.7에 따라 산정한다.

3.6.8.2 전단강도

핀의 설계전단강도, ϕR_n는 다음과 같이 산정한다.

$$R_n = 0.6 F_u A_p \quad \cdots\cdots (3.6\text{-}26)$$

여기서, ϕ = 0.75

A_p = 핀의 공칭단면적(mm^2)

F_u = 핀의 설계인장강도(MPa)

3.6.8.3 휨강도

핀은 접합된 부재들에 단순히 지지되어 있다고 가정하여 휨모멘트를 산정한다. 핀의 설계휨강도 ϕM_n은 다음과 같이 산정한다.

$$M_n = 1.5 F_y S \quad \cdots\cdots (3.6\text{-}27)$$

여기서, ϕ = 0.90

F_y = 핀의 설계항복강도(MPa)

S = 핀의 탄성단면계수(mm^3)

핀 접합에서의 모멘트는 접합된 부재들이 단순히 지지되어 있다고 가정하고 산정하여야 한다.

3.6.8.4 휨과 전단의 조합

핀에서 휨과 전단의 상관관계식은 다음과 같다.

$$\left(\frac{V_r}{V_c}\right)^2 + \left(\frac{M_r}{M_c}\right)^2 \le 1.0 \quad \cdots\cdots (3.4\text{-}28)$$

3.6.9 주각부 및 콘크리트의 지압

주각부는 기둥의 하중과 모멘트를 기초에 전달할 수 있도록 설계되어야 한다. 콘크리트의 설계지압강도 $\phi_c P_p$는 콘크리트압괴의 한계상태에 대하여 다음과 같이 산정한다.

콘크리트 공칭지압강도, P_p 는 다음과 같이 산정한다.

(1) 콘크리트 총단면이 지압을 받는 경우

$$P_p = 0.85 f_{ck} A_1 \quad \cdots\cdots (3.6\text{-}29)$$

(2) 콘크리트 단면의 일부분이 지압을 받는 경우

$$P_p = 0.85 f_{ck} A_1 \sqrt{A_2/A_1} \leq 1.7 f_{ck} A_1 \quad \cdots\cdots (3.6\text{-}30)$$

여기서, ϕ_c = 0.65

A_1 = 콘크리트 상부에 지지되는 강재의 지압면적 (mm^2)

A_2 = 기하학적으로 하중 작용면적과 유사하고 중앙집중의 지압면적 중의 최대면적 (mm^2)

f_{ck} = 콘크리트 압축강도 (MPa)

3.6.10 앵커볼트

(1) 앵커볼트는 주각부의 베이스플레이트가 부담해야 할 휨모멘트, 전단력, 인장력 등 모든 설계조건에 저항할 수 있도록 설계하여야 한다.

(2) 앵커볼트의 설계는 3.6.3.6의 요구조건을 만족해야 한다.

(3) 앵커볼트의 콘크리트 내 정착관련 규정은 KDS 14 31 25 (4.1.9), KDS 14 20 52와 KDS 14 20 54를 참고한다.

(4) 앵커볼트가 수평하중을 지지하는 경우 설계 시 구멍 크기, 앵커볼트의 시공 오차와 기둥의 수평변형을 고려하여야 한다.

(5) 구멍에 와셔 또는 플레이트 와셔를 사용하여 충분한 지압력을 확보할 수 있는 경우, 베이스플레이트에 확대 구멍 또는 슬롯 구멍을 적용할 수 있다.

3.6.11 집중하중을 받는 2축 대칭 H형강 부재

(1) 2축 대칭 H형강 부재의 플랜지에 수직으로 단일 또는 이중 집중하중을 받는 경우에 대해 적용한다. 단일 집중하중은 인장력 또는 압축력이다. 이중 집중하중은 한 쪽은 인장력이고 다른 쪽은 압축력으로, 하중을 받는 플랜지에 모멘트로 작용한다.

(2) 한 쪽의 플랜지에 집중하중을 받는 경우에는 플랜지 국부휨, 웨브 국부항복, 웨브 크리플링 및 웨브 횡좌굴에 대하여 3.6.11.1, 3.6.11.2, 3.6.11.3 및 3.6.11.4에 의해 각각 설계한다.

(3) 양측의 플랜지로부터 집중하중을 받는 경우에는 웨브 국부항복, 웨브 압축좌굴에 대하여 3.6.11.2 및 3.6.11.5에 의해 각각 설계한다.

(4) 소요강도가 한계상태의 설계강도를 초과할 경우, 소요강도와 설계강도의 차이만큼 보강재 또는 이중플레이트(doubler, double plate)를 설치하여야 한다.

(5) 추가되는 보강재와 이중플레이트에 대하여는 3.6.11.8와 3.6.11.9에 의해 각각 설계한다. 또한, 보강재는 3.6.11.7의 요구조건에 따라 보강되지 않은 보의 단부에 설치해야 한다.

3.6.11.1 플랜지 국부휨

단일 집중 인장하중 또는 2점 집중하중의 인장 성분에 적용한다. 플랜지 국부 휨에 대한 설계강도 ϕR_n는 다음과 같이 산정한다.

3.6.11.2 웨브 국부항복

(1) 플랜지에 수직으로 용접된 판에 작용된 인장력에 의해 국부휨을 받는 플랜지의 설계강도 ϕR_n는 다음과 같이 산정한다.

$$R_n = 6.25F_{yf}t_f^2 \quad \cdots\cdots (3.6\text{-}31)$$

여기서, ϕ = 0.90

F_{yf} = 플랜지 항복강도, MPa

t_f = 하중을 받는 플랜지의 두께, mm

(2) 부재 플랜지에 걸쳐 작용하는 하중구간의 길이가 $0.15b_f$보다 작으면 (여기서, b_f는 플랜지부재의 폭), 식 (3.6-31)의 검토는 필요하지 않다.

(3) 부재 단부로부터 집중하중에 저항하는 거리가 $10t_f$보다 작은 경우 R_n의 50%를 저감한다.

(4) 필요한 경우, 한 쌍의 수직보강재를 설치한다.

3.6.11.2 웨브 국부항복

(1) 이 조항은 단일 집중하중과 2중 집중하중의 인장력과 압축력 두 요소에 모두 적용된다.

(2) 집중하중이 작용하는 지점에서 웨브 국부항복 한계상태에 대한 설계강도 ϕR_n(ϕ = 1.00)는 다음과 같이 산정한다.

① 인장 또는 압축 집중하중의 작용점에서 재단까지의 거리가 부재깊이 d를 초과할 경우

$$R_n = (5k + N)F_{yw}t_w \quad \cdots\cdots (3.6\text{-}32)$$

② 상기의 집중하중의 작용점에서 재단까지의 거리가 부재깊이 d 이하일 경우

$$R_n = (2.5k + N)F_{yw}t_w \quad \cdots\cdots (3.6\text{-}33)$$

여기서, F_{yw} = 웨브의 항복강도, MPa

k = 플랜지의 바깥쪽 면으로부터 웨브 필릿선단까지의 거리, mm

압연형강의 경우 플랜지 두께와 필릿반경의 합 $(= t_f + r)$,

용접형강의 경우 플랜지의 두께$(= t_f)$

N = 집중하중이 작용하는 폭 (단, k보다 작지 않을 것), mm

t_w = 웨브의 두께, mm

(3) 필요한 경우 한 쌍의 수직보강재 또는 이중플레이트를 설치한다.

3.6.11.3 웨브 국부크리플링

단일 집중 압축하중 또는 2점 집중하중 중 압축성분에 적용한다. 웨브 국부크리플링에 대한 설계강도 ϕR_n는 다음에 의해 산정한다.

웨브 국부크리플링 공칭강도 R_n은 다음에 의해서 산정한다.

(1) 집중 압축하중이 재단에서 $d/2$ 이상 떨어진 지점에 작용할 때

$$R_n = 0.80t_w^2\left[1 + 3\left(\frac{l_b}{d}\right)\left(\frac{t_w}{t_f}\right)^{1.5}\right]\sqrt{\frac{EF_{yw}t_f}{t_w}} \quad \cdots\cdots (3.4\text{-}34)$$

(2) 집중 압축하중이 재단에서 $d/2$ 미만 떨어진 지점에 작용할 때

가. $N/d \le 0.2$인 경우,

$$R_n = 0.40t_w^2\left[1 + 3\left(\frac{l_b}{d}\right)\left(\frac{t_w}{t_f}\right)^{1.5}\right]\sqrt{\frac{EF_{yw}t_f}{t_w}} \quad \cdots\cdots (3.4\text{-}35)$$

나. $N/d > 0.2$ 인 경우,

$$R_n = 0.40t_w^2\left[1 + \left(\frac{4l_b}{d} - 0.2\right)\left(\frac{t_w}{t_f}\right)^{1.5}\right]\sqrt{\frac{EF_{yw}t_f}{t_w}} \quad \cdots\cdots (3.4\text{-}36)$$

여기서, ϕ = 0.75

E = 탄성계수 (MPa)

d = 부재의 깊이 (mm)

t_f = 플랜지 두께 (mm)

필요한 경우 하나 또는 한 쌍의 수직보강재와 이중플레이트(겹침판)을 웨브 높이의 3/4 이상 설치한다.

3.6.11.4 웨브 횡좌굴

집중압축하중을 받는 휨부재의 하중작용점에서의 압축플랜지와 인장플랜지의 상대적 횡방향이동이 구속되어 있지 않은 경우에 적용된다.
웨브 횡좌굴에 대한 설계강도 ϕR_n는 다음에 의해 산정한다.

(1) 압축 플랜지가 회전에 대해 구속될 때

(가) $(h/t_w)/(L_b/b_f) \leq 2.3$ 일 때,

$$R_n = \frac{C_r t_w^3 t_f}{h^2}\left[1 + 0.4\left(\frac{h/t_w}{L_b/b_f}\right)^3\right] \quad \cdots\cdots (3.6\text{-}37)$$

(나) $(h/t_w)/(L_b/b_f) > 2.3$ 일 때, 웨브 횡좌굴의 한계상태에 대한 검토는 필요치 않다.

웨브의 소요강도가 설계강도를 초과할 경우, 인장 플랜지는 국부 가로방향가새를 인장플랜지에 설치하거나 또는 한 쌍의 수직보강재 또는 이중플레이트(겹침판)을 설치한다.

(2) 압축 플랜지가 회전에 대해 구속되지 않을 때

(가) $(h/t_w)/(L_b/b_f) \leq 1.7$ 일 때,

$$R_n = \frac{C_r t_w^3 t_f}{h^2}\left[0.4\left(\frac{h/t_w}{L_b/b_f}\right)^3\right] \quad \cdots\cdots (3.6\text{-}38)$$

(나) $(h/t_w)/(L_b/b_f) > 1.7$ 일 때, 웨브 횡좌굴의 한계상태에 대한 검토는 필요치 않다.

웨브의 소요강도가 설계강도를 초과할 때, 국부횡가새를 압축 및 인장 집중하중에 작용하는 지점의 양측 플랜지에 설치한다.

여기서, ϕ = 0.85

C_r = 하중 작용점에서 $M_u < M_y$ 인 경우, 6,600,000 MPa

= 하중 작용점에서 $M_u \geq M_y$ 인 경우, 3,300,000 MPa

L_b = 하중점에서 각 플랜지의 횡방향 비지지길이 (mm)

M_u = 하중조합에 따른 소요 휨강도 (N·mm)

b_f = 플랜지폭 (mm)

h = 압연형강에서 필릿반경을 제외한 압축 및 인장 플랜지 사이의 순거리, 조립단면에서 파스너 사이의 인접 거리 또는 용접형강에서 압축 및 인장 플랜지 사이의 순거리 (mm)

3.6.11.5 웨브의 압축좌굴

부재의 동일 위치에서 양쪽 플랜지에 한쌍의 압축 단일 집중하중 또는 2점 집중하중이 작용하는 경우에 적용한다.

웨브 압축좌굴의 한계상태에 대한 설계강도 ϕR_n는 다음에 의해 산정한다.

$$R_n = \frac{24t_w^3\sqrt{EF_{yw}}}{h} \quad \cdots\cdots (3.6\text{-}39)$$

ϕ = 0.90

부재단부로부터 한 쌍의 집중하중에 저항하는 거리가 $d/2$보다 작을 경우, R_n의 50%를 저감한다. 필요한 경우, 단일 수직보강재(스티프너)와 한 쌍의 수직보강재 또는 웨브의 전체춤를 보강하는 겹침판(더블 플레이트)를 설치한다.

3.6.11.6 웨브패널존 전단

부재의 동일 위치에서 한쪽 또는 양쪽 플랜지에 2점 집중하중이 작용하는 경우에 적용한다. 웨브패널존 전단항복의 설계강도 ϕR_n는 다음에 의해 산정한다.

(1) 골조안정성에 대한 패널존 비탄성 변형의 효과가 해석에서 고려되지 않을 때

(가) $P_r \le 0.4P_y$ 일 때,

$$R_n = 0.60F_y d_c t_w \quad \cdots\cdots (3.6\text{-}40)$$

(나) $P_r > 0.4P_y$ 일 때,

$$R_n = 0.60F_y d_c t_w\left(1.4 - \frac{P_r}{P_y}\right) \quad \cdots\cdots (3.6\text{-}41)$$

(2) 골조안정성에 대한 패널존 비탄성변형의 효과가 해석에서 고려될 때

(가) $P_r \leq 0.75P_y$ 일 때,

$$R_n = 0.60F_y d_c t_w \left(1 + \frac{3b_{cf}t_{cf}^2}{d_b d_c t_w}\right) \quad \cdots\cdots (3.6\text{-}42)$$

(나) $P_r > 0.75P_y$ 일 때,

$$R_n = 0.60F_y d_c t_w \left(1 + \frac{3b_{cf}t_{cf}^2}{d_b d_c t_w}\right)\left(1.9 - \frac{1.2P_r}{P_y}\right) \quad \cdots\cdots (3.6\text{-}43)$$

여기서, ϕ = 0.90

P_y = $F_y A_g$, 기둥의 축방향 항복강도 (N)

A_g = 기둥 단면적 (mm^2)

F_y = 기둥 웨브 항복강도 (MPa)

P_r = 하중조합에 따른 소요 압축강도 (N)

b_{cf} = 기둥 플랜지의 폭 (mm)

d_b = 보 깊이 (mm)

d_c = 기둥 깊이 (mm)

t_{cf} = 1.5.1.4.2에 따라 산정된 기둥 플랜지 설계두께 (mm)

t_w = 1.5.1.4.2에 따라 산정된 기둥 웨브 설계두께 (mm)

필요한 경우, 웨브와 같은 평면의 모멘트접합 경계 내에 겹침판(이중플레이트) 또는 한 쌍의 대각 보강재(스티프너)의 보강판을 설치해야 한다.

보강판의 설계에 대한 설계는 3.6.11.9의 요구조건을 만족해야 한다.

3.6.11.7 작은보와 큰보의 비골조 단부

작은보와 큰보의 단부가 자유단이고 길이방향 축에 대한 회전의 구속이 없는 경우, 웨브의 전체 춤에 한 쌍의 수직보강재를 설치하여야 한다.

3.6.11.8 집중하중에 대한 추가 보강재의 요구사항

(1) 인장 집중하중에 저항하기 위해 요구되는 보강재는 3.6.4.1에 따라 설계해야 하며, 하중을 받는 플랜지와 웨브에 용접되어야 한다. 플랜지는 소요강도와 설계강도의 차이만큼 설계하고 용접한다. 웨브의 용접크기는 보강재 양단부의 인장력 차이를 웨브에 충분히 전달하도록 설계한다.

(2) 압축 집중하중에 저항하기 위해 요구되는 보강재는 3.6.4.4에 따라 설계해야 하며, 하중을 받는 플랜지와 웨브에 용접되어야 한다. 보강재는 하중을 받는 플랜지에 지지되거나 용접되어야 하고, 웨브는 용접되어야 한다. 플랜지에 보강재를 용접하는 경우, 설계강도와 소요강도 사이의 차이만큼 용접의 크기를 확보하여야 한다. 웨브의 용접크기는 보강재 양 단부의 압축력 차이를 웨브에 충분히 전달할 수 있도록 설계한다. 맞춤지압(Fitted bearing) 보강재의 경우, 3.6.7의 요구조건을 만족해야 한다.

(3) 보 플랜지에 작용하는 압축하중에 저항하는 전체춤의 지압보강재는 압축부재로 설계해야 하며, 3.2.6.2 및 3.6.4.4의 요구조건을 만족해야 한다. 부재성능은 유효좌굴길이 $0.75h$를 갖는 두 보강재의 구성단면과 내부 보강재에서 $0.94t_w\sqrt{E/F_y}$, 부재 단부에서의 $0.47t_w\sqrt{E/F_y}$의 폭을 갖는 웨브 스트립을 이용하여 결정하여야 한다. 웨브 전체 춤의 지압보강재에 대한 용접 접합은 웨브에서 각 보강재의 압축력 차이를 전달할 수 있도록 설계한다.

(4) 수직 및 대각 보강재는 다음의 추가 요구조건을 만족하여야 한다.

① 각 보강재의 폭과 기둥 웨브 두께의 1/2을 더한 길이는 집중하중을 받는 플랜지 또는 모멘트 접합판 폭의 1/3 이상으로 한다.

② 보강재의 두께는 집중하중을 받는 플랜지 두께의 1/2 또는 모멘트 접합판 폭의 1/16 이상으로 한다.

③ 수직보강재는 3.6.11.3, 3.6.11.5과 3.6.11.7에서 요구하는 경우를 제외하고 부재 춤의 1/2 이상 길이를 확보해야 한다.

3.6.11.9 집중하중에 대한 추가 이중플레이트(겹침판)의 요구사항

(1) 인장강도와 압축강도에 대해서는 각각 3.1과 3.2의 요구조건에 따라 설계해야 한다.

(2) 전단강도(3.6.11.6 참고)에 대해서는 3.4의 요구조건에 따라 설계해야 한다.

(3) 이중플레이트의 두께와 길이는 소요강도와 같거나 소요강도와 한계상태강도의 차이 이상을 확보해야 한다.

(4) 이중플레이트의 용접은 전체 하중에서 이중플레이트로 전달되는 하중 비율에 대해 설계되어야 한다.

3.6.11.10 판요소의 면외하중

외부하중이 판요소의 평편에 수직방향으로 작용하는 경우, 공칭강도는 3.4.2 및 3.6.4.5에 따라 전단과 휨의 한계상태를 고려하여 산정한다.

3.6.12 집중하중을 받는 각형강관

직사각형과 정사각형 각형강관의 플랜지에 수직하게 작용하는 단일 또는 2점 집중 압축하중을 받는 단면에 적용한다.

중앙집중 압축하중을 받는 각형강관의 웨브 국부좌굴, 웨브 국부크리플링, 웨브 압축좌굴의 한계상태에 따른 설계강도 ϕR_n은 다음과 같이 산정한다.

공칭강도 R_n은 다음과 같이 산정한다.

$$R_n = C t^2 F_y\left(1 - C_r\sqrt{\frac{r}{t}}\right)\left(1 + C_l\sqrt{\frac{l_b}{t}}\right)\left(1 - C_h\sqrt{\frac{h}{t}}\right) \quad (3.6\text{-}44)$$

여기서, ϕ = 0.90

C = 표 3.6-9의 계수

C_h = 표 3.6-9의 세장비 계수

C_l = 표 3.6-9의 지압길이 계수

C_r = 표 3.6-9의 내부 휨반경 계수

F_y = 항복강도 (MPa)

h = 필릿반경을 제외한 플랜지 순 높이 (mm)

l_b = 지압길이 (mm)

r = 필렛반경, 확인되지 않은 경우, $2t$로 가정한다. (mm)

t = 1.5.1.4.2에 의한 설계 플랜지 두께

표 3.6-9는 표 3.6-10에 정의된 하중 형태가 각형강관 단면에 작용하는 경우에 적용해야 하며 다음의 제한조건을 만족해야 한다.

(a) $h/t \le 60$

(b) $l_b/t \le 55$

(c) $l_b/h \le 3$

(d) $r/t \le 2$

표 3.6-9 각형강관 공칭강도 산정(식 3.6-44)을 위한 계수

사례	하중 작용 형태	C	C_r	C_l	C_h
1	부재 단부의 한쪽 플랜지에 작용	4	0.32	1.60	0.040
2	부재 내부의 한쪽 플랜지에 작용	2	0.04	2.30	0.001
3	부재 단부의 양쪽 플랜지에 작용	2	0.35	2.60	0.050
4	부재 내부의 양쪽 플랜지에 작용	8	0.21	0.75	0.010

표 3.6-10 각형강관에 작용하는 하중 형태

사례	예시	
1	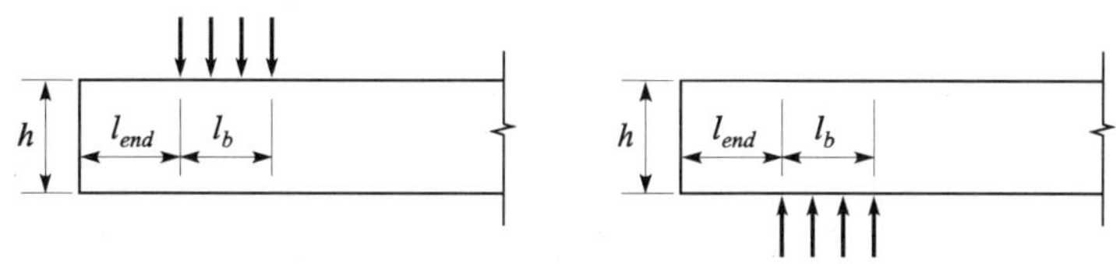	$l_{end} \leq 1.5h$
2	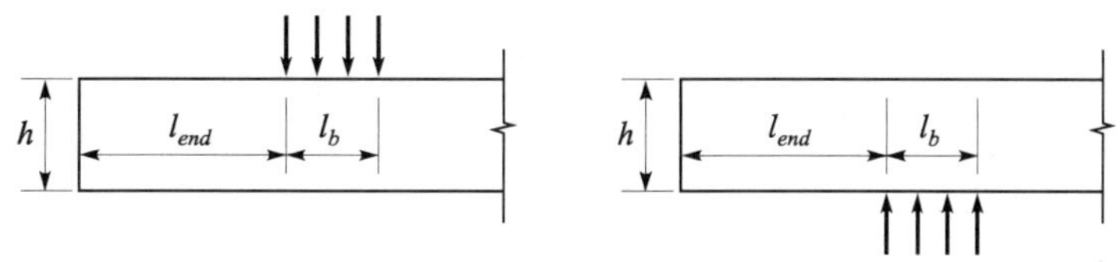	$l_{end} > 1.5h$
3	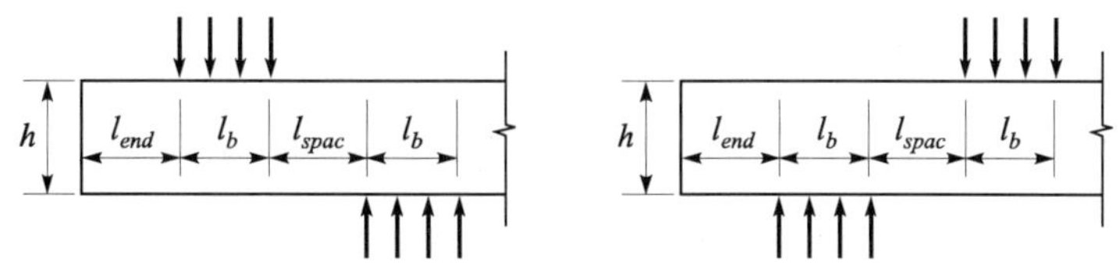	$l_{end} \leq 1.5h$ $l_{spac} \leq 1.5h$
4	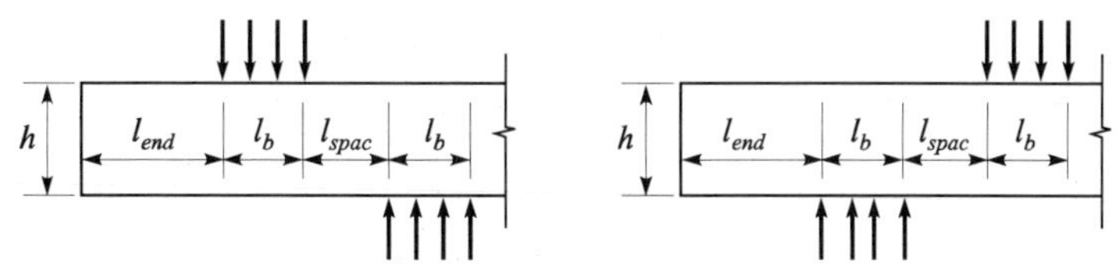	$l_{end} > 1.5h$ $l_{spac} > 1.5h$

3.7 강관구조접합

이 기준은 균일두께의 오스테나이트계 및 듀플렉스계 스테인리스 강관 접합부설계에 적용한다. 용접제작된 상자형 단면의 경우, 접합영역에서 단면요소 간 심용접은 완전용입 그루브용접이어야 한다. 또한 이 절의 규정은 원형 및 정사각형 단면을 가진 스테인리스 강관 트러스 접합에만 적용된다. 강관에 대한 모멘트 접합과 각형강관의 트러스 접합은 허용하지 않는다. 접합에 대한 요구사항은 3.6을 참조한다.

3.7.1 일반사항

(1) 지강관과 주강관의 중심선은 동일 평면상에 있어야 한다. 또한 정사각형 강관 접합의 경우, 부재의 판이 그 평면에 평행하게 배치되어야 한다.

(2) 이 절은 각 접합부의 강도와 적용조건을 제시한다. 적용한계를 따르는 접합은 각 접합 구성에 대해 제시된 한계조건을 고려하여 설계할 수 있다. 적용한계를 따르지 않는 접합은 사용할 수 없으며, 합리적인 해석방법에 의해 설계되어야 한다.

(3) 강관구조 접합의 설계강도(ϕP_n)는 이 절과 1.2.1의 규정에 따라 산정해야 한다.

3.7.2 강관-강관 트러스접합

강관구조의 트러스접합은 하나 이상의 지강관으로 구성되고 접합부를 통과하는 연속적인 주강관에 직접 용접된 접합부로 정의하며 다음과 같이 분류한다.

(1) 지강관의 뚫림하중($P_r \sin\theta$)이 주강관의 보 전단력과 평형을 이룰 때, 그 접합을 지강관이 주강관과 수직이면 T-이음으로 분류하고, 다르면 Y-이음으로 분류한다.

(2) 지강관의 뚫림하중($P_r \sin\theta$)이 접합부의 같은 측면 상에서 다른 지강관의 하중과(20% 이내로) 평형을 이룬다면, 그 접합을 K-이음으로 분류한다. 힘의 평형을 이루는 주요 지강관들 사이에 적절한 틈(갭)이 있어야 한다. 하나의 지강관이 주강관에 수직인 K-이음을 N-이음으로 부르며, N-이음은 K-이음의 한 형태로 고려될 수 있다.

(3) 뚫림하중($P_r \sin\theta$)이 주강관을 관통하고 반대편 지강관에 의해 평형을 이룰 때, 그 접합을 X-이음으로 분류한다.

(4) 접합부가 2개 이상의 주요 지강관을 가지거나, 2 개 이상의 평면에서 지강관을 가지는 경우, 그 접합을 일반이음 또는 다평면 이음으로 분류한다. 지강관이 일부하중은 K-이음으로, 일부하중은 T, Y 또는 X-이음으로 전달할 때 공칭강도는 전체에서 각각의 비례에

따라 보간법에 의해 결정한다.

주강관에 지강관을 용접하여 제작한 강관 트러스에 대해서는, 편심이 적용한계 이내일 경우 편심으로 인한 휨모멘트를 고려하지 않고 접합부 설계를 할 수 있다.

3.7.2.1 원형강관

주강관 하중과 국부지강관이음 하중에 의한 응력상호작용은 주강관응력상관변수 Q_f를 통하여 구한다.

– 주강관이 인장인 경우

$$Q_f = 1.0$$

– 주강관이 압축인 경우

$$Q_f = 1.0 - 0.3U(1+U) \quad \cdots\cdots (3.7\text{-}1)$$

여기서, $$U = \left| \frac{P_r}{A_g F_{c_c}} + \frac{M_r}{SF_c} \right| \quad \cdots\cdots (3.7\text{-}2)$$

P_r = 주강관의 소요축강도, N ; K–이음에서 P_r은 더 작은 압축응력을 갖는 이음부분에서 결정된다.

M_r = 주강관의 소요휨강도, N·mm

A_g = 주강관의 총단면적, mm^2

F_c = 설계응력, MPa

S = 주강관의 탄성단면계수, mm^3

(1) T, Y, X–이음에서 지강관의 축력

T, Y– 및 X–이음에서 지강관의 설계강도 ϕP_n은 다음 한계상태에 따른 최솟값으로 한다.

① 전단항복(뚫림)의 한계상태

$$P_n = 0.6F_y t\pi D_b \left(\frac{1+\sin\theta}{2\sin^2\theta} \right) \quad \cdots\cdots (3.7\text{-}3)$$

여기서, $\phi = 0.95$

$\beta > (1 - 1/\gamma)$일 때, 이 한계상태는 검토할 필요가 없다.

② T, Y-이음에서 주강관 소성화의 한계상태

$$P_n\sin\theta = F_y t^2\left[3.1+15.6\beta^2\right]\gamma^{0.2}Q_f \quad (3.7-4)$$

여기서, $\phi = 0.90$

③ X-이음에서 주강관소성화의 한계상태

$$P_n\sin\theta = F_y t^2\left(\frac{5.7}{1-0.81\beta}\right)Q_f \quad (3.7-5)$$

여기서, $\phi = 0.90$

(2) K-이음에서 지강관의 축력

K-이음에서 지강관의 설계강도 ϕP_n은 갭접합과 오버랩접합에 관한 주강관소성화의 한계상태와 갭접합에 관한 전단항복(뚫림)의 한계상태에 따른 최솟값으로 한다.

① 주강관 소성화의 한계상태

$\phi = 0.90$

- 압축지강관의 경우

$$(P_n\sin\theta)_{\text{압축지관}} = F_y t^2\left[2.0+11.33\frac{D_b}{D}\right]Q_g Q_f \quad (3.7-6)$$

여기서, D_b는 압축지강관에 대하여만 관련된다.

$$Q_g = \gamma^{0.2}\left[1+\frac{0.024\gamma^{1.2}}{e^{\left(\frac{0.5g}{t}-1.33\right)}+1}\right] \quad (3.7-7)$$

갭접합에서 g (용접치수를 무시한 주강관 상단부를 따라 측정된)는 양수이다.
오버랩접합에서 g는 음수이고 q와 같다.

- 인장지강관의 경우

$$P_n\sin\theta = (P_n\sin\theta)_{\text{압축지관}} \quad (3.7-8)$$

② 갭 K-이음에서 전단항복(뚫림)의 한계상태

$$P_n = 0.6F_y t\pi D_b\left[(1+\sin\theta)/2\sin^2\theta\right] \quad (3.7-9)$$

$\phi = 0.95$

표 3.7-1 원형강관 트러스접합형태

T 및 Y형 접합	X형 접합	간격 또는 겹침 K형 접합
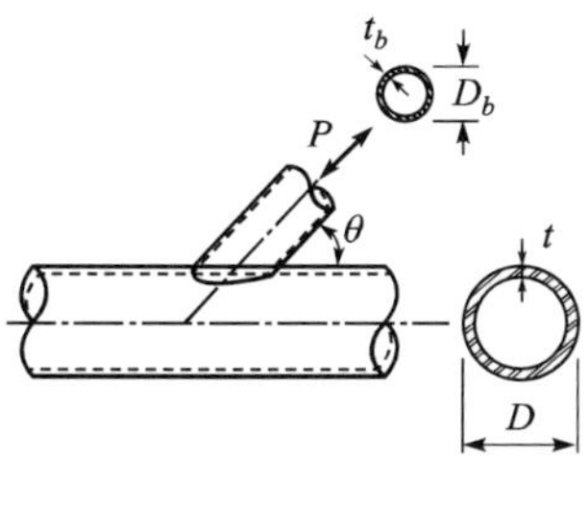	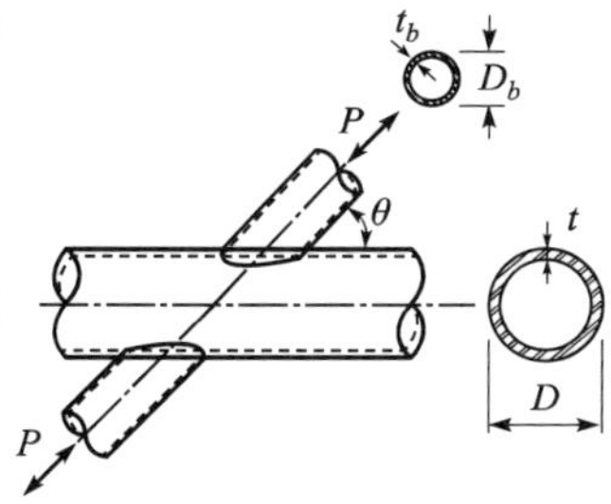	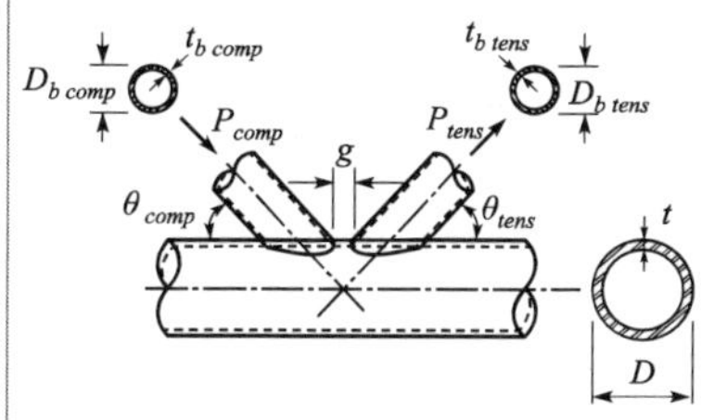

(3) 적용한계

이음형상이 다음의 적용한계 내에 있을 때만 이 규정을 적용할 수 있다.

① 이음부편심 : $-0.55 \le e/D \le 0.25$, 여기서 D는 주강관지름, e는 지강관에서 떨어진 거리로서 양의 수

② 주강관벽세장비 : 벽지름두께비로 T, Y, K-이음에서 50 이하 ; X-이음에서 40 이하

③ 인장지강관벽의 세장비 : 벽지름두께비로 50 이하

④ 압축지강관벽의 세장비 : 벽지름두께비로 $0.05E/F_y$ 이하

⑤ 폭비 : $0.2 < D_b/D \le 1.0$이고 갭 K-이음은 $0.4 \le D_b/D \le 1.0$

⑥ 갭접합인 경우 : g는 지강관벽두께 총합 이상, $g \ge t_{b\ comp} + t_{b\ tens}$

⑦ 오버랩접합인 경우 : $25\% \le O_v \le 100\%$

여기서, $O_v = (l_{ov}/l_p) \times 100\%$; l_{ov}는 2개 지강관 아래에 있는 주강관의 접합면을 따라 측정된 겹친 길이 ; l_p는 주강관에 대한 겹치는 지강관의 투영길이. 오버랩접합의 경우 더 큰 지강관(또는 직경이 같다면 더 두꺼운 지강관)이 주강관에 직접 연결되는 "관통부재"이다.

⑧ 오버랩접합의 지강관두께비 : 겹치는 지강관의 두께는 겹쳐진 지강관두께 이하로 한다.

$t_{b\ overlapping} \le t_{b\ overlapped}$

⑨ 연단거리는 $l_{end} \ge D\left(1.25 - \dfrac{\beta}{2}\right)$을 만족하여야 한다.

3.7.2.2 정사각형 강관

주강관하중과 국부지강관이음하중에 의한 응력상호작용은 주강관응력상관변수 Q_f 를 통하여 반영된다.

- 주강관이 인장인 경우

$$Q_f = 1.0 \quad \cdots\cdots (3.7\text{-}10)$$

- 주강관이 압축인 경우

$$Q_f = 1.3 - 0.4U/\beta_{eff} \leq 1 \quad \cdots\cdots (3.7\text{-}11)$$

여기서, $U = \left| \dfrac{P_r}{A_g F_{c_c}} + \dfrac{M_r}{SF_c} \right|$

P_r = 주강관의 소요축강도, N ; 갭 K-이음에서 P_r은 더 작은 압축응력을 갖는 이음부분에서 결정된다.

M_r = 주강관의 소요휨강도, N・mm

A_g = 주강관의 총단면적, mm^2

F_c = 설계응력, MPa

S = 주강관의 탄성단면계수, mm^3

$\beta_{eff} = \left[(B_b)_{압축지관} + (B_b)_{인장지관}\right]/2B$

(1) 갭 K-이음에서 지강관의 축력

갭 K-이음은 3.7.2.2(1)의 적용한계와 더불어 다음의 추가적인 제한사항을 만족해야 한다.

① 폭비(B_b/B): $0.1+\gamma/50$ 및 0.35 이상

② $0.5(1-\beta_{eff}) \leq \zeta \leq 1.5(1-\beta_{eff})$

③ 갭(g): 지강관벽두께 총합 이상

④ 더 작은 B_b ≥ 더 큰 B_b의 0.63배 값

갭 K-이음의 경우, 지강관의 설계강도 ϕP_n은 주강관벽 소성화 한계상태로부터 결정된다.

$$P_n \sin\theta = F_y t^2 \left[9.8\beta_{eff}\gamma^{0.5}\right] Q_f \quad \cdots\cdots (3.7\text{-}12)$$

$$\phi = 0.90$$

(2) 오버랩 K-이음에서 지강관의 축력

오버랩 K-이음에서 지강관의 설계강도 ϕP_n은 비균일하중분포로 인한 국부항복의 한계상태로부터 결정된다.

$$\phi = 0.95$$

겹치는 지강관의 공칭강도 $P_{n,i}$는 다음 식으로 산정한다.

– $25\% \le O_v \le 50\%$인 경우,

$$P_{n,i} = F_{ybi} t_{bi} \left[\frac{O_v}{50} (2B_{bi} - 4t_{bi}) + B_{ei} + B_{ej} \right] \quad \cdots\cdots (3.7\text{-}13)$$

– $50\% \le O_v \le 80\%$인 경우,

$$P_{n,i} = F_{ybi} t_{bi} [2B_{bi} - 4t_{bi} + B_{ei} + B_{ej}] \quad \cdots\cdots (3.7\text{-}14)$$

– $80\% \le O_v \le 100\%$인 경우,

$$P_{n,i} = F_{ybi} t_{bi} [2B_{bi} - 4t_{bi} + B_{bi} + B_{ej}] \quad \cdots\cdots (3.7\text{-}15)$$

여기서, B_{ei} = 주강관에 용접된 지강관 면의 유효폭

B_{ej} = 겹쳐진 브레이스에 용접된 지강관 면의 유효폭

B = 주강관의 폭

B_b = 지강관의 폭

B_{bi} = 겹치는 지강관의 폭, mm

B_{bj} = 겹쳐진 지강관의 폭, mm

F_{ybi} = 겹치는 지강관의 항복강도, MPa

F_{ybj} = 겹쳐진 지강관의 항복강도, MPa

t_{bi} = 겹치는 지강관의 두께, mm

t_{bj} = 겹쳐진 지강관의 두께, mm

점차 i는 겹치는 지강관을, j는 겹쳐진 지강관을 나타낸다.

겹쳐진 지강관에 대하여 $P_{n,j}$은 겹치는 지강관의 $P_{n,i}$에 계수$(A_{bj} F_{ybj} / A_{bi} F_{ybi})$를 곱한 값으로 산정하며, 이는 겹치는 지강관의 $P_{n,i}$을 초과할 수 없다.

$$P_{n,j} = P_{n,i} \left(\frac{F_{ybj} A_{bj}}{F_{ybi} A_{bi}} \right) \quad \cdots\cdots (3.7\text{-}16)$$

여기서, A_{bi} : 겹치는 지강관의 단면적, mm^2

A_{bj} : 겹쳐진 지강관의 단면적, mm^2

(3) 정사각형 강관 접합부의 유효폭

부재면의 직각방향 힘 성분을 전달하는 정사각형 강관 부재에 대하여, 종축에 직교하는 지강관의 유효폭은 다음과 같이 산정한다.

– 주강관에 용접된 지강관 면의 유효폭

$$B_{ei} = [10/(B/t)]\,[(F_y t)/(F_{ybi} t_{bi})]\,B_{bi} \le B_{bi} \quad \cdots\cdots (3.7\text{-}17)$$

– 겹쳐진 브레이스에 용접된 지강관 면의 유효폭

$$B_{ej} = [10/(B_{bj}/t_{bj})]\,[(F_{yb} t_{bj})/(F_{ybi} t_{bi})]\,B_{bi} \le B_{bi} \quad \cdots\cdots (3.7\text{-}18)$$

표 3.7-2 각형강관 트러스 접합형태

간격 K형 접합	겹침 K형 접합
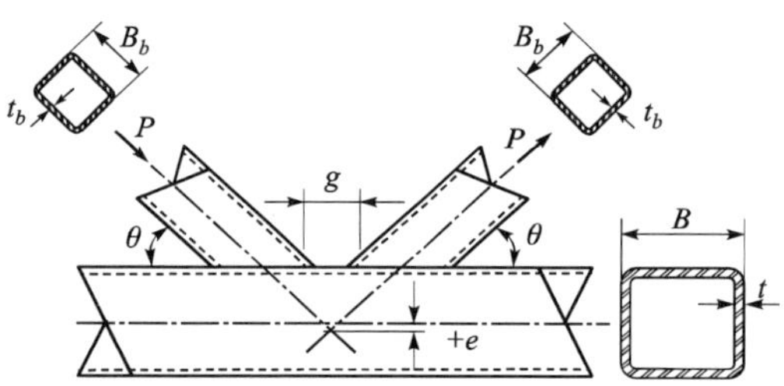	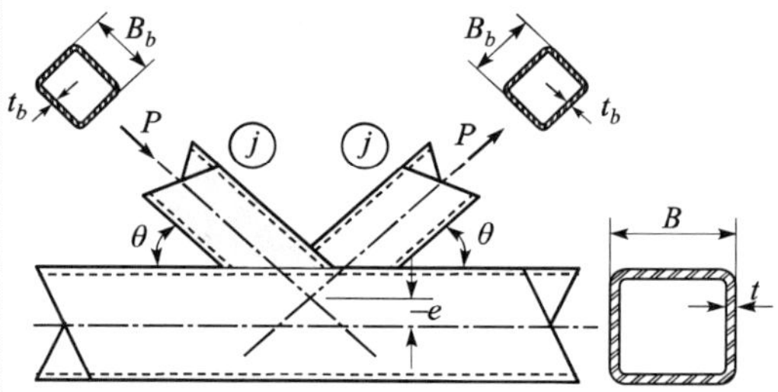 힘 방향을 나타내는 화살표는 반대가 될 수 있음

(4) 적용한계

이음형상이 다음의 적용한계 내에 있을 때만 이 규정을 적용할 수 있다.

① 이음부편심 : $-0.55B \le e \le 0.25B$, 여기서 B는 주강관의 폭, e는 지강관에서 떨어진 거리

② 주강관벽 세장비 : 폭두께비(B/t)로 갭 K-이음에서 35 이하 ; 오버랩 K-이음에서 30 이하

③ 인장지강관벽 세장비 : 폭두께비(B_b/t_b)로 35 이하

④ 압축지강관벽 세장비 : 폭두께비(B_b/t_b)로 갭 K-이음에서 $1.25(E/F_{yb})^{0.5}$ 이하이며, 35 이하, 오버랩 K-이음에서 $1.1(E/F_{yb})^{0.5}$ 이하

⑤ 폭비(B_b/B) : 주강관의 벽폭에 대한 지강관의 벽폭의 비로 오버랩 K-이음에서 0.25 이상

⑥ 오버랩접합인 경우 : $25\% \leq O_v \leq 100\%$

여기서, $O_v = (l_{ov}/l_p) \times 100\%$; l_{ov}는 2개 지강관 아래에 있는 주강관의 접합면을 따라 측정된 겹친 길이 ; l_p는 주강관에 대한 겹치는 지강관의 투영길이. 오버랩접합에서 더 큰 지강관(또는 폭이 같다면 두께가 더 큰)이 주강관에 연결되는 "관통부재"이다.

⑦ 오버랩접합에서 지강관의 폭비(B_{bi}/B_{bj}) : 겹쳐진 지강관의 폭에 대한 겹치는 지강관의 폭비로 0.75 이상, $B_{bi}/B_{bj} \geq 0.75$

⑧ 오버랩접합에서 지강관두께비(t_{bi}/t_{bj}) : 겹치는 지강관의 두께는 겹쳐진 지강관의 두께 이하, $t_{bi}/t_{bj} \leq 1$

3.8 사용성 설계

이 기준은 수직처짐, 수평변위, 진동, 풍응답, 열변형 및 접합부 미끄럼 등 사용성 한계상태에 대한 요구사항에 적용한다.

3.8.1 일반사항

사용성은 건축물을 일상적으로 사용할 때, 건축물의 기능, 외관, 유지관리, 내구성 및 거주자의 편안함 등이 확보되는 상태를 말한다. 이러한 사용성에 대한 최대처짐 및 가속도 등 구조응답의 제한값은 구조물의 용도 및 기능을 고려하여 결정해야 한다. 또한 사용성은 해당되는 하중조합을 사용하여 평가되어야 한다.

3.8.2 처짐

구조부재 및 구조시스템의 처짐은 사용성을 손상시키지 않도록 제한되어야 하며, 관련된 사

용성 한계상태의 하중조합에 대해 결정되어야 한다. 보다 정확한 방법을 사용하지 않는 한, 표준적인 구조이론을 적용하여 탄성 보의 처짐을 추정할 수 있다. 단 이때 탄성계수는 식 (3.8-1)에 따라 저감된 탄성계수 E_r로 대체해야 한다.

$$E_r = (E_{st} + E_{sc})/2 \qquad (3.8\text{-}1)$$

여기서, E_{st}와 E_{sc}는 식 3.3-6으로 산정할 수 있으며, 각각 단면에서 각각 최대인장응력과 최대압축응력에 대한 할선탄성계수이다.

3.8.3 수평변위

사용하중에 의한 건축물의 수평변위는 내부칸막이벽과 외부마감재의 손상을 포함한 건축물의 사용성이 저해되지 않도록 설계해야 한다. 그리고 부재의 강도설계용 하중조합에 의한 수평변위는 인접건축물과 충돌을 유발하지 않도록 해야 하며 설계기준에 제시된 수평변위제한값을 초과해서는 안된다.

3.8.4 진동

보행하중, 기계실 및 기타의 진동원에 의한 진동은 거주자의 편안함과 건축물의 기능을 저해하지 않도록 설계 시 고려하여야 한다.

3.8.5 바람에 의한 수평진동

바람에 의한 건축물의 흔들림은 거주자의 편안함을 저해하지 않도록 설계 시 고려하여야 한다.

3.8.6 열팽창 및 수축

건축물 외부마감재의 손상은 누수와 부식을 야기할 수 있으므로 열팽창과 수축에 의한 영향을 고려하여 설계하여야 한다.

3.8.7 접합부미끄럼

볼트 접합부의 미끄럼이 구조물의 사용성을 손상시키는 변형을 발생시킬 수 있는 경우, 접합부 미끄럼의 영향을 설계에 포함해야 한다. 적절한 경우, 접합부는 미끄러짐 발생이 방지하도록 설계되어야 한다.

3.9 제작, 설치 및 품질관리

제작, 설치 및 품질관리

3.9.1 제작 및 설치

이 절은 제작 및 설치 도면, 제작, 설치에 대한 요구사항을 규정한다.

3.9.1.1 제작 및 설치 도면

(1) 제작 및 설치 도면은 단계별로 준비할 수 있다. 제작 도면은 제작에 앞서 작성하여야 하며, 용접 및 볼트의 위치, 유형 및 크기를 포함한 구조물 구성부품의 제작 및 합금 식별에 필요한 정보를 제공해야 한다.

(2) 스테인리스강과 다른 강합금 요소 사이의 이종 계면 연결부에 필요한 처리방법을 명시해야 한다.

(3) 설치 도면은 설치에 앞서 작성하여야 하며, 구조물의 설치에 필요한 정보를 제공해야 한다.

(4) 제작 및 설치 도면에서는 공장 및 현장 용접과 볼트를 명확하게 구분해야 하며, 전인장조임 접합부와 마찰 접합부를 명확하게 식별해야 한다.

(5) 또한 제작 및 설치 도면은 제작 및 설치의 속도와 경제성을 고려하여 작성되어야 하고 책임구조기술자의 승인을 받아야 한다. 이 절에 명시된 품질관리(QC)는 제작자 및 설치자가 제공해야 한다.

(6) 제작 및 설치의 품질관리는 이 절에서 규정된 내용 이외에 KCS 41 31 00 또는 KCS 14 31 00 의 규정을 따른다.

3.9.1.2 제작

(1) 식별

스테인리스강에 대해서는 하드 스탬프, 펀칭 및 드릴 마킹은 허용되지 않는다. 소프트 저응력 스탬프 또는 스테인리스강 강선으로 부착된 스탬프 금속 태그가 사용될 수 있다. 제작 중에는 임시 색상 코딩이나 페인트, 크레용, 잉크 스텐실 또는 유사 승인된 염화물 및 황화물이 포함되지 않은 제품을 사용한 마킹은 허용되지만, 이는 현장 용접제작 및 공사 완료 전에 깨끗하게 제거해야 한다.

(2) 취급 및 보관

① 계약자는 취급, 선적, 보관 및 설치의 모든 단계에서 표면 마감 손상, 유리철, 절단이나 연삭에 대한 노출로 인한 다른 재료오염, 그리고 외관이나 성능에 부정적인 영향을 미칠 수 있는 잠재적 손상 요인을 방지하기 위한 예방조치를 취해야 한다.

② 염료, 접착제, 접착 테이프, 염산, 염화물 함유 세척제, 과도한 양의 오일 및 그리스를 포함한 화학물질 및 산과의 접촉을 피해야 한다. 부득이하게 사용 시, 적절성과 최대 노출기간을 정해야 한다.

(3) 치올림, 굽힘 및 바로잡기

① 치올림, 곡률 및 직진도를 도입하거나 교정하기 위해, 스트레처(stretcher)나 인장교정기(tension-leveling)와 같은 기계적 방법을 지정할 수 있다. 스트레처(stretcher)나 인장교정기(tension-leveling)의 허용오차는 관련기준의 적용가능한 일반 요구조건을 따르도록 하거나 계약문서에서 합의된 사항을 지정해야 한다.

② 온도와 노출시간을 조절할 수 없는 경우, 온간 성형 및 교정은 허용하지 않는다. 합금생산자가 별도로 명시하거나 성형 후 용체화 풀림(용체화 어닐링, solution annealing)을 실시하는 경우를 제외하고, 온간 성형 또는 교정을 위한 오스테나이트계 스테인리스강과 듀플렉스계 스테인리스강의 최대온도는 각각 480°C, 400°C로 한다. 작업 온도가 400°C를 초과하는 경우, 듀플렉스계 스테인리스강의 완전 용체화 어닐링(완전 고용화 열처리)와 신속한 담금질(quench)이 요구된다. 스테인리스강 표면의 어닐링색 및 산화물 스케일을 제거해야 한다.

(4) 절단

① 분말 플럭싱 (powder fluxing) 기술없이 산소아세틸렌절단(산소절단, oxyacetylene cutting)은 허용되지 않으며, 만약 적용한 경우에는 KCS 14 31 20의 용접부 청소 규정에 따라 청소해야 한다.

② 구조용 스테인리스강에는 전단, 톱 절단(sawing), 연마 절단, 워터젯 절단, 플라즈마 또는 레이저에 의한 열 절단이 허용된다. 열 절단부의 최소 3mm의 재료를 제거하지 않는 경우 열 절단을 사용해서는 안 된다.

③ 두께가 16mm 미만인 재료의 경우 2mm를 초과하지 않거나, 16mm 이상의 재료의 경우 두께의 10%를 넘지 않는 절단표면상의 노치 또는 가우징에 대해서는 책임구조기술자 또는 계약 시방서에 명시된 경우에 보수해야 한다. 피로에 대한 사용성이 요구되는 경우 책임구조기술자는 응력집중 영역의 노치 및 가우징에 대한 제한을 규정해

야 한다.

④ 노치, 가우징 및 기타 재료 불연속성은 노치 또는 가우징의 깊이가 3mm와 재료두께의 20% 중 작은 값을 초과하지 않는 경우, 그라인딩 또는 기계연마로 보수할 수 있고, 100mm 당 25mm를 넘지 않는 경사로 주변 표면에 매끈하게 연결되어야 한다. 이 크기를 초과하는 노치나 가우징은 책임구조기술자가 별도로 규정하지 않는 한 KCS 14 31 20에 따라 제거하고, 용접을 통해 보수해야 한다. 보수 완료 후 표면은 청소해야 한다.

⑤ 오목 모서리는 곡선형으로 전이되도록 해야 한다.

⑥ 따낸보와 용접접근공은 3.6.1.6의 요구사항을 만족해야 한다.

(5) 모서리 가공

상온 또는 가열하여 절단한 형강 및 판재의 단면은 구조설계도서에서 특별히 지시되어 있거나, 용접을 위한 면처리의 지시가 있는 경우에는 이에 따른다.

(6) 용접공사

① 용접은 3.6.2에서 수정된 경우를 제외하고 KCS 41 31 20 또는 KCS 14 31 20에 따라 수행해야 한다. 모재와 최소한 동등한 내식성을 갖는 용착금속을 생성하는 용접재료를 사용한다.

② 열착색 및 스케일 형성을 방지하기 위해 용접부가 보호되지 않은 경우, 화학적 디스케일링 또는 적절한 방법으로 용접부의 내식성을 복원해야 한다. 계약문서에는 사용환경의 부식성에 적합한 청소절차가 명시되어야 한다. 화학적 패시베이션(부동태화) 및 전해연마(electropolishing)는 크롬고갈층(chromium depleted layer) 제거에 적합한 방법을 혼용하지 않는 한, 용접부식 저항성을 복원 방법으로 허용되지 않는다.

③ 용접품질을 확보하기 위해서는 용접부의 청결을 유지하고, 오염을 없어야 한다. 용접 오염을 방지하려면 기름, 먼지, 플라스틱 필름 및 왁스 크레용 자국을 제거한다.

④ 스테인리스강과 다른 강합금 사이의 용접 접합부에서 이종 계면부는 낮은 습도수준이 확보되어야 한다. 비, 안개, 침수, 고습 및 결로로 인한 습기에 노출되지 않는 이상, 사용환경 및 유지관리 빈도에 적합한 방수코팅에 의해 갈바닉 부식으로부터 보호해야 한다. 방수코팅은 에폭시 코팅, 금속 프라이머 및 페인트 시스템으로 구성하거나 다른 금속합금에 적용한다. 스테인리스강 용접부에서 최소 50mm 거리까지 코팅을 확장한다.

⑤ 스테인리스강에 도장을 할 경우, 금속 프라이머 도포 직전에 부동태피막(passive

film)을 연마 또는 화학적으로 제거하거나, 적합한 에칭 프라이머를 사용해야 한다.

(7) 볼트공사

① 볼트로 고정된 부재의 부품은 조립 중에 고정되어야 한다. 조립 중 볼트구멍에 드리프트 핀을 사용할 때, 접합재를 변형시키거나 구멍을 확대할 수 없다.

② 기계가공, 드릴링 또는 워터젯 절단 볼트구멍은 허용된다. 구멍을 플라즈마 또는 레이저로 열절단하는 경우, 절단 가장자리에서 최소 3mm의 재료를 기계적 방법으로 제거해서 사용해야 한다. 가우징 깊이는 2mm를 초과해서는 안 된다. 피로에 대한 사용성이 요구되는 경우 책임구조기술자는 응력집중 영역의 노치 및 가우징에 대한 제한을 규정해야 한다.

③ 접합부 내 총 두께가 6mm 이하인 끼움재는 접합부 설계 시 구멍 유형에 따른 강도 변경 없이 허용된다. 이러한 끼움재의 방향은 하중 작용 방향과 무관하다.

④ 볼트의 사용은 3.6.3의 요구사항을 따라야 한다.

(8) 압축이음(밀착접합부 이음)

이음강도의 일부를 접촉지압에 좌우되는 압축이음은 접합 요소가 밀링, 톱 절단(sawing) 또는 기타 동등한 방법으로 처리된 지압표면을 가져야 한다.

(9) 치수 허용오차

제작에 대한 치수 허용오차는 KCS 14 31 10 또는 KCS 41 31 10에 따른다. 구조 형상에 대한 판재 및 형강 치수 허용오차는 각 형강에 해당되는 KS에 따른다.

(10) 주각부의 마감

주각과 베이스플레이트는 다음 요구조건에 따라 마감을 하여야 한다.

① 평평하고 노치가 없는 지압접촉면이 확보되고 두께가 50mm 이하인 베이스플레이트는 접합면을 밀링을 하지 않을 수 있다. 두께가 50mm 초과 100mm 이하인 베이스플레이트는 다음의 ② 및 ③에 규정된 경우를 제외하고, 프레스 가공이나 밀링을 통해 곧게 할 수 있다. 두께가 100mm를 초과하는 베이스플레이트는 다음의 ② 및 ③에 규정된 경우를 제외하고, 접합면을 밀링해야 한다.

② 기초에 대해 완전한 지압접촉을 확보하기 위해 그라우팅된 베이스플레이트 및 주각 하부면은 밀링을 하지 않아도 된다.

③ 기둥과 베이스플레이트를 완전용입그루브용접 할 경우, 베이스플레이트 상부면을 밀링하지 않는다.

(11) 앵커로드 구멍

앵커로드 구멍은 3.9.1.2(7)에 따라 절단되어야 한다.

(12) 배수구멍

시공 중 또는 사용 중에 강관이나 상자형 단면으로 투수 가능성이 있는 경우, 방수처리하거나 배수구멍을 설치하는 등 적절한 방법으로 투수를 방지해야 한다.

(13) 마찰접합부의 접촉면

① 마찰접합부의 접촉면은 블라스트 처리하며, 해당 공사시방서에 명시된 표면 거칠기를 가져야 한다. 모든 접촉면에 대해 표면 거칠기 검사가 필요하지는 않지만, 블라스트 공정은 요구되는 표면 거칠기로 만들 수 있는 자격을 갖추어야 하며, 접촉면에 대한 부정기적 검사가 필요하다. 대표 샘플의 최소 두께는 6mm 이상이어야 하며, 해당 공사의 접촉면과 동일한 스테인리스강으로 제작되어야 한다.

② 오염을 방지하기 위해 표면을 블라스트청소할 경우 깨끗한 스테인리스강 그릿(grit)을 사용한다.

3.9.1.3 설치

(1) 주각부

주각은 지압에 대하여 충분히 지지할 수 있는 콘크리트나 조적 위의 주각부는 정확한 위치에 수평을 유지하여 설치하여야 한다.

(2) 안정성 및 접합

강구조 건물의 골조는 KCS 14 31 10 또는 KCS 41 31 10에 정의된 허용오차를 만족하도록 설치되어야 한다. 설치 과정에서 구조물은 지지하중, 시공하중 및 시공 중 발생할 것으로 예상되는 기타하중을 안전하게 지지할 수 있어야 한다. 장비 및 작동을 포함하여 구조물이 받을 수 있는 하중을 지지하는 데 필요한 경우, 임시 가새를 설치해야 한다. 이러한 가새는 안전을 위해 필요한 기간 동안 존치시켜야 한다.

(3) 정렬

구조물에 영향을 줄수 있는 부분이 시공 도면의 요구사항에 따라 최종 정렬될 때까지 영구적인 볼트접합이나 용접접합으로 시공하여서는 안 된다.

(4) 기둥 압축이음(밀착접합부 이음) 및 베이스플레이트의 맞춤

지압접촉면의 간격이 2mm 이하인 경우에는 접합 유형(부분용입 그루브용접 또는 볼트)에 관계없이 그대로 사용할 수 있다. 간격이 2mm 초과 6mm 이하인 경우, 책임구조기술자가 밀착면이 충분하지 않다고 판단한 경우, 밀착면의 틈에 경사지지 않은 강재심을 설치할 수 있다. 강재심은 구조물 내구성과 동등 이상의 성능을 가진 스테인리스강으로 제작해야 한다.

(5) 현장용접

현장 용접할 접합부 내부 및 인접한 표면은 용접품질을 확보하기 위해 준비되어야 한다. 제작 이후 발생하는 손상 및 오염을 제거하는데 필요한 표면의 준비가 포함된다.

(6) 설치 후 청소

유리산화철과의 접촉으로 인한 스테인리스강의 오염을 방지해야 한다. 다른 강합금 브러시, 양모, 스크레이퍼(scrapers) 또는 기타 제품을 사용해서는 안 된다. 표면오염을 제한하기 위해 스테인리스강은 제거 가능한 플라스틱 필름으로 보호되어야 하며, 완공 후 청소를 수행해야 한다. 청소절차는 재료, 표면 마감, 부품의 기능 및 부식 위험에 적합해야 하며, 염화물이나 염산이 포함되서는 안 된다. 청소 방법, 수준 및 범위를 명시해야 한다.

3.9.2 품질관리 및 품질보증

이 절은 건물 및 기타 구조물의 구조용 스테인리스강 시스템에 대한 품질관리, 품질보증 및 비파괴 검사에 대한 최소 요구사항을 다룬다. 다음 품목의 품질관리 또는 품질보증에 대해서는 다루지 않는다.

(1) 철골(개방형 웨브) 장선 및 거더

(2) 탱크 또는 압력용기

(3) 케이블, 냉간성형강 제품 또는 박판 재료

(4) 표면처리 또는 코팅

3.9.2.1 일반사항

이 절에 명시된 품질관리(QC)는 제작자 및 설치자가 수행해야 한다. 이 절에 명시된 품질보증(QA)은 공사감독자, 해당 건축법규, 구매자, 발주자 또는 책임구조기술자가 요구하는 경우 제3자에 의해 제공되어야 한다. 비파괴검사(NDT)는 3.9.2.6에 따라 허용되는 경우를 제외하고 품질보증을 담당하는 기관 또는 회사에서 수행해야 한다.

3.9.2.2 제작자 및 설치자 품질관리 프로그램

제작자 및 설치자는 본 시장서 및 시공도서에 따라 작업이 수행되도록 보장하기 위해 품질관리 절차를 수립, 유지 및 이행해야 한다.

(1) 자재 식별

자재 식별 절차는 본 사양의 요구사항, 해당되는 경우 참조된 규격 및 구조용 스테인리스강 건물을 위한 관련 기준을 준수해야 하며 제작사의 품질관리검사관(QCI)이 모니터링해야 한다.

(2) 제작자 품질관리 절차

제작자의 품질관리 절차는 해당되는 경우 최소한 다음 사항에 대한 검사를 다루어야 한다.

① 3.9.2.5에 따른 공장 용접, 볼트 체결 및 세부 사항
② 3.9.1.2(2)에 따른 자재 취급
③ 3.9.1.2(4)에 따른 절단 및 마감 표면 작업장
④ 3.9.1.2(3)에 따른 치올림, 굽힘 및 직선화를 위한 공장 가열
⑤ 공장 제작오차. 구조형상에 대한 치수오차는 3.2와 KCS 14 31 10 또는 KCS 41 31 10 에 따라 지정되어야 한다.

(3) 설치자 품질관리 절차

설치자의 품질관리 절차는 최소한 다음사항에 대한 검사를 다루어야 한다.

① 3.9.2.5에 따른 현장용접, 볼트체결 및 세부사항
② 3.9.1.2(2)에 따른 자재취급
③ 강재데크 설치에 대한 품질관리 및 품질보증
④ 3.9.1.2(4)에 따른 현장절단 표면
⑤ 3.9.1.2(3)에 따른 직선화를 위한 현장가열
⑥ 관련 기준에 따른 현장 설치 허용오차

3.9.2.3 제작자 및 설치자 문서

(1) 스테인리스강 시공을 위한 제출 서류

작자 또는 설치자는 제작 또는 설치 전에 관련 기준에 따라 책임구조기술자 또는 책임구조기술자의 지정인이 검토할 수 있도록 다음 문서를 제출해야 한다.

① 제작 문서(도면)

② 설치 문서(도면)

(2) 스테인리스강 시공에 사용할 수 있는 문서

다음의 문서는 제작 또는 설치 전에 책임구조기술자 또는 책임구조기술자의 지정인이 검토할 수 있도록 전자 또는 인쇄된 형태로 제공되어야 한다.

① 주요 구조 스테인리스강 요소의 경우 3.2에 따른 재료시험 보고서 및 인증 (강재증명서) 사본.

② 스테인리스강 주강 및 단강의 경우, 3.2에 따른 재료 시험 성적서 및 인증 사본.

③ 파스너의 경우, 3.2.3에 따른 제조업체의 시험 성적서 및 인증 사본.

④ 앵커로드 및 전산 볼트의 경우 3.2에 따른 재료시험 보고서 사본.

⑤ 용접재료의 경우, 3.2.3에 따른 제조업체 인증 사본.

⑥ 사용할 용접봉(용가재) 및 플럭스에 대한 제조업체의 제품 데이터 시트 또는 카탈로그 데이터. 데이터 시트에는 제품, 사용 제한 사항, 권장 또는 일반적인 용접조건, 건조를 포함한 보관 및 노출조건이 설명되어 있어야 한다.

⑦ 용접절차시방서(WPS) 또는 예비용접정차시방서(pWPS) 문서.

⑧ 사전 인증되지 않은 용접절차시방서(WPS)에 대한 절차자격기록(PQR).

⑨ 스테인리스강 합금 및 용접절차시방서(WPS) 및 연속 기록에 대한 용접인력 기량자격기록(WPQR).

⑩ 제작자 또는 설치자(해당되는 경우)의 서면 품질관리(QC) 매뉴얼(최소한 다음 사항이 포함되어야 한다).

가. 재료 관리 절차

나. 검사 절차

다. 부적합 절차

⑪ 제작자 또는 설치자의 품질관리검사관(QCI) 자격(해당되는 경우)

가. 제작업체에서 비파괴검사(NDT)를 수행하는 경우, 제작업체 비파괴검사 담당자 자격

3.9.2.4 검사 및 비파괴 검사 인력

(1) 품질관리 검사자 자격

① 주질관리(QC) 용접검사원은 해당되는 경우 제작자 또는 시공자의 품질관리(QC) 프로그램이 만족할 수 있는 자격을 갖추야 한다.

② 품질관리(QC) 볼트검사원은 이종금속 간의 이종강종 접촉과 관련된 문제를 포함하

여 기타 강재 합금 및 스테인리스강 볼트에 대해 볼트접합 검사의 교육 및 경험에 대한 문서화된 자격을 갖추어야 한다.

(2) 품질보증 검사자 자격

① 품질보증(QA) 용접검사원은 품질보증(QC)기관의 서면 절차에 따라 다음 중 하나에 따라 만족할 만한 자격을 갖추어야 한다.

가. 스테인리스강에 대한 기본 지식에 대한 시험을 통과한 용접검사원(WI) 또는 선임용접 검사원(SWI), 용접검사가 수행될 때 현장에 상주하고 있는 용접검사자의 직접 감독하에 작업하는 준용접검사원(AWI).

나. 국내 스테인리스강 용접규정에 따라 자격을 갖춘 자.

② 품질보증(QA) 볼트체결 검사 담당원은 이종금속 간의 계면접촉과 관련된 문제를 포함하여 스테인리스강 및 기타 강재 합금으로 제작된 볼트의 구조적 볼트체결 검사에 대한 문서화된 교육 및 경험을 바탕으로 자격을 갖추어야 한다.

(3) 비파괴검사(NDT)원의 자격

① 육안검사 이외의 비파괴검사를 수행하는 비파괴검사원은 고용주의 서면 절차에 따라 자격을 갖추어야 하며, 아래의 조건 중 하나를 충족하거나 초과해야 한다.

가. 비파괴 검사 인력의 자격 및 인증

나. 발주자의 서면 절차에 명시된 대로 비파괴검사 및 품질인증에 따른 자격 프로그램을 교육, 시험 및 인증활동에 사용할 수 있다.

3.9.2.5 구조용 스테인리스강 건축물의 검사를 위한 최소 요구사항

(1) 품질관리

① 육품질관리(QC) 검사 작업은 해당되는 경우 제작자 또는 설치자의 품질관리검사관(QCI)이 3.9.2.5(4), (6), (7)에 따라 수행해야 한다.

② 품질관리(QC)에 대해 나열된 표 3.9.1~6의 작업은 시공도서에 따라 작업이 수행되는지 확인하기 위해 품질관리검사관(QCI)이 수행하는 검사이다.

③ 품질관리(QC) 검사의 경우 해당 설계도서는 제작문서 및 설치문서와 해당 시방서, 설계기준 및 KS이다.

(2) 품질보증

① 품질보증검사관(QAI)은 설계도서의 준수 여부에 대해 3.9.2.3(2)에 나열된 자재 시험 보고서 및 인증을 검토해야 한다.

② 품질보증(QA) 검사작업은 3.9.2.5(4), (6), (7)에 따라 품질보증검사관(QAI)이 수행해야 한다.

③ 표 3.9.1~6에 나열된 품질보증(QA) 검사 작업은 설계도서에 따라 작업이 수행되는지 확인하기 위해 품질보증검사관(QAI)이 수행하는 검사 작업이다.

④ 이 보고서를 공사감독자, 책임구조기술자 또는 발주자에게 제출하는 것과 동시에 품질보증(QA) 기관은 제작자 및 설치자에게 제출해야 한다.

가. 검사 보고서

나. 비파괴 검사 보고서

(3) 조정검사

품질관리(QC)와 품질보증(QA)을 모두 수행해야 하는 작업인 경우, 품질관리검사관(QCI)과 품질보증검사관(QAI) 간에 검사기능을 조정하여 한 당사자만 검사 기능을 수행할 수 있도록 할 수 있다. 품질보증(QA)이 품질관리(QC)에서 수행한 검사 기능에 의존하는 경우, 책임구조기술자 및 공사감독자의 승인이 필요하다.

(4) 용접검사

① 용접작업을 관찰하고 진행 중 및 완료된 용접을 육안으로 검사하는 것은 재료, 절차 및 제작 기술이 설계도서와 일치하는지 확인하는 주요 방법이다.

② 용접검사 작업은 최소한 표 3.9-1, 표 3.9-2와 표 3.9-3에 따라야 한다. 이 표에서 검사작업은 다음과 같다.

가. 관찰 (O): 검사관은 이러한 항목을 무작위로 관찰해야 한다. 이러한 검사를 받을 때까지 작업을 지연할 필요는 없다.

나. 수행 (P): 이 작업은 각 용접 접합부 또는 부재에 대해 수행되어야 하며 검사 부위, 검사 날짜 및 검사 결과를 포함하여 문서화해야 한다.

(5) 용접 조인트의 비파괴 검사

① 절차

가. 필요한 경우 초음파탐상검사(UT), 자분탐상검사(MT), 침투검사(PT) 및 방사선촬영검사(RT)는 품질보증(QA)에서 수행해야 한다.

(가) 자분탐상검사(MT)는 비자성 특성인 오스테나이트계 스테인리스강에 대해 적용할 수 없다.

(나) 오스테나이트계 및 듀플렉스계 스테인리스강의 최종 검사는 용접부가 상온으로 냉각된 직후에 시작할 수 있다.

(다) 초음파 방법은 해석의 어려움으로 인해 용접부에는 제한적으로 사용되지만 모재에는 사용할 수 있다.

나. 초음파탐상검사에는 다음의 사항이필요하다:

(가) 검사기술의 유효성을 확립하기 위해 용접부에 기준 반사경이 배치된 용접 모형

(나) 앵글 빔 종파 변환계 사용

(다) 책임구조기술자가 허용하는 시범 절차

표 3.9-1 용접 전 검사작업

용접 전 검사 작업	품질관리 (QC)	품질보증 (QA)
용접사 자격 기록 및 연속성 기록	P	O
용접절차시방서(WPS) 준비	P	P
용접재에 대한 제조업체 인증 사용 가능	P	P
소재 식별(유형/등급)	O	O
용접사 관리1)	O	O
오염을 방지하기 위한 취급 절차 확인	O	O
그루브용접(접합부 형상 포함)의 맞춤 - 접합부 준비 - 치수(정렬, 조인트 루트간격, 접합부 루트면, 베벨) - 청결도(강재 표면상태) - 테킹(테크용접 품질 및 위치) - 뒷댐재 유형 및 맞춤(해당되는 경우)	O	O
뒷댐재가 없는 강관 K-접합부의 CJP 그루브 용접 맞춤(접합부 형상 포함) - 접합부 준비 - 치수(정렬, 조인트 루트간격, 접합부 루트면, 베벨) - 청결도(강재 표면상태) - 테킹(테크용접 품질 및 위치)	P	O
액세스 홀의 구성 및 마감 처리	O	O
필릿용접의 맞춤 - 치수(정렬, 접합부 루트간격) - 청결도(강재 표면상태) - 테킹(테크용접 품질 및 위치)	O	O
용접 장비 점검	O	–

주 1) 해당되는 경우, 제작자 또는 설치자는 접합부 또는 부재를 용접한 용접사를 관리할 수 있는 시스템을 유지해야 한다. 주기하중을 받는 부재에 사용하는 경우 책임구조기술자의 승인을 받아야 하며, 스테인리스강 모재에 적합한 저응력 용접이어야 한다.

표 3.9-2 용접 중 검사작업

용접 중 검사 작업	품질관리 (QC)	품질보증 (QA)
용접재 관리 및 취급 – 포장 – 노출 제어	O	O
균열이 있는 가용접부 용접 금지	O	O
환경 조건 – 풍속 제한 범위 내 – 강수량 및 온도	O	O
용접절차시방서(WPS) 준수 – 용접 장비 설정 – 이동 속도 – 선택한 용접재료 – 차폐가스 유형/유량 – 예열 적용 – 층간온도 유지(최소/최대) – 적절한 위치(F, V, H, OH)	O	O
용접 기량 – 패스간 및 최종 청소 작업 – 각 패스의 제한사항 내에서 작업 – 각 패스의 품질 요구사항 충족	O	O

표 3.9-3 용접 후 검사 작업

용접 후 검사 작업	품질관리 (QC)	품질보증 (QA)
용접부 청소	O	O
용접 사이즈, 길이 및 위치	P	P
육안검사 허용기준을 충족하는 용접부 – 균열 방지 – 용접/모재 용착 – 크레이터 단면 – 용접 프로파일 – 용접 사이즈 – 언더컷 – 기공	P	P
아크 스트라이크	P	P
k-영역[1)]	P	P

표 3.9-3 (계속) 용접 후 검사 작업

용접 후 검사 작업	품질관리 (QC)	품질보증 (QA)
대형 용접조립 부재의 용접접근공2)	P	P
뒷댐재 및 용접탭 제거(필요한 경우)	P	P
보수 작업	P	P
용접 접합부 또는 부재에 대한 문서 승인 또는 거부	P	P
책임구조기술자의 승인 없이 허용되지 않은 용접이 추가되지 않음	O	O

주 1) 이음판, 스티프너 또는 보강재의 용접이 k-영역에서 수행된 경우, 웹 k-영역에 용접부로부터 75mm 이내의 균열이 있는지 육안으로 검사한다.

2) 대형 용접조립 부재(3.1(3) 참조)를 용접한 후 용접접근공에 균열이 있는지 육안으로 검사한다.

② 완전용입 그루브용접 비파괴검사

중요도(1) 또는 (특)에 해당하는 구조물의 경우, 두께 8mm 이상의 재료에서 맞댐, T-접합부 및 코너 접합에 횡방향으로 인장하중이 적용되는 모든 완전용입 그루브 용접부에 대해 품질보증(QA) 초음파탐상검사를 수행해야 한다. 중요도(2)에 해당하는 구조물의 경우, 두께 8mm 이상의 재료에서 횡방향으로 인장 하중이 가해지는 맞댐, T-접합 및 코너 접합의 완전용입 그루브 용접부 중 10%에 대해 품질보증(QA) 초음파탐상검사를 수행해야 한다.

③ 피로에 노출된 용접 조인트

표 3.1-1에서 요구하는 경우, 방사선 또는 초음파탐상검사로 용접 건전성을 확립해야 하는 용접 조인트는 규정된 대로 품질보증(QA)시험이 수행되어야 한다. 초음파탐상검사 비율을 줄이는 것은 허용되지 않는다.

④ 초음파탐상검사 불합격률

초음파탐상검사 불합격률은 결함이 포함된 용접 수를 완료된 용접 수로 나눈 값으로 결정된다. 허용 가능한 불연속부를 포함하는 용접은 불합격률을 결정할 때 결함이 있는 것으로 간주되지 않는다. 유효 목두께 25mm 이하인 길이 1m 이상의 연속 용접의 불합격률을 평가하는 경우, 각 300mm 증분 또는 그 일부를 하나의 용접으로 간주한다. 유효 목두께가 25mm 보다 큰 길이 1m 이상의 연속 용접에 대한 불합격률을 평가하는 경우, 각 150mm 길이 또는 그 일부분은 하나의 용접으로 간주한다.

⑤ 초음파탐상검사 비율 감소

용접부가 40개 이하인 프로젝트의 경우, 초음파탐상검사 비율은 감소하지 않는다.

책임구조기술자 및 공사감독자의 승인을 받은 경우 초음파탐상검사 비율을 줄일 수 있다. 초기 초음파탐상검사비율이 100%인 경우, 허용할 수 없는 결함이 포함된 용접 수를 완료된 용접 수로 나눈 불합격률이 해당 용접기 또는 용접 작업자에 대해 테스트한 용접의 5% 이하임을 입증하는 경우 개별 용접기 또는 용접 작업자에 대한 비파괴검사 비율을 25%로 줄일 수 있다. 각 프로젝트에서 이러한 축소 평가를 위해 최소 40개의 완성된 용접부를 샘플링 해야 한다.

⑥ 초음파탐상검사 비율 증가

중요도(2) 이상의 구조물(초기 초음파탐상검사 비율이 10%인 경우)의 경우, 불합격률(허용할 수 없는 결함이 포함된 용접 수를 완료된 용접 수로 나눈 값)이 용접부 또는 용접 작업자에 대해 테스트한 용접의 5%를 초과하는 경우 개별 용접부 또는 용접 작업자에 대한 비파괴검사 비율은 100%로 증가해야 한다. 이러한 증가를 시행하기 전에 각 프로젝트에서 최소 20개의 완료된 용접부를 샘플링해야 한다. 용접기 또는 용접 작업자의 불합격률이 최소 40개의 완료된 용접부를 기준으로 5% 이하로 떨어지는 경우, 초음파탐상검사 비율을 10%로 낮출 수 있다.

⑦ 문서화

가. 수행된 모든 비파괴검사는 문서화 되어야 한다. 공장 제작의 경우, 비파괴검사 보고서는 부재 표기와 부재 내 위치별로 시험된 용접부를 식별해야 한다. 현장 작업의 경우, 비파괴검사 보고서는 구조물 내 위치, 부재 표기, 부재 내 위치 및 테스트 날짜별로 시험된 용접부를 식별해야 한다.

나. 비파괴검사에 근거하여 용접이 불합격된 경우, 비파괴검사 기록에는 결함의 위치와 불합격의 근거가 명시되어야 한다.

(6) 볼트 체결 검사

① 볼트 체결 작업의 검사는 시공에 포함된 재료, 절차 및 제작 기술이 설계도서 및 3.6.3을 준수하는지 확인하는 데 사용되는 주요한 방법이어야 한다.

가. 밀착조임의 경우, 표 3.9-4에 명시된 설치 전 확인 시험 및 표 3.9-5에 명시된 설치 절차의 모니터링은 적용되지 않는다. 체결 조인트에 파스너를 설치하는 동안 품질관리검사관(QCI) 및 품질보증검사관(QAI)이 입회할 필요는 없다.

나. 전인장접합 및 마찰접합의 경우, 설치자가 금매김과 너트회전법을 사용하는 경우 볼트 장력도입 절차의 모니터링은 표 3.9-5에 명시된 대로 수행해야 한다. 설치자가 이러한 방법을 사용하는 경우 볼트 설치 중에 품질관리검사관(QCI) 및 품질보증검사관(QAI)가 입회할 필요는 없다.

다. 전인장조임 및 마찰접합의 경우, 설치자가 보정렌치방법 또는 금매김 없이 너트 회전법을 사용하는 경우 볼트 장력도입 절차의 모니터링은 표 3.9-5에 명시된 대로 수행되어야 한다. 설치자가 이러한 방법을 사용하는 경우 품질관리검사관(QCI) 및 품질보증검사관(QAI)은 파스너 설치 중에 할당된 검사 업무에 입회해야 한다.

표 3.9-4 볼트체결 전 검사 작업

볼트체결 전 검사 작업	품질관리 (QC)	품질보증 (QA)
볼트 재료에 대한 제조업체 인증 제공	O	P
한국산업표준(KS) 요구사항에 따라 표시된 볼트	O	O
조인트 세부사항에 맞게 선택한 올바른 볼트 (나사산을 전단면에서 제외할 경우 등급, 유형, 볼트 길이)	O	O
접합부 디테일에 대해 선택한 올바른 볼트체결 절차	O	O
적절한 접합면 표면상태 및 볼트 구멍 준비(지정된 경우)를 포함한 연결 요소는 해당 요구사항 검사	O	O
설치 담당자가 볼트 세트 및 사용방법을 관찰하고 문서화하여 설치 전 검사	P	O
볼트, 너트, 와셔 및 기타 파스너 부품을 위한 보호 보관함 제공	O	O

표 3.9-5 볼트체결 중 검사 작업

볼트 체결 시 검사 작업	품질관리 (QC)	품질보증 (QA)
모든 구멍에 볼트 세트를 배치하고 필요에 따라 와셔와 너트를 배치	O	O
전인장조임 작업 전에 접합부가 단단히 조여진 상태	O	O
렌치로 돌리지 않은 볼트 부품이 회전하지 않음	O	O
볼트는 3.6에 따라 가장 강성이 큰 지점에서 가장자리로 체계적으로 전인장조임을 진행	O	O

표 3.9-6 볼트체결 후 검사 작업

볼트체결 후 점검 작업	품질관리 (QC)	품질보증 (QA)
볼트접합부에 대한 문서 승인 또는 승인거부	P	P

② 볼트 체결 검사 작업은 최소한 표 3.9-4~6에 따라야 한다. 이 표에서 검사 작업은 다음과 같다.

가. 관찰 (O): 검사관은 이러한 항목을 무작위로 검사해야 한다. 이러한 검사를 받을 때까지 작업을 지연할 필요는 없다.

나. 수행 (P): 이 작업은 각 볼트 접합부에 대해 수행해야 한다. 이러한 작업은 각 접합부 또는 부재에 대해 수행되어야 하며 검사한 부위, 검사 날짜 및 검사 결과를 포함하여 문서화해야 한다.

(7) 기타 검사 작업

① 제작자의 품질관리검사관(QCI)은 제작된 구조용 스테인리스강을 검사하여 제작 문서에 표시된 세부 사항을 준수하는지 확인해야 한다.

② 설치자의 품질관리검사관(QCI)은 설치된 구조용 스테인리스강 골조를 검사하여 설치 문서에 표시된 현장 설치 세부 사항을 준수하는지 확인해야 한다.

③ 앵커로드(기타 강재 합금 또는 스테인리스강) 및 기타 구조용 강재 합금 또는 구조용 스테인리스강을 지지하는 기타 주각부를 배치하는 동안 품질보증검사관(QAI)은 설계도서를 준수하는지 검사하기 위해 현장에 상주해야 한다. 최소한 앵커로드 또는 매립 품목의 직경, 등급, 유형 및 길이와 콘크리트에 매립되는 범위 또는 깊이는 콘크리트 타설 전에 확인하고 문서화해야 한다.

④ 품질보증검사관(QAI)은 해당되는 경우, 제작된 구조용 스테인리스강 또는 설치된 구조용 스테인리스강 골조를 검사하여 설계도서에 표시된 세부 사항을 준수하는지 확인해야 한다.

⑤ 접합부 세부 사항의 수락 또는 승인 거부 및 접합부 세부 사항은 목적에 적합하게 작성되어야 한다.

3.9.2.6 승인된 제작자 및 설치자

(1) 인증공장에서 작업을 수행하거나 공사감독자의 품질보증(QA) 없이 작업을 수행하도록 승인한 설치자가 작업을 수행하는 경우 품질보증(QA) 검사는 면제될 수 있다.

(2) 승인된 제작업체의 작업장에서 완료된 용접부에 대한 비파괴검사는 공사감독자의 승인을 받은 경우 해당 제작업체가 수행할 수 있다. 제작업체가 비파괴검사를 수행할 때, 품질보증(QA) 기관은 제작업체의 비파괴검사 보고서를 검토해야 한다.

(3) 제작 완료 시 승인된 제작업체는 공급된 자재와 제작업체가 수행한 작업이 설계도서에 부합한다는 내용의 준수 증명서를 공사감독자에 제출해야 한다. 설치 완료 시, 승인된 설

치자는 공급된 자재와 설치자가 수행한 작업이 설계도서에 부합한다는 내용의 준수 인증서를 공사감독자에 제출해야 한다.

3.9.2.7 부적합 자재 및 제작 방법

(1) 설계도서에 부합하지 않는 자재 또는 제작 방법을 식별하고 거부하는 것은 작업 진행 중 언제든지 허용된다. 그러나 이 조항이 발주자 또는 검사원의 적시 후속 검사 의무를 면제하지는 않는다. 부적합 자재 및 제작 방법은 해당되는 경우 제작자 또는 설치자의 즉각적인 주의를 환기시켜야 한다.

(2) 부적합 자재 또는 제작 방법은 책임구조기술자의 결정에 따라 의도된 목적에 맞도록 또는 적합하게 작성되어야 한다.

(3) 이러한 보고서를 공사감독자, 책임구조기술자 또는 소유주에게 제출하는 것과 동시에 품질보증(QA) 기관은 제작자 및 설치자에게 제출해야 한다.

① 부적합 보고서

② 부적합 품목의 수리, 교체 또는 수락에 대한 보고서

비고 및 해설

- 온간성형(warm working) : 금속가공공정 중 하나로 재료를 재결정온도와 상온사이의 온도로 가열한 상태에서 성형하는 방법으로 듀플렉스강을 고온으로 가열한 후에 급속 냉각을 통하여 상온에서도 오스테나이트 조직이 유지되도록 하는 열처리이다.
- 듀플렉스계 스테인리스강은 용접 중 열 입력 및 패스간 온도(interpass temperature)를 주의 깊게 제어 및 모니터링해야 하고, 드문 경우지만 재료 사양에 따라 용접 후 annealing이 필요하다.
- AWS D1.6/D1.6M에 따른 적절한 용가재(filler metal)를 사용하거나, AWS D1.6/D1.6M에서 지침이 없는 경우 합금 생산자의 권장사항을 따른다.
- 인증되지 않은 제품이나 공정에 대해서는 부식시험이나 다른 방법을 통한 용접 후 열처리 검증을 고려해야 한다.
- 용접의 육안검사 및 비파괴시험은 구조물의 중요도 및 용접의 종류 등에 따라 결정하되 비파괴시험 관련 절차서를 제출하여 공사감독자의 승인을 받아 시행한다.

3.10 구조해석

이 기준은 시스템 및 부재의 불완전성을 직접 모델링하거나 항복에 따른 부재 및 접합부의 하중과 모멘트의 재분배를 허용하는 고급 구조해석 방법의 사용에 적용한다.

3.10.1 일반사항

이 절에서 대상으로 하는 해석방법은 구조물의 변형형태를 포함하여 휨, 전단, 축방향 및 비틀림에 의한 변형, 그리고 구조물의 변형에 기여하는 다른 부재 및 접합부 변형에 대한 평형조건과 적합조건이 충족되도록 해야 한다.

이 절의 방법에 따른 설계는 하중저항계수설계법을 사용하여 1.5.1.3에 따라 수행해야 한다.

3.10.2 탄성해석의 의한 설계

(1) 일반 안정 요구조건

① 시스템 및 부재 불완전성의 직접 모델링을 포함하는 2차 탄성해석에 의한 설계는 이 절에 정의된 제한사항이 적용되는 모든 구조물에 대해 허용된다. 1.5.6의 요구조건에 따라야 하며, 다음에 제시된 추가 요구조건 및 예외사항이 적용된다.

② 비틀림의 영향은 부재변형 및 2차 효과에 대한 영향을 포함하여 고려되어야 한다.

③ 이 방법의 조항은 다른 부재 형태에 적용 가능하다는 증거가 제공되지 않는 한, H형강, 강관과 박스형 강관의 2축 대칭 부재에만 적용한다.

(2) 소요강도 계산

시스템 및 부재 불완전성(imperfection)의 직접 모델링을 포함하는 2차 탄성해석을 사용하는 설계의 경우, 구조요소의 소요강도는 다음의 추가 요구조건 및 예외사항과 1.5.6.2를 따라 산정해야 한다.

① 구조해석 일반 요구조건

가. 해석 시 비틀림 부재 변형을 고려해야 한다.

나. 해석은 구조물에 발생될 수 있는 P-Δ, P-δ 및 비틀림 효과를 포함한 기하학적 비선형성을 고려해야 한다.

다. 도면의 위치에서 이동된 부재의 교차점과의 두점(시스템 초기변형)과 부재 자체의 부재 초기변형으로 인한 초기 불완전성의 영향을 직접 모델링하여 해석할 수 있다. 초기변형의 크기는 허용시공오차를 감안한 설계에서 고려되는 최댓값으로 하고 초기변형의 형상은 불안정효과를 최대화시킬 수 있도록 정한다. 두 가지 유형의 초기변형을 나타하기 위해 가상하중(notional load)을 사용할 수 없다.

라. 하중 및 예상 좌굴형태에 의한 변위와 유사한 구성의 초기변위를 불완전성 모델링에 고려해야 한다. 원래 위치에서 이동된 부재의 초기 교차점 크기(시스템 불완전성)는 관련 설계기준 또는 다른 요구조건에 명시된 허용 시공오차 또는 실제 불완전성을 기준으로 해야 한다. 이 변위가 설치오차로 발생한 경우, 구조용 스테인리스강 건축물의 층수직도 오차를 1/500로 가정한다. 부재의 초기변형의 경우, 1/1000 비(out-of-straightness ratio)로 가정할 수 있다.

② 강성조정

가. 구성 요소의 소요강도를 결정하기 위한 구조해석은 1.5.6.2 (3)에 정의한 감소된 강성을 적용해야 한다. 강성감소계수 τ_g 및 τ_b는 구조물의 안정성에 기여한다고 판단되는 모든 부재의 강성에 적용해야 한다. 여기서, τ_b를 나타내기 위해 가상하중의 사용은 허용하지 않는다. 강성감소는 부재 단면의 비틀림에 영향을 미치는 비틀림 강성(GJ 및 EC_w)을 포함한 모든 부재특성에 적용해야 한다. 강성 감소를 포함하는 한 가지 실용적인 방법은 E와 G를 $\tau_g \tau_b$만큼 감소시켜 모든 단면 기하학적 특성을 공칭값으로 유지하는 것입니다. 강성감소를 위한 실용적인 방법은 E와 G를 $\tau_g \tau_b$로 설정하여 모든 단면 기하학적 특성을 공칭값으로 유지하는 것이다.

나. 강성감소를 일부 부재에만 적용하고 다른 부재에는 적용하지 않으면 하중을 받는 구조가 인위적인 비틀림이 발행하여 예상외의 힘의 재분배가 발생할 수 있다. 구조의 안정성에 기여하지 않는 부재를 포함하여 모든 부재에 강성감소를 적용하면 이러한 문제를 피할 수 있다.

(3) 설계강도 산정

① 시스템 및 부재의 초기변형(불안정성)에 대해 직접 모델링하여 2차 탄성해석을 사용하는 설계의 경우, 부재 및 접합부의 설계강도는 다음에 정의된 경우를 제외하고는 전체 구조안정성을 고려하지 않고, 3.1부터 3.7에 따라 산정해야 한다.

② 부재의 공칭압축강도 P_n은 단면 압축강도 $F_y A_g$ 또는 세장판 요소로 구성된 부재의 경우 $F_y A_e$로 산정한다. 여기서, A_e는 3.2.7에 따른다. 이외에도 3.14에 따라 연속강도법(CSM)을 적용하여 단면강도를 결정할 수 있고 상한변형도 한계는 Λ=5(최대변형률은 항복 변형률의 5배로 제한한다)로 가정한다.

3.10.3 비탄성해석에 의한 설계

(1) 일반사항

① 구조시스템과 그 부재 및 연결부의 설계강도는 연속강도법(CSM)의 변형률 한계를 사용한 비탄성해석에 의해 산정된 소요강도 이상이어야 한다.

② 3.3의 비선형 재료 응력-변형률 모델을 사용한 비탄성해석은 다음을 고려해야 한다.

가. 휨, 전단, 축방향 및 비틀림 부재 변형, 구조물의 변위에 기여하는 기타 모든 구성요소 및 연결 부재 변형

나. 2차 효과(P-Δ, P-δ 및 비틀림 효과를 포함한다),

다. 기하학적 불완전성(초기변형)

라. 연속강도법(CSM) 변형률 한계

마. 시스템, 부재 및 접합부의 부재 강도 및 강성의 불확실성

③ 이 절의 모든 선행 요구조건을 포함하는 비탄성해석에 의한 강도 한계상태는 해석에 의해 유사하거나 더 높은 수준의 신뢰성이 제공되는 경우 이 기준의 해당 조항에 따르지 않는다.

④ 접합부는 1.5.1.3.3의 요구조건을 충족해야 한다.

⑤ 비탄성 변형이 발생한 부재 및 접합부는 구조시스템의 계획과 동일한 연성을 확보해야 한다. 부재 또는 접합부의 파괴로 인한 힘의 재분배는 허용하지 않는다.

⑥ 스테인리스강 구조설계에는 탄소강에 적용하는 소성힌지 해석은 적절하지 않으며, 다음에 규정된 비선형 재료 응력-변형률 응답을 고려한 비탄성 해석을 수행해야 한다.

⑦ 이 설계법은 H형강, 강관과 박스형 강관의 2축 대칭 부재에만 적용한다.

(2) 연성 요구사항

항복요소를 포함하는 부재 및 접합부는 모든 비탄성 변형요구조건이 비탄성 변형성능보다 작거나 같도록 비율을 조정해야 한다. 비탄성 변형 조건이 비탄성 변형성능보다 작거나 같다는 것을 확인해야 하고 비탄성 변형의 대상이 되는 강재 부재에 대해 다음의 요구사항을 충족해야 한다.

① 재료

비탄성 변형을 받는 부재의 설계항복강도 F_y는 550MPa를 초과하지 않아야 한다.

② 비지지길이

상당한 소성변형이 발생하는 부재 ($M_r > M_p$, 여기서, M_r은 소요강도, M_p는 $F_y Z$)에서 횡방향 비지지길이 L_b는 다음의 L_{pd}를 초과하지 않아야 한다. 휨만 받거나 휨과

축방향 인장만 받는 부재의 경우, L_b는 압축 플랜지의 횡방향 변위에 대해 보강된 지점 사이의 길이 또는 단면의 비틀림을 방지하기 위해 보강된 지점 사이의 길이로 정의한다. 휨 및 축방향 압축을 받는 부재의 경우, L_b는 축 방향의 횡방향 변위와 단면의 비틀림에 대해 보강된 지점 사이의 길이 중 작은 값으로 정의한다.

가. 주축 휨을 받는 H형강 부재의 경우:

$$L_{pd} = (1.83 - 1.17\frac{M_1'}{M_2})L_p \quad \cdots\cdots (3.10\text{-}1)$$

여기서, L_p = 식 3.3-8에 정의된 항복 한계상태에 대한 횡방향 비지지길이, mm

(가) 비지지길이 내의 어느 위치에서든 휨모멘트의 크기가 M_2를 초과하는 경우

$$M_1'/M_2 = +1 \quad \cdots\cdots (3.10\text{-}2a)$$

그렇지 않은 경우:

(나) $M_{mid} \le (M_1 + M_2)/2$인 경우

$$M_1' = M_1 \quad \cdots\cdots (3.10\text{-}2b)$$

(다) $M_{mid} > (M_1 + M_2)/2$인 경우

$$M_1' = (2M_{mid} - M_2) < M_2 \quad \cdots\cdots (3.10\text{-}2c)$$

여기서, M_1 = 비지지길이 끝단의 최소모멘트, N-mm
M_2 = 비지지길이 끝단의 최대모멘트, N-mm (모든 경우에 양수로 간주)
M_{mid} = 비지지길이의 중간 모멘트, N-mm
M_1' = M_2의 반대쪽 비지지길이 끝단의 유효모멘트, N-mm

모멘트 M_1과 M_{mid}는 모멘트 M_2와 동일한 플랜지에서 압축을 유발하는 경우 양수로 가정하고, 그렇지 않은 경우 음수로 한다.

나. 주축 휨을 받는 꽉찬 직사각형 단면의 경우

$$L_{pd} = (0.57 - 0.36\frac{M_1'}{M_2})\frac{Et^2}{F_y d} \quad \cdots\cdots (3.10\text{-}3)$$

여기서, E = 스테인리스강의 탄성계수, MPa

= 오스테나이트계, 듀플렉스계의 경우 195,000 MPa, 페라이트계 스테인리스강의 경우 200,000 MPa

F_y = 설계항복강도, MPa

d = 단면 춤, mm

t = 1.5.1.4.2 정의된 강관단면의 설계 벽두께, mm

축방향 압축력과 비탄성변형이 작용하는 구조부재에 대해 강축(x축) 및 약축(y축)에 대한 횡방향 비지지길이는 각각 $4.71r_x\sqrt{E/F_y}$, $4.71r_y\sqrt{E/F_y}$을 초과하지 않아야 하며, 여기서 r_x 및 r_y는 각각 강축 및 약축에 대한 단면2차반경이다. 다음의 경우에는 부재에 대한 L_{pd} 제한은 없다.

(가) 휨만 작용하거나 휨과 인장의 조합력을 받는 원형 또는 정사각형 부재

(나) 약축에 대한 휨만 작용하거나 약축에 대한 인장과 휨이 조합력을 받은 부재

(다) 인장력만 작용하는 부재

③ 축하중

비탄성 변형이 있는 압축 부재의 연성을 확보하기 위해 압축 설계강도는 $0.75F_yA_g$를 초과하지 않아야 한다. 여기서 A_g는 부재의 총 단면적이다.

(3) 해석 요구조건

- 구조해석은 3.10.1.3(1)의 일반사항을 따라야 한다. 이러한 요구요건은 2차 비탄성 해석으로 충족할 수 있다.

  (예외) 축압축력이 작용하지 않는 연속보의 경우, 1차 비탄성 또는 소성해석이 허용되며 3.10.1.3②와 3.10.1.3③의 요건은 면제된다.
- 구조해석은 보요소(beam element)를 사용한 유한요소해석(finite element analysis)을 수행해야 한다. 해석에서 보요소의 최대길이는 전체 단면의 탄성국부좌굴의 반파장(L_{el})과 동일해야 한다.
- 연속강도법에 의해 정의되고 3.10.1.3④에서의 변형률 한계는 구조시스템의 모든 단면의 압축 변형률에 적용되어 국부좌굴을 모델링하고 소성영역의 확산, 모멘트 재분배 및 변형률 경화가 고려되야 한다. 압축 변형률은 탄성 국부좌굴 반파장(L_{el})에 대한 평균을 구하여 국부 모멘트구배의 유용한 효과를 얻을 수 있다. L_{el}가 유한요소의 길이로 정확히 나눌 수 없는 경우, 변형률은 L_{el} 내의 전체 유한요소수에 대해 평균을 구하여야 한다.

- 단면은 3.10.1.3④에서 정의한 설계 변형률(ε_r)이 해당 위치의 연속강도법(CSM) 변형률 한계(ε_{csm})보다 작거나 같으면 필요한 변형률 요구사항을 만족시킬 수 있다.

① 재료특성 및 항복기준

설계항복강도 F_y 및 모든 강구조 부재 및 접합부의 강성은 3.10.1.3③에 규정된 경우를 제외하고 해석 시 계수 0.9를 적용한다. 부재 단면의 소성강도는 비선형 재료 응력-변형률 곡선을 모델링에 반영하여 산정해야 한다. 변형경화가 포함된 응력-변형률 곡선은 식 (3.3-1)에 따라 모델링할 수 있다.

② 기하학적 불완전성(초기변형)

해석은 공칭위치에서 이동된 부재의 교차점의 두점(시스템 불완전성)과 부재 길이에 초기변형을 직접 고려하여 모델링해야 한다. 초 초기변형의 크기는 허용시공오차를 감안한 설계에서 고려되는 최댓값으로 하고 초기변형의 형상은 불안정효과를 최대화시킬 수 있도록 정한다.

③ 잔류응력 및 부분항복 효과

해석에는 잔류응력 및 부분항복의 영향이 고려되어야 한다.

④ 연속강도법 변형한계

변형률 한계는 2차 비탄성해석과 연계하여 구조물의 성능을 확인한다. 모든 단면에 대해 다음의 요구조건을 충족해야 한다.

$$\frac{\varepsilon_r}{\varepsilon_y} \le \frac{\varepsilon_{csm}}{\varepsilon_y} \qquad (3.10\text{-}4)$$

여기서, ε_r은 국부좌굴 반파장 L_{el}에 대해 평균한 소요 압축변형률, $\varepsilon_y = F_y/E$는 항복변형률이다. $\varepsilon_{csm}/\varepsilon_y$는 식 (3.10-5) 및 (3.10-6)에 의해 산정한다.

- $\lambda_l \le 0.68$ 일 때,

$$\frac{\varepsilon_{csm}}{\varepsilon_y} = \frac{0.25}{\lambda_l^{3.6}} + \frac{0.002}{\varepsilon_y} \le \Lambda \qquad (3.10\text{-}5)$$

- $0.68 < \lambda_l < 1.00$ 일 때,

$$\frac{\varepsilon_{csm}}{\varepsilon_y} = \left(1 - \frac{0.222}{\lambda_l^{1.05}}\right)\frac{1}{\lambda_l^{1.05}} + \frac{0.002(f/F_y)^n}{\varepsilon_y} \qquad (3.10\text{-}6)$$

여기서, F_y = 설계항복강도, MPa

f = 최외측 압축요소에서의 응력, MPa

Λ = 상한 변형률 한계(추천치 15)

ε_{csm} = 연속강도법(CSM) 변형한계

ε_y = F_y/E

λ_l = 국부 단면세장비

$$= \sqrt{\frac{F_y}{F_{el}}} \qquad (3.10\text{-}7)$$

F_{el} = 전체단면의 탄성국부좌굴응력, MPa

⑤ 전단, 비틀림 및 휨의 상호관계

휨, 비틀림 및 전단 사이의 상호관계는 식 (3.10-8)의 연속강도법(CSM) 변형률한계(ε_{csm})에 적용된 감소계수(ρ_{csm})를 사용해 고려되어야 한다.

$$\frac{\varepsilon_r}{\rho_{csm}\varepsilon_{csm}} \leq 1.0 \qquad (3.10\text{-}8)$$

여기서, ρ_{csm}는 다음에 의해 산정한다.

- $\dfrac{V_r}{V_c} + \dfrac{T_r}{T_c} \leq 0.5$ 일 때,

$$\rho_{csm} = 1.0 \qquad (3.10\text{-}9)$$

- $\dfrac{V_r}{V_c} + \dfrac{T_r}{T_c} > 0.5$ 일 때,

$$\rho_{csm} = \frac{0.5}{0.5 + \rho} \qquad (3.10\text{-}10)$$

여기서, V_r = 소요전단강도, 3.10.1.3의 해석에 의해 산정, N

V_c = 설계전단강도, $\phi_v V_n$, 3.4에 따라 산정, N

T_r = 소요비틀림강도, 3.10.1.3에 따라 산정, N·mm

T_c = 설계비틀림강도, ϕT_n는 3.4에 따라 산정, N·mm

$$\rho = [2(\frac{V_r}{V_c} + \frac{T_r}{T_c}) - 1]^2 \qquad (3.10\text{-}11)$$

또한 식 3.10-12와 A.10-13을 만족해야 한다.

$$V_r \leq V_c \qquad (3.10\text{-}12)$$

$$T_r \leq T_c \qquad (3.10\text{-}13)$$

비고 및 해설

- 구조물에 대한 2차 해석은 이 설계방법의 중요한 요구조건이다. 구조엔지니어가 일반적으로 사용되는 많은 해석절차는 부재의 비틀림과 관련된 추가적인 2차 효과를 고려하지 않고, P-Δ 및 P-δ 효과만 포함하는 보다 전통적인 2차 해석 접근법을 기반으로 한다. 이는 3.3.5.2의 L_r에 근접하거나 초과하는 비지지길이를 갖는 일부 부재에 중요할 수 있다. 여기에 정의된 2차 해석 유형에는 보수적으로 무시할 수 있는 뒤틀림 구속으로 인한 추가적인 부재 비틀림 강도 및 강성의 유익한 효과도 포함된다.
- 전단면의 국부좌굴 반파장 L_{el}은 수치적으로 결정하거나, H형강 단면과 정사각형 및 직사각형 강관의 경우 해설서에 제공된 식을 사용하여 결정할 수 있다.
- 전체 단면의 탄성국부좌굴응력은 수치로 구하거나, H형강 단면과 정사각형 및 직사각형 강관의 경우 해설에 제공된 식을 사용하여 구할 수 있다.

3.11 내화설계

이 절은 화재조건에 대한 오스테나이트계, 페라이트계 및 듀플렉스계 스테인리스강 구조요소와 시스템 및 골조의 설계 및 평가를 위한 기준을 제시한다. 이 기준은 고온에서 구조요소 및 시스템의 강도와 강성의 저하를 발생시키는 고온하에서 오스테나이트계, 페라이트계 및 듀플렉스계 스테인리스강의 입열, 열팽창 및 기계적 성질의 열하정도를 결정하기 위한 방법을 규정한다.

3.11.1 일반사항

이 절은 내화설계 적용을 위한 규정 및 근거를 제공한다.

(1) 일반사항

① 구조요소, 부재 및 건축물 골조시스템은 설계화재에 대해 하중 지지성능을 유지하고 건물의 용도에 대해 규정된 성능조건을 만족하도록 설계해야 한다.

② 변형기준은 구조 화재성능을 제공하는 방법 또는 화재 방화벽에 대한 설계기준이 하중지지구조의 변형평가를 필요로 하는 경우 적용해야 한다.

③ 화재 발생 구획 내에서 설계화재로 인한 힘과 변형은 수평 또는 수직 구획을 침범하

지 않아야 한다.

(2) 공학해석에 의한 설계

① 3.11.2에서 해석방법은 설계화재 시나리오에서 강재 골조의 예측성능을 산정하는데 사용한다.

② 3.11.2의 방법은 3.11.1.(1)의 성능목표를 만족하기 위한 근거를 제공한다.

③ 3.11.2의 해석방법은 관련 건축물 설계기준에 따라 허용되는 대체재료 또는 방법의 동등성을 입증하기 위해 사용한다.

④ 3.11.2을 적용한 화재 시 구조설계는 하중저항계수설계법으로 수행해야 한다.

(3) 품질시험에 의한 설계

3.11.3의 품질시험방법은 관련 건축물 설계기준에서 요구하는 표준화재 시험방법에 따라 강구조 골조의 내화성능을 문서화하기 위해 사용한다.

(4) 하중조합 및 소요강도

관련 구조설계기준에 화재노출 하에서의 설계에 관한 규정이 없는 경우, 구조물 및 구성요소의 소요강도는 다음의 하중조합에 의해 결정해야 한다.

$$(0.9\,\text{또는}\,1.2)D + A_T + 0.5L + 0.2S \quad \cdots\cdots (3.11\text{-}1)$$

여기서, A_T : 3.11.2.1의 설계화재로 인한 공칭 힘과 변형

D : 공칭 고정하중

L : 공칭 용도별 활하중

S : 공칭 설하중

1.5.6.2(2)②에서의 가상하중 $N_i = 0.002Y_i$ (여기서 N_i = i층에서 작용하는 가상하중이고 Y_i = i층에 작용하는 식 (3.11-1)의 중력하중)은 식 (3.11-1)에서 규정된 하중과 조합하여 적용해야 한다. 고정하중(D), 활하중(L) 및 설하중(S)은 KDS 14 31 05과 KDS 41 12 00의 설계하중을 따른다.

(5) 용융아연과의 접촉으로 인한 취화 방지

화재 시 아연도금강으로부터 용융된 아연이 스테인리스강과 접촉하여 취화가 발생하지 않도록 예방조치를 취해야 한다.

3.11.2 일반사항해석에 의한 화재조건에 대한 구조설계

이 절의 요구조건에 따라 고온에서 구조부재, 구성요소 및 건축물 골조의 설계를 할 수 있다.

3.11.2.1 설계화재

구조물의 가열조건을 설명하기 위해 설계화재를 정의해야 한다. 가열조건은 가정된 화재 구획에 존재하는 가연물 및 방화구획 특성과 관련되어야 한다. 총 가연물 용량을 결정할 때는 공간의 용도에 따른 가연물 부하밀도를 고려해야 한다. 가열조건은 열유속 또는 화재에 의해 생성된 상부 가스층의 온도로 규정되어야 한다.

시간에 따른 가열조건의 변화는 화재 지속시간에 의해 결정되어야 한다. 3.11.2의 해석방법은 관련 건축물 설계기준에서 허용하는 대체 재료, 설계 및 방법에 대한 규정에 따라 적용해야 한다.

3.11.3의 품질시험을 기반으로 내화시간 등급과 동등함을 입증하기 위해 3.11.2의 해석방법을 사용하는 경우, 설계화재는 건축 부재의 내화 시험방법인 KS F 2257-1, KS F 2257-4, KS F 2257-5, KS F 2257-6, KS F 2257-7에 따라 산정해야 한다.

(1) 국부화재

화재로 인한 열방출률이 플래시오버(flash over)를 유발하기에 충분하지 않은 경우, 국부화재 노출로 가정해야 한다. 이 경우 연료 조성, 연료 배열 및 연료가 차지하는 바닥면적을 사용하여 화염 및 연기기둥으로부터 구조물까지의 열유속을 결정해야 한다.

(2) 포스트 플래시오버 구획화재

① 화재로 인한 열방출률이 플래시오버를 유발하기에 충분한 경우, 포스트 플래시오버 구획화재로 가정해야 한다. 화재로 인한 온도-시간 그래프를 결정하기 위해서 연료부하, 공간의 환기특성(자연 및 기계), 구획크기 및 구획경계의 열특성을 고려해야 한다.

② 특정영역에서의 화재 지속시간은 공간내의 총 가연물 질량 또는 연료 부하로부터 결정되어야 한다. 국부화재 또는 포스트 플래시오버 구획화재의 경우, 화재 지속시간은 총 가연물 질량을 질량 손실률로 나눈 값으로 결정해야 한다.

(3) 외부화재

포스트 플래시오버 구획화재로 인해 창문이나 기타 벽 개구부에서 발생하는 화염에 의한 외부 구조물의 노출효과는 개구부를 통한 내부화재로부터 복사와 동시에 고려되어야 한다. 화염 투사도의 형태와 길이는 화염과 외부 강구조물 사이의 거리와 같이 사용되어 강재에 대한 열유속을 결정해야 한다. 3.11.2.1(2)의 방법은 내부 구획화재의 특성을 설명하는 데 사용된다.

(4) 능동형 화재예방 시스템

① 설계화재를 구현할때 능동형 화재예방 시스템의 효과를 다루어야 한다.

② 스프링클러가 없는 공간에 자동연기 및 열배출구가 설치된 경우, 연기온도는 계산을 통해 결정되어야 한다.

3.11.2.2 화재조건하의 구조시스템 온도

설계화재에 의해 발생하는 가열조건으로 인한 구조부재, 구성요소 및 골조의 내부온도는 열전달 해석을 통해 결정해야 한다.

3.11.2.3 고온에서 재료강도

오스테나이트계 스테인리스강(STS304/STS304L, STS316/STS316L), 페라이트계 스테인리강(STS430) 및 듀플렉스계 스테인리스강(STS329J3L, STS329LD, STS329FLD)에 대한 열적 재료특성은 이 절에서 규정된 재료특성을 사용한다. 여기에 포함하지 않은 강종에 대해서 고온 재료특성은 KS D 0026(금속 재료-고온 인장 시험)를 토대로 수행한 시험결과로 결정해야 한다.

(1) 열 변형

20 ~ 980°C 범위의 온도에서 열변형 계산을 위한 열팽창계수는 다음과 같다.

① 오스테나이트계 스테인리스강 : 20×10^{-6}/℃

② 듀플렉스계 스테인리스강 : 16×10^{-6}/℃

③ 페라이트계 스테인리스강 : 13×10^{-6}/℃

(2) 고온에서 재료특성

구조부재, 구성요소 및 시스템의 강도 및 강성 저하를 골조의 구조해석 시 고려해야 한다. 스테인리스강의 경우, 구조해석에 사용되는 계수(k_E, k_y, k_2, k_u)는 고온에서의 재료특성 $F_y(T)$, $F_u(T)$, $F_2(T)$ 및 $E(T)$은 상온(20℃ 로 가정)에서의 재료특성(F_y, F_u, F_2, 및 E)에 대한 비율로 표시하고 표 3.11-1부터 표 3.11-4와 같이 정의된다. 표에 나열된 값 사이의 온도에 대해서는 직선보간하여 구한다. $F_2(T)$는 고온에서 2% 변형률에서 응력(MPa)이며, 3.3.2에 정의한 재료모델로 산정한다.

표 3.11-1 고온에서 오스테나이트계열 STS304/STS304L의 특성

강재온도, ℃	$k_E = E(T)/E$	$k_y = F_y(T)/F_y$	$k_2 = F_2(T)/F_y$	$k_u = F_u(T)/F_u$
20	1.00	1.00	1.31	1.00
93	0.96	0.80	1.05	0.83
200	0.92	0.65	0.88	0.72
320	0.87	0.59	0.81	0.68
400	0.84	0.55	0.78	0.66
430	0.83	0.54	0.77	0.65
540	0.78	0.48	0.71	0.58
650	0.74	0.42	0.61	0.47
760	0.66	0.30	0.43	0.31
870	0.50	0.18	0.23	0.16
980	0.24	0.08	0.10	0.09
1100	0.11	0.05	0.06	0.05

표 3.11-2 고온에서 오스테나이트계열 STS316/STS316L의 특성

강재온도, ℃	$k_E = E(T)/E$	$k_y = F_y(T)/F_y$	$k_2 = F_2(T)/F_y$	$k_u = F_u(T)/F_u$
20	1.00	1.00	1.19	1.00
93	0.96	0.87	1.14	0.88
200	0.92	0.72	0.98	0.80
320	0.87	0.66	0.91	0.78
400	0.84	0.62	0.85	0.77
430	0.83	0.61	0.84	0.76
540	0.78	0.58	0.79	0.71
650	0.74	0.53	0.72	0.59
760	0.66	0.45	0.57	0.41
870	0.50	0.27	0.33	0.23
980	0.24	0.15	–	0.12
1100	0.11	0.07	–	0.07

표 3.11-3 고온에서 페라이트계열 STS430의 특성

강재온도, ℃	$k_E = E(T)/E$	$k_y = F_y(T)/F_y$	$k_2 = F_2(T)/F_y$	$k_u = F_u(T)/F_u$
20	1.00	1.00	1.19	1.00
93	1.00	0.99	1.18	0.99
200	0.95	0.91	1.09	0.89
320	0.92	0.89	1.04	0.87
400	0.91	0.89	1.05	0.86
430	0.86	0.87	1.08	0.84
540	0.85	0.85	1.07	0.84
650	0.80	0.69	0.90	0.72
760	0.71	0.38	0.42	0.29
870	0.50	0.15	0.17	0.12
980	0.31	0.09	0.11	0.09
1100	0.19	0.06	0.08	0.07

표 3.11-4 고온에서 듀플렉스계열 STS329J3L, STS329LD, STS329FLD의 특성

강재온도, ℃	$k_E = E(T)/E$	$k_y = F_y(T)/F_y$	$k_2 = F_2(T)/F_y$	$k_u = F_u(T)/F_u$
20	1.00	1.00	1.12	1.00
93	0.96	0.84	0.97	0.96
200	0.92	0.70	0.86	0.91
320	0.87	0.64	0.81	0.87
400	0.84	0.60	0.76	0.82
430	0.83	0.58	0.73	0.79
540	0.78	0.49	0.62	0.65
650	0.74	0.35	0.46	0.47
760	0.66	0.20	0.27	0.28
870	0.50	0.09	0.14	0.16
980	0.24	0.02	0.05	0.07
1100	0.11	–	–	–

3.11.2.4 구조설계 요구조건

(1) 구조 안전성

① 골조와 기초는 변형한계 내에서 화재 시 발생하는 구조적 작용을 견딜 수 있는 강도와 변형능력을 제공해야한다. 구조시스템은 전체적인 안정적인 상태를 유지하면서 국부적인 손상을 견딜 수 있도록 설계되어야 한다.

② 골조 안정성 및 소요강도는 1.5.6.1의 요구조건에 따라 결정해야 한다.

③ 노출영역에서 최종 저항점으로 모든 힘을 전달할 수 있도록 하중경로가 제공되어야 한다.

(2) 강도 요구조건 및 변형한계

① 구조역학의 원리를 토대로 구조물의 수학적 모델을 구축해야 한다. 강도 요구조건에 대한 구조시스템의 적합성은 설계화재 온도에 의해 발생된 구조부재의 내부 휨과 변형에 대해 이 모델을 평가해서 입증해야 한다.

② 개별부재는 이 규정에 따라 산정된 전단력, 축력 및 휨모멘트를 저항하는데 요구되는 설계강도를 확보해야 한다.

③ 접합부는 연결부재의 강도 또는 상기 외부하중을 저항해야 한다. 내화성능을 확보하는 방법으로 변형기준의 평가를 요구하는 경우, 설계화재 하에서 구조시스템과 구조부재의 변형 한계치를 초과하지 않아야 한다.

(3) 고급 해석방법에 의한 설계

① 화재 하에 구조용 스테인리스강 구조물의 설계에 대해서는 고급해석방법에 의한 설계가 허용된다. 설계화재는 3.11.2.1에 따라 결정되어야 한다.

② 해석은 설계화재에 대한 열적 및 역학적 응답을 포함하여야 한다.

③ 열적응답은 설계화재의 결과로 각 구조요소에서 온도장(temperature field)을 생성해야 하고, 3.11.2.2에 따라 구조요소와 내화재료의 온도의존 열특성을 포함해야 한다.

④ 역학적 응답은 설계화재로부터 계산된 열적응답을 받은 구조시스템의 힘과 변형을 발생시킨다. 역학적 응답은 온도증가에 따른 강도 및 강성의 저하, 열팽창의 영향, 비탄성 거동 및 하중 재분배, 대변형, 크리프와 같은 시간 의존적 영향과 고온에서 재료 특성의 가변성으로 인한 불확실성에 의한 영향을 충분히 고려해야 한다.

⑤ 경계조건과 접합부 고정도가 제안구조설계에서 고려해야 한다. 스테인스강의 온도변화에 따른 재료특성은 3.11.2.3에 따라 정의한다.

⑥ 이 해석에서는 과도한 처짐, 연결부 파단, 전체 또는 국부좌굴과 같은 모든 관련 한계

상태를 고려해야 한다.

(4) 단순 해석방법에 의한 설계

이 절의 해석방법은 화재에 노출되는 동안 고온에서 개별부재의 내화성능평가에 사용한다.

① 상온에서 적용하는 지지조건 및 구속조건(힘, 모멘트, 경계조건)은 화재 노출 동안 변경되지 않는 것으로 가정한다.

② 구조용 스테인리스강의 최대온도에 상응하는 온도를 사용한다. 3.2.1에 정의된 설계기준화재에 의해 결정된 열유입을 갖는 1차원 열전달식을 적용하여 구조용 스테인리스강 부재의 열적응답을 모델링한다. 휨재의 경우, 구조용 스테인리스강의 최대온도는 하부플랜지에서 결정되어야 한다.

③ 설계강도 ϕR_n은 1.5.1.3.1에 따라 산정한다. 공칭강도 R_n은 3.11.2.4 (4) 가, 나, 다, 라, 마 항에 규정한 설계화재에 의해 발생된 온도에 3.11.2.3(2)에서 제공된 재료특성을 사용하여 산정해야 한다.

가. 인장 설계

인장에 대한 공칭강도는 3.11.2.3(2)의 강재 특성 및 구조용 스테인리스강의 최대온도를 단면 전체에 균일한 온도로 가정하여 3.1에 따라 산정해야 한다.

나. 압축 설계

1.5.1.4.1에 정의된 바와 같이 비세장판 요소로 구성된 부재의 항복 및 휨좌굴 한계상태에 대한 공칭압축강도는 3.2의 규정에 따라 산정해야 한다. 3.11.2.3(2)의 스테인리스강의 온도상승에 따른 재료특성을 적용하여 좌굴 공칭압축강도는 식 (3.2-2)부터 (3.2-4) 대신에 다음의 식 (3.11-2)와 (3.11-3)을 적용하여 산정해야 한다.

- $\dfrac{L_c}{r} \le 5.62\sqrt{\dfrac{E(T)}{F_y(T)}}\ \left[\dfrac{F_y(T)}{F_e(T)} \le 3.20\right]$ 인 경우

$$F_{cr}(T) = 1.2\left\{\left[\frac{\beta_2(T)}{3.84}\right]^{\left[\frac{F_y(T)}{3.2F_e(T)}\right]^{\alpha(T)}}\right\}F_y(T) \le F_y(T) \quad \cdots\cdots (3.11\text{-}2)$$

- $\dfrac{L_c}{r} > 5.62\sqrt{\dfrac{E(T)}{F_y(T)}}\ \left[\text{or } \dfrac{F_y(T)}{F_e(T)} > 3.20\right]$ 인 경우

$$F_{cr}(T) = \beta_2(T)F_e(T) \quad \cdots\cdots (3.11\text{-}3)$$

여기서, $E(T)$ = 표 3.11-1, 표 3.11-2, 표 3.11-3, 또는 표 3.11-4의 계수를

사용하여 산정한 고온에서의 탄성계수

$F_y(T)$ = 표 3.11-1, 표 3.11-2, 표 3.11-3, 또는 표 3.11-4의 계수를 사용하여 산정한 고온에서의 항복강도

$F_e(T)$ = 고온에서 탄성계수 $E(T)$를 적용하여 식 (3.2-5)로 산정한 임계탄성좌굴강도

$\alpha(T)$, $\beta_2(T)$ = 표 3.11-5에서 산정한 고온에서의 휨좌굴계수

다. 휨 설계

구조용 스테인리스강 보의 경우, 하부플랜지 온도가 부재의 춤 전체에 일정하다고 가정한다.

1.5.1.4.1에서 압축 플랜지와 압축 웨브를 갖는 2축 대칭 H형강 부재 및 ㄷ형강의 항복 및 횡비틀림좌굴 한계상태에 대한 공칭휨강도는 3.3에 따라 산정해야 한다. 스테인리스강의 고온 재료특성은 3.11.2.3(2)에 따르며 표 3.3-2의 횡비틀림 좌굴계수 대신 표 3.11-6의 고온하의 횡비틀림좌굴계수를 사용해야 한다.

고온에서 재료특성인 $E(T)$ 및 $F_y(T)$와 계수 k_E와 k_y는 표 3.11-1부터 표 3.11-4에 의하며, 기타 용어는 3.3을 따른다.

라. 전단 설계

전단에 대한 공칭강도는 3.4에 따라 산정해야 하며, 스테인리스강의 특성은 3.11.2.3(2)를 적용하고 단면적 전체에 온도가 균일하다고 가정한다.

마. 조합력 설계

1축 또는 2축에 대한 축력과 휨의 조합력에 의한 공칭강도는 3.11.2.4 가 부터 다 항에 규정한 설계축강도와 설계휨강도와 동시에 3.5에 따라 결정해야 한다.

표 3.11-5 고온에서 휨좌굴계수

부재 형상	계열	$\alpha(T)$	$\beta_2(T)$
1축에 대해 좌굴하는 압연 또는 조립 H형강과 이 표에 지정되지 않은 기타 단면	오스테나이트계, 페라이트계 및 듀플렉스계	0.56	$0.69-0.25\left(1-\frac{k_y}{k_E}\right)$
강축에 대해 좌굴하는 압연 또는 조립 H형강, 용접된 박스형 단면, 원형강관	오스테나이트계, 페라이트계 및 듀플렉스계	0.58	$0.82-0.40\left(1-\frac{k_y}{k_E}\right)$
직사각형 각형강관	오스테나이트계, 페라이트계 및 듀플렉스계	$0.69-0.30\left(1-\frac{k_y}{k_E}\right)$	0.82

표 3.11-6 고온에서 횡비틀림좌굴계수

계열	$\beta_{LT}(T)$	$\beta_{p,LT}(T)$	$\beta_{y,LT}(T)$
오스테나이트계, 페라이트계	$0.82-0.10\left(1-\frac{k_y}{k_E}\right)$	$0.90-0.11\left(1-\frac{k_y}{k_E}\right)$	0.40
듀플렉스계	$0.86-0.10\left(1-\frac{k_y}{k_E}\right)$	$1.10-0.13\left(1-\frac{k_y}{k_E}\right)$	0.50

비고 및 해설

- 페라이트계는 AISC 370에 별도 규정이 없어 오스테나이트계 값을 적용해 안전측을 고려하여 작은 값으로 가정한다.

3.11.3 품질시험에 의한 설계

3.11.3.1 품질기준

구조용 스테인리스강 구조물의 구조부재 및 구성요소는 KS F 2257-1, KS F 2257-4, KS F 2257-5, KS F 2257-6, KS F 2257-7의 시험방법 및 요구조건을 만족해야 한다.

3.11.3.2 구속 구조물

건축물에서 바닥 및 지붕 구조체와 개별보에 대해 주변 또는 지지구조물이 예측 고온범위에서 열팽창으로 인한 변형을 수용하고 외부힘에 저항할 수 있는 경우, 구조조건이 성립한다. 콘크리트 슬래브를 지지하기 위해 용접 또는 볼트 접합한 구조용 스테인리스강 보부재와 구조 골조는 구속 구조물로 정의해야 한다.

3.11.3.3 비구속 구조물

콘크리트 슬래브를 지지하지 않은 구조용 스테인리스강 보부재 및 골조는 고온의 영향을 저항하도록 특별히 설계되어야 하고 주변 구조물에 부재가 볼트 또는 용접 접합되지 않는 경우 비구속 구조물로 정의해야 한다.

단일스팬 또는 다중스팬의 단부 스팬에서 벽체를 지지하는 구조용 스테인리스강 부재는 벽의 열팽창 영향에 저항하도록 설계 되지 않을 경우 비구속 구조물에 구분한다.

3.12 기존구조물의 평가

이 기준은 정적수직(중력)하중 하에 있는 기존구조물의 강도와 강성을 평가하는 방안에 대하여 다룬다. 구조물의 평가에는 구조해석이나 재하실험 또는 책임구조기술자나 도급계약서에 의해 요구될 경우 해석과 실험을 모두 수행한다. 구조물의 평가를 위한 경우, 강종은 3.2, KDS 41 30 10와 KDS 14 31 00 에 나열되어 있는 것에 국한되지는 않는다. 이 절에서는 지진하중이나 진동을 유발하는 이동하중에 대한 재하실험방법은 취급하지 않는다.

3.12.1 일반사항

(1) 기존 강구조물에 대해 다음과 같은 평가가 요구될 경우 구조해석과 재하실험의 조합에 의해 평가를 수행할 수 있다

① 특정조합의 설계하중에 대한 구조물의 평가

② 하중에 저항하는 부재나 구조시스템의 설계강도의 결정이 요구되는 경우

③ 3.12.3, 3.12.4 혹은 계약문건 상에 명시된 경우

(2) 재하실험에 의해 평가를 수행하는 경우 책임구조기술자는 먼저 구조물을 해석하고 실험절차를 서면상으로 구체적으로 수립하여 실험 중에 발생할 수 있는 과도한 영구변형이나 붕괴사고를 방지할 수 있어야 한다.

3.12.2 재료성질

3.12.2.1 필요한 시험의 결정

책임구조기술자는 3.12.2~3.12.6의 규정에서 요구하는 실험방법과 실험위치를 결정해야 한다. 공사기록이 남아 있는 경우라면 소요실험의 개수를 줄이거나 생략할 수도 있다.

3.12.2.2 인장물성

부재의 인장물성은 구조해석이나 재하실험에 의한 평가에 반영되어야 한다. 인장물성에는 항복응력, 인장강도와 연신율이 포함되어야 한다. 제철회사, 강구조제작업체가 보증한 시험결과보고서 혹은 KS의 관련 시험법을 따라 수행된 공인시험소의 시험결과를 사용해도 된다. 이와 같은 자료가 없을 경우에는 KS관련 규정에 따라 구조부재에서 시편을 채취하여 인장시험을 수행하여야 한다.

3.12.2.3 화학적 조성

기존구조물의 보수나 변경에 용접이 사용될 것이 예상되면, 용접절차시방서의 작성에 참조할 수 있도록 강재의 화학적성분에 대한 검사가 필요하다. 제철회사와 강구조제작업체가 보증한 시험결과보고서 혹은 KS의 관련시험법을 따라 수행된 공인시험소의 시험결과를 사용해도 된다. 이들 자료가 없는 경우는 KS의 관련규정에 따라 인장시편을 사용하거나 동일위치에서 채취한 시편을 사용하여 성분분석을 수행하여야 한다.

3.12.2.4 모재의 노치인성

3.6.1.5의 대형단면 및 판재의 용접인장이음이 구조물의 구조성능에 결정적인 요인으로 작용하는 경우에는 샤르피 V-노치인성은 3.6.1.5의 규정에 따라 결정해야 한다. 만약 그 노치인성이 3.6.1.5의 규정을 만족하지 못하면 책임구조기술사는 보완조치의 필요 여부를 결정한다.

3.12.2.5 용접재(용착금속)

구조성능이 기존 용접접합부와 밀접한 연관이 있는 경우에는, 용접재의 대표시편을 채취해야 한다. 용접재의 특성을 파악하기 위해 화학 분석 및 기계적 시험을 실시해야 한다. 초기변형의 크기와 그에 따른 결과에 대한 판단을 해야 한다. 관련 용접규정의 요구조건이 충족되지 않으면 책임구조기술사는 보완 조치의 필요여부를 결정한다.

3.12.2.6 볼트

대표 샘플을 면밀하게 살펴서 볼트의 규격을 확인한다. 육안으로 명확히 식별이 되지 않은 경우에는 샘플을 채취하여 KS관련 규정에 의해 인장강도를 결정하여 분류한다. 혹은 대안으로 최저강도로 가정할 수 있다.

볼트 표기 및 종류를 결정하기 위해 대표적인 샘플을 검사해야 한다. 육안으로 명확히 식별이 되지 않은 경우에는 대표 샘플을 채취하여 KS관련규정에 의해 인장강도를 결정하기 위해 검사하고 이에 따라 볼트를 분류해야 한다. 대안으로, 볼트의 최소항복강도를 140 MPa, 인장강도를 450 MPa로 가정할 수 있다.

3.12.3 구조해석에 의한 평가

3.12.3.1 치수정보

평가에 필요한 모든 정보(스팬, 기둥높이, 부재간격, 가새위치, 단면치수, 두께 및 접합상세 등)는 현장조사를 통해 파악해야 한다. 혹은 몇몇 중요한 부분의 치수만을 현장조사로 확인한 후에 조사되지 않은 부분에 대한 것은 구조설계도면이나 제작도면의 치수를 사용할 수 있다.

3.12.3.2 강도평가

부재와 접합부에 작용하는 힘(하중효과)은 구조물형식에 적합한 구조해석법을 적용하여 산정한다. 하중효과는 1.5.1.2에서 규정한 하중과 하중조합을 사용하여 결정한다. 부재와 접합부의 설계강도는 3.1~3.7까지의 관련 규정을 사용하여 결정한다.

3.12.3.3 사용성 평가

필요한 경우 사용하중으로 인한 변형을 계산하여 보고한다.

3.12.4 재하실험에 의한 평가

3.12.4.1 실험에 의한 하중등급(내하력)의 결정

(1) 기존의 바닥이나 지붕구조의 하중등급을 실험에 의해 결정할 경우, 시험하중은 책임구조기술자의 계획에 따라 점진적으로 증가시켜야 한다. 각 하중단계마다 구조물의 손상정도와 붕괴가능성에 대하여 정밀하게 외관조사를 수행하도록 한다. 이와 유사하거나 또는 비상상황이 발생하면 적절한 조치가 취해져야 한다.

(2) 구조물의 실험강도는 최고재하하중에 현장에서 확인된 고정하중을 더한 값으로 한다. 바닥구조물의 활하중에 대한 내하력은 실험강도를 $1.2D+1.6L$에 등치시켜서 산정한다(여기서 D는 그 구조물의 공칭고정하중, L은 공칭활하중을 의미한다). 바닥구조의 공칭활하중은 적용 가능한 하중기준을 기초로 계산된 값을 초과해서는 안 된다. 지붕구조에 대해서는 L 대신에 L_r, S 또는 R 등으로 대치해서 평가한다. 여기서, L_r = 공칭 지붕 활하중, R = 빗물이나 눈으로 인한 공칭 하중(폰딩 기여 제외), S = 공칭 설하중이다. 건축법에서 요구할 경우 좀 더 불리한 하중조합을 사용할 수 있다.

(3) 사용하중 수준을 초과하는 구조물의 비탄성거동이 확인되면 영구변형과 비탄성변형의 크기를 기록하기 위해 주기적으로 제하하도록 한다. 시험의 전체과정을 통하여 구조물의 변위는 재하 이전의 초기구조물의 위치를 기준으로 위험위치에서 모니터링한다. 최대시

험하중이 1시간 유지되는 동안, 변형은 가력의 초깃값보다 10% 이상 증가되지 않음이 입증되어야 한다. 기존구조물의 내하력이 적합함을 입증하기 위해 필요하다면 위의 과정을 반복할 수 있다.

(4) 영구변형의 크기를 결정하기 위해서 실험하중을 제거한 이후 24시간 동안의 구조물의 변형 역시 기록해야 한다. 허용 가능한 영구변형의 크기는 구조형식에 따라 변동하므로, 최대하중에 대한 영구변형에 대한 제한값을 이 조항에서는 적시하지 않는다. 전체구조물을 대상으로 한 재하실험이 부적절한 경우는 적어도 1개 스팬 이상으로 이루어진 가장 불리한 부분구조를 선정하여 이 실험을 수행한다.

3.12.4.2 사용성평가

재하실험에 의한 사용성 평가를 수행할 때, 점진적 재하를 통하여 사용하중에 이르도록 한다. 1시간 동안 변형을 관찰토록 한 후, 하중을 제거하고 변형을 기록한다.

비고 및 해설

- 스테인리스강이 가지는 특징적으로 낮은 비례한계는 다른 강합금에서 보다 더 큰 영구변형을 초래할 수 있다. 따라서 스테인리스강 부재는 하중을 제거할 때 원래의 변형되지 않은 상태로 돌아갈 가능성이 적다.

3.13 기둥과 보의 안정용 가새

3.13.1 일반사항

(1) 오스테나이트계, 페라이트계 및 듀플렉스계 스테인리스강으로 제작된 기둥, 보 또는 보-기둥 부재에서 필요한 강도를 확보할 수 있도록 하는 가새부재에 요구되는 최소 강도와 강성을 다룬다.

(2) 모든 가새는 부재에 대해 직각으로 설치되는 것으로 가정하며, 가새가 경사진 경우나, 대각가새인 경우에는 가새의 강도 및 강성은 경사각에 따라 보정해야 한다. 가새의 강성도를 평가함에 있어 그 부재특성과 기하학적 특성뿐만 아니라 접합부 및 정착부의 상세의 영향 또한 고려해야 한다.

(3) 가새구조는 상대구속가새(패널가새)와 절점구속가새, 이 2가지의 일반적인 형태로 분류한다. 상대구속가새는 인접 가새점에 대하여 가새점의 거동을 제어하며, 절점구속가새는 인접 가새점의 직접적인 상호작용과는 관계없이 가새점의 거동을 제어한다. 가새의 허용강도 및 강성은 별도의 구조해석을 통한 결과값이 명시되어 있는 경우를 제외하고는 소요한계강도 및 강성값과 같거나 그 이상이어야 한다.

(4) 가새의 강도와 강성을 산정하기 위하여 구조물의 초기변형이나 부재의 초기변형을 포함한 2차 해석을 수행한다면, 그 결과를 이 절의 규정 대신에 사용할 수 있다.

(5) 3.13.2, 3.13.3 및 3.13.4의 요구조건을 충족하는 단부 및 중간 가새점이 있는 기둥, 보 및 보-기둥 부재는 3.2 및 3.3에 정의된 길이 L_c와 L_b를 가새 지지점 사이의 길이와 동일하게 해서 설계할 수 있다.

3.13.2 기둥 안정용 가새

각각의 기둥은 그 길이에 걸쳐 단부 및 중간위치에서 상대구속가새(패널가새) 또는 절점구속가새 구조로 가새지지될 수 있다. 이 절의 내용은 횡방향가새부재 만의 요구사항을 제공한다. 기둥의 횡방향가새는 기둥의 전단중심에 위치한다고 가정한다.

3.13.2.1 상대구속가새(패널가새)

상대구속가새는 이 절에 명시된 강도와 강성을 가져야 한다. 기둥과 가새의 접합부는 절점구속가새를 위한 3.13.2.2의 요구강도를 만족하여야 한다.

(1) 소요강도

기둥의 부재 축에 수직인 방향에 대해 가새에 요구되는 전단강도는 다음과 같다.

$$V_{br} = 0.0075P_r \quad \cdots\cdots (3.13\text{-}1)$$

(2) 소요강성

$$\beta_{br} = \frac{1}{\phi}\left(\frac{2P_r}{L_{br}}\right) \quad \cdots\cdots (3.13\text{-}2)$$

여기서, ϕ = 0.75

L_{br} = 가새간 길이(비지지길이), mm

P_r = 소요압축강도, N

3.13.2.2 절점구속가새

(1) 소요강도

기둥의 부재 축에 수직인 방향에 대해 끝단 및 중간위치에서 가새에 요구되는 강도는 다음과 같다.

$$P_{br} = 0.015 P_r \quad \text{(3.13-3)}$$

(2) 소요강성

$$\beta_{br} = \frac{1}{\phi}\left(\frac{8P_r}{L_{br}}\right) \quad \text{(3.13-4)}$$

여기서, ϕ = 0.75

L_{br} = 가새간 길이(비지지길이), mm

P_r = 소요압축강도, N

절점구속가새에 인접한 비지지길이의 P_r/L_{br}값이 서로 다른 경우에는 더 큰 값을 사용하여 가새의 요구강성을 결정해야 한다.

개별 기둥의 중간위치 절점구속가새의 경우, L_{br}의 값이 L_c(여기서, L_c는 기둥의 소요강도 P_r에 요구되는 최대비지지길이)보다 작은 경우에는 식 3.13-4의 L_{br} 대신에 L_c를 적용하여도 된다.

3.13.3 보 안정용 가새

작은보, 큰보 및 트러스의 길이방향 회전에 대한 구속은 부재의 가새 지점에서 확보되는 것으로 한다. 보에 대한 가새는 상부와 하부플랜지의 상대변위, 즉 단면의 비틀림을 방지해야 한다. 보의 횡방향 안정성은 횡가새, 비틀림가새 또는 이 2가지의 조합으로 확보해야 한다. 복곡률 휨을 받는 보에서 변곡점을 가새 지점으로 볼 수 없다.

이 절의 요구조건은 대칭 평면 내에서 휨을 받고 축력이 0인 2축대칭 또는 1축대칭 H형부재의 보강에 적용된다.

3.13.3.1 횡좌굴가새

횡좌굴가새는 압축플랜지 부근에 부착시켜야 한다. 다만, 캔틸레버보에서 단부에 위치한 가새는 상부(인장)플랜지 부근에 접합해야 한다. 또한, 복곡률 휨을 받는 보에서 변곡점 부근에 횡지지가새를 설치하는 경우 이 가새는 양쪽 플랜지 모두에 접합해야 한다.

(1) 상대구속가새

상대구속가새는 이 절에서 명시하는 강도와 강성을 만족하여야 한다. 가새와 부재의 접합부는 절점구속가새를 위한 3.13.3.1(2)의 요구강도를 만족하여야 한다.

① 소요강도

상대구속가새의 요구전단강도는 다음과 같다.

$$V_{br} = 0.015\left(\frac{M_r C_d}{h_0}\right) \quad \cdots\cdots (3.13\text{-}5)$$

② 소요강성

$$\beta_{br} = \frac{1}{\phi}\left(\frac{4M_r C_d}{L_{br} h_0}\right) \quad \cdots\cdots (3.13\text{-}6)$$

여기서, ϕ = 0.75

C_d = 단곡률인 경우 1.0, 복곡률인 경우 2.0으로서 변곡점에 가장 가까운 가새에만 적용한다.

L_{br} = 패널내 비지지길이, mm

M_r = 패널내 보의 소요휨강도, N·mm

h_0 = 플랜지 중심간의 거리, mm

(2) 절점구속가새

① 소요강도

보의 면외방향에 대한 단부 및 중간위치에 설치되는 가새에 요구되는 강도는 다음과 같다.

$$P_{br} = 0.03\left(\frac{M_r C_d}{h_0}\right) \quad \cdots\cdots (3.13\text{-}7)$$

② 소요강성

$$\beta_{br} = \frac{1}{\phi}\left(\frac{10M_r C_d}{L_{br} h_0}\right) \quad \cdots\cdots (3.13\text{-}8)$$

여기서, ϕ = 0.75

L_{br} = 절점가새에 근접한 비지지길이, mm

M_r = 절점가새에 근접한 비지지길이내의 보의 소요휨강도, N·mm

절점구속가새에 인접한 비지지길이의 M_r/L_{br} 값이 서로 다른 경우에는 더 큰 값을 사용하여 요구강성을 결정해야 한다.

개별보의 중간위치 절절구속가새의 경우, L_{br}의 값이 L_b(여기서, L_b는 보의 소요휨강도 M_r에 요구되는 최대비지지길이) 보다 작은 경우에는 식 3.13-8의 L_{br} 대신에 L_b를 적용해도 된다.

3.13.3.2 비틀림좌굴가새

비틀림좌굴가새는 절점구속가새(교차골조, 모멘트 접합 작은보 또는 수직다이어프램 요소) 또는 보 길이에 걸친 연속가새(슬래브와 데크)로 설치할 수 있다. 비틀림좌굴가새는 단면의 어떠한 위치에도 부착할 수 있으며, 반드시 압축플랜지 부근에 부착시킬 필요가 없다. 비틀림좌굴가새와 보 사이의 접합부는 다음과 같이 주어지는 소요모멘트를 저항할 수 있어야 한다.

(1) 절점구속가새

① 소요모멘트

보의 축방향에 대해 가새의 요구휨강도는 다음과 같다.

$$M_{br} = 0.03M_r \quad \cdots\cdots (3.13\text{-}9)$$

② 소요강성

$$\beta_{br} = \frac{\beta_T}{\left(1 - \dfrac{\beta_T}{\beta_{\sec}}\right)} \quad \cdots\cdots (3.13\text{-}10)$$

여기서,

$$\beta_T = \frac{1}{\phi}\frac{2.4L}{nEI_{yeff}}\left(\frac{M_r}{C_b}\right)^2 \quad \cdots\cdots (3.13\text{-}11)$$

$$\beta_{sec} = \frac{3.3E}{h_o}\left(\frac{1.5h_o t_w^3}{12} + \frac{t_{st} b_s^3}{12}\right) \quad \cdots\cdots (3.13\text{-}12)$$

ϕ = 0.75

E = 스테인리스강의 탄성계수, 오스테나이트계와 듀플렉스계의 경우 195,000 MPa, 페라이트계의 경우, 200,000 MPa

I_{yeff} = 면외방향 유효단면2차모멘트, mm^4

= $I_{yc} + (t/c)I_{yt}$

I_{yc} = 약축에 대한 압축플랜지의 단면2차모멘트, mm^4

I_{yt} = 약축에 대한 인장플랜지의 단면2차모멘트, mm^4

L = 부재길이, mm

n = 경간 내 가새점의 수

M_r = 0.75

M_r/C_b = 스테인리스강의 탄성계수, 오스테나이트계와 듀플렉스계의 경우 195,000 MPa, 페라이트계의 경우, 200,000 MPa

b_s = 웨브 보강재(스티프너)의 폭(양면 보강재인 경우, 보강재폭의 2배), mm

c = 중립축에서 압축연단까지의 거리, mm

t = 중립축에서 인장연단까지의 거리, mm

t_w = 1.5.1.4.2에서 규정한 보 웨브의 두께, mm

t_{st} = 1.5.1.4.2에서 규정한 웨브 보강재의 두께, mm

β_T = 절점가새에 근접한 비지지길이내의 보의 소요휨강도, N·mm

β_{sec} = 웨브의 뒤틀림강성(웨브의 횡방향보강재가 있는 경우 이의 효과를 포함), N·mm/rad

2축 대칭부재의 경우, $c = t$ 이고, I_{yeff}는 I_y이다.

만약, $\beta_{sec} < \beta_T$이면, 식 3.13-10은 음수가 되는데, 이는 웨브의 비틀림강성이 부적절하기 때문에 보의 비틀림좌굴가새가 비효율적임을 나타낸다.
필요하다면, 웨브보강 중간보강재는 보의 전체높이에 걸쳐 설치해야 한다. 특히, 비틀림좌굴가새가 있는 경우에는 가새가 부착되는 플랜지까지 중간보강재를 연장해야 한다. 대안으로서, 비틀림좌굴가새가 직접 부착되지 않는 플랜지의 경우에 보의 중간보강재는 플랜지에서 $4\,t_w$ 거리만큼 떨어진 위치까지만 설치해도 무방하다.

(2) 연속비틀림좌굴 가새

연속비틀림좌굴 가새의 경우, 가새의 모멘트와 강성은 단위길이당의 값으로 주어지게 된다. 단위길이당 가새의 강도는 식 3.13-9의 소요휨강도 M_r을 최대 비지지길이로 나눈 값으로 하며, 이때 소요휨강도 M_r은 보의 전경간에 걸친 최댓값으로 한다. 가새의 강성은 식 3.13-10과 3.13-11에 $L/n = 1.0$ 적용한다. 비보강웨브의 뒤틀림강성은 다음과 같다.

3.13.4 보-기둥가새

보-기둥가새의 경우, 축력과 휨에 대한 소요강도와 강성은 3.13.2 및 3.13.3에 따라 각각 구해야 한다. 축력과 휨의 상관관계는 다음과 같이 조합한다.

(1) 상대구속가새를 사용하는 경우, 소요강도는 식 3.13-1과 3.13-5 값의 합으로 산정하고, 소요강성은 식 3.13-2 및 3.13-6 값의 합으로 산정한다.

(2) 절점구속가새가 사용되는 경우, 소요강도는 식 3.13-3과 3.13-7 값의 합으로 산정하고, 소요강성은 식 3.13-4 및 3.13-8 값의 합으로 산정한다. 식 3.13-4 및 3.13-8에서 보-기둥의 L_{br}는 실제 비지지길이로 산정되어야 한다. 여기서, L_{br}가 3.13.2.2 및 3.13.3.1(2)의 P_r 및 M_r에 요구되는 최대허용유효길이보다 작을 필요가 없는 조항은 적용하지 않는다.

(3) 축력에 저항하는 상대구속가새 또는 절점구속가새의 조합으로 휨저항을 위한 비틀림좌굴가새가 사용되는 경우, 소요강도와 강성은 가새부재가 실제로 저항하는 방식에 따라 조합되거나 분배되어야 한다.

(4) 축력과 휨의 조합응력으로 인해 상·하부 플랜지가 압축되는 경우, 횡좌굴가새가 상·하부 플랜지에 부착되거나 횡좌굴가새 및 비틀림좌굴가새를 조합하여 상·하부 플랜지를 횡구속해야 한다.

비고 및 해설

- 횡방향 저항시스템에 대한 골조 안정성에 관한 요구조건은 본 지침 1.5.6절에 제공된다. 이절에서는 전체구조의 해석모델에 포함되지 않지만, 개별 기둥, 보 및 보-기둥의 구조적 안정성을 제공하는 가새부재에 적용된다. 트러스의 구조적 안정성을 위한 이러한 조항을 적용하기 위한 지침은 "2016 AISC Specification for Structural Steel Buildings"의 해설서에 제공되어있다.
- 상대구속가새 접합부의 강성이 상대구속가새 자체의 강성과 비슷한 경우, 상대구속가새와 상대구속 가새-기둥 접합부는 직렬연결된 상대구속 및 절점구속 가새로서 기능한다. 이러한 경우, 3.13.1에 기술된 대체 해석방법으로 평가할 수 있다.
- 비틀림좌굴가새는 크로스프레임, 모멘트접합 보 또는 수직 다이아프램요소와 같은 절점구속가새로서 설치되거나 슬래브 또는 데크와 같은 연속가새로서 설치될 수 있다.

3.14 연속강도법

이 절은 항복 및 국부좌굴 한계상태에 따라 인장력, 압축력, 휨 및 휨과 압축의 조합력을 받는 오스테나이트계, 페라이트계 및 듀플렉스계 스테인리스강의 2축 대칭 H형강, 강관, 균일한 두께를 가진 2축대칭 박스형 단면부재 및 인장력, 압축력, 휨을 받는 ㄷ형강, 앵글, T자의 강도를 결정하는 대체설계법을 제시한다.

3.14.1 제한사항

연속강도법은 표 3.14-1에 제시된 세장비 제한을 충족하는 H형강, ㄷ형강, ㄱ형강, T자, 강관 및 박스형 단면에만 적용된다. 인장을 받는 부재는 최대세장비의 제한은 없다. 이 방법은 상온에서 정하중 설계 시에만 적용된다.

3.14.2 재료모델링

연속강도법에서 적용하는 탄성 선형 경화 재료모델은 그림 3.14-1에 나타낸다.

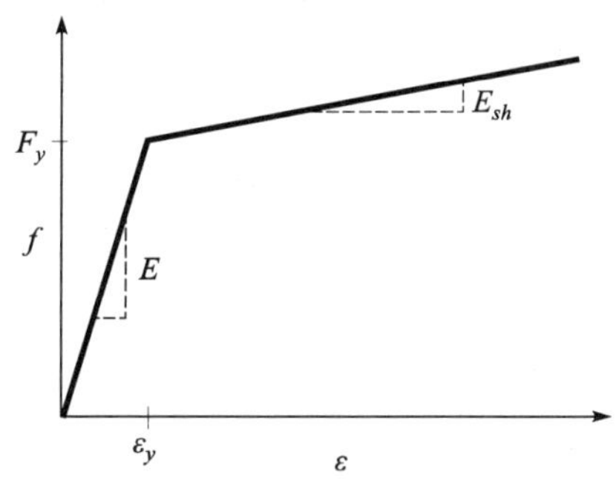

그림 3.14-1 연속강도법 재료모델

여기서, E_{sh} = 변형률경화계수, MPa

$$= \frac{F_u - F_y}{0.16(1 - F_y/F_u) - \varepsilon_y} \quad (3.14\text{-}1)$$

F_u = 공칭인장강도 MPa

ε_y = 항복변형률

$$= F_y/E \quad (3.14\text{-}2)$$

3.14.3 변형능력

표준화 변형능력 $\varepsilon_{csm}/\varepsilon_y$는 다음과 같이 산정된다.

표 3.14-1 연속강도법 적용범위

요소설명	압축부재	좌굴부재	조합하중
H형강, ㄷ형강, ㄱ형강, T형강, 정사각형 및 직사각형 각형강관, 박스형 단면	$\frac{L_c}{r} \le 0.63\sqrt{\frac{E}{F_y}}$ 1) 또는 $\frac{F_y}{F_e} \le 0.004$ 1) 및 $\lambda_l \le 1.6$	$L_b \le 0.50L$ 1) 및 $\lambda_l \le 1.6$	압축재 및 휨부재에 대한 요구조건을 모두 충족하여야 함
원형강관	$\frac{L_c}{r} \le 0.63\sqrt{\frac{E}{F_y}}$ 1) 또는 $\frac{F_y}{F_e} \le 0.004$ 1) 및 $\lambda_l \le 0.6$	$\lambda_l \le 0.6$	압축재 및 휨부재에 대한 요구조건을 충족하여야 함

주 1) 부재길이에 대한 제한은 3.10 구조해석을 기반으로 설계할 때 적용되지 않는다.

여기서, E : 스테인리스강의 탄성계수, MPa, 오스테나이트계와 듀플렉스계의 경우 195,000 MPa, 페라이트계 스테인리스강의 경우 200,000 MPa ; 페라이트계 스테인리스강은 용접구조용으로 적용하지 않는다.

F_e : 식 (3.2-5)에 따라 결정된 탄성좌굴응력, MPa

F_y : 공칭항복강도는 식 (1.5-2)에 따라 결정된 $F_{y,avg}$로 대체될 수 있다, MPa

L_b : 횡비지지길이, mm

L_c : 3.2.2에 따라 정의된 부재 유효길이, mm

L_p : 식 (3.3-8)에 따라 정의된 소성한계비지지길이, mm

r : 단면2차반경 mm

λ_l : 3.14.3.1에서 정의된 단면세장비

3.14.3.1 H형강, ㄷ형강, ㄱ형강, T형강, 각형강관 및 박스형 단면

(1) $\lambda_l \le 0.68$일 경우

$$\frac{\varepsilon_{csm}}{\varepsilon_y} = \frac{0.25}{\lambda_l^{3.6}} \le Min\left(\Lambda, \frac{0.10(1-F_y/F_u)}{\varepsilon_y}\right) \quad \cdots\cdots (3.14\text{-}3)$$

(2) $\lambda_l > 0.68$일 경우

$$\frac{\varepsilon_{csm}}{\varepsilon_y} = \left(1 - \frac{0.222}{\lambda_l^{1.05}}\right)\frac{1}{\lambda_l^{1.05}} \quad \cdots\cdots (3.14\text{-}4)$$

연속강도법의 변형한계는 3.14.2에서 규정한 2선형 재료모델을 적용할 경우, 식 3.14-3 및 3.14-4에 의해 산정하며 3.10.1.3에서 정의된 이단계 람베르그-오스굿 재료모델을 사용할 경우, 식 3.10-5 및 3.10-6에 의해 산정한다.

3.14.3.2 원형강관

(1) $\lambda_l \leq 0.30$일 경우

$$\frac{\varepsilon_{csm}}{\varepsilon_y} = \frac{4.44 \times 10^{-3}}{\lambda_l^{4.5}} \leq Min\left(\Lambda, \frac{0.10(1 - F_y/F_u)}{\varepsilon_y}\right) \quad \cdots\cdots (3.14\text{-}5)$$

(2) $\lambda_l > 0.30$일 경우

$$\frac{\varepsilon_{csm}}{\varepsilon_y} = \left(1 - \frac{0.224}{\lambda_l^{0.342}}\right)\frac{1}{\lambda_l^{0.342}} \quad \cdots\cdots (3.14\text{-}6)$$

여기서, ε_{csm} = 단면 파괴변형률

λ_l = 단면 세장비 = $\sqrt{\dfrac{F_y}{F_{el}}}$ ······ (3.10-7)

F_{el} = 전단면의 탄성국부좌굴응력, MPa

Λ = 상한 변형률한계; 3.10.1.2에서 사용한 경우 Λ = 5.
다른 모든 경우에 대해서는 Λ = 15이다.

탄성국부좌굴응력은 수치해석에 의해 구할 수 있고, H형강부재와 각형강관부재의 경우 다음 식으로 산정할 수 있다.
대안으로, F_{el}은 다음의 간략식을 사용하여 산정할 수 있고 보수적인 값을 제공한다. (단면이 평판으로 구성되는 경우 다음 식은 가장 세장한 단면을 기준으로 산정하기 때문이다.)
- H형강 부재, ㄷ형강, ㄱ형강, T형강, 각형강관 및 상자형 단면의 경우,

$$F_{el} = \frac{k\pi^2 E t^2}{12(1 - v^2)b^2} \quad \cdots\cdots (3.10\text{-}8)$$

- 원형강관 경우,

$$F_{el} = \frac{E}{\sqrt{3(1 - v^2)}}\frac{2t}{D} \quad \cdots\cdots (3.10\text{-}9)$$

여기서, D = 단면직경, mm

b = 단면에서 가장 세장요소의 폭, mm

t = 형강 단면에 대한 가장 세장한 요소의 설계두께와 원형강관에 대한 설계벽두께, mm

ν = 포아송비, 0.3

k = 비구속 압축부재의 경우, 0.425

= 구속 압축부재의 경우, 4.00

= 좌굴에 대해 구속 부재의 경우, 23.9

3.14.4 인장강도

오스테나이트계, 페라이트계 및 듀플렉스계 스테인리스강 인장부재의 연속강도법에 의한 설계인장강도 $\phi_t P_n$은 총단면의 항복한계상태와 유효순단면의 파단한계상태에 대해 다음 식에 의해 산정된 값 중 작은값으로 한다.

(1) 총단면에서의 항복한계상태

$$\phi_t = 0.90$$

$$P_n = f_{csm,t} A_g \quad (3.14\text{-}10)$$

(2) 유효순단면의 파단한계상태

$$\phi_t = 0.75$$

$$P_n = F_u A_e \quad (3.14\text{-}11)$$

여기서, A_e = 유효순단면적, mm^2

A_g = 부재총단면적, mm^2

F_u = 공칭인장강도, MPa

$f_{csm,t}$ = $\varepsilon_{csm,t}$에 대응하는 응력, MPa

$$= F_y + E_{sh}(\varepsilon_{csm,t} - \varepsilon_y) \quad (3.14\text{-}12)$$

$$\varepsilon_{csm,t} = \mathrm{Min}\left[15\varepsilon_y, 0.10(1 - F_y/F_u)\right] \quad (3.14\text{-}13)$$

3.14.5 압축강도

연속강도법의 설계압축강도인 $\phi_c P_n(\phi_c = 0.90)$는 항복 또는 국부좌굴 한계상태에 대한 공칭압축강도 P_n 로 산정한다.

(1) $\varepsilon_{csm}/\varepsilon_y < 1.0$일 경우

$$P_n = \frac{\varepsilon_{csm}}{\varepsilon_y} F_y A_g \qquad (3.14\text{-}14)$$

(2) $\varepsilon_{csm}/\varepsilon_y \geq 1.0$일 경우

$$P_n = f_{csm} A_g \qquad (3.14\text{-}15)$$

여기서, f_{csm} = ε_{csm}에 대한 대응하는 압축응력, MPa

$$= F_y + E_{sh}\varepsilon_y\left(\frac{\varepsilon_{csm}}{\varepsilon_y} - 1\right) \qquad (3.14\text{-}16)$$

3.14.6 휨강도

연속강도법의 설계휨강도인 $\phi_b M_n(\phi_b = 0.90)$는 항복 또는 국부좌굴 한계상태에 대한 연속강도법의 공칭휨강도인 M_n으로 산정한다.

(1) 대칭축에 휨을 받는 H형강, ㄷ형강, ㄱ형강, T형강, 강관 및 상자형 부재일 경우

① $\varepsilon_{csm}/\varepsilon_y < 1.0$일 경우

$$M_n = \frac{\varepsilon_{csm}}{\varepsilon_y} M_y \qquad (3.14\text{-}17)$$

② $\varepsilon_{csm}/\varepsilon_y \geq 1.0$일 경우

$$M_n = M_p\left(1 + \frac{E_{sh}}{E}\frac{S}{Z}\left(\frac{\varepsilon_{csm}}{\varepsilon_y} - 1\right) - \left(1 - \frac{S}{Z}\right) / \left(\frac{\varepsilon_{csm}}{\varepsilon_y}\right)^{\alpha}\right) \qquad (3.14\text{-}18)$$

여기서, M_p = 소성모멘트, $F_y Z$

M_y = 항복모멘트, $F_y S$

S = 휨축에 대한 탄성단면계수, mm^3

Z = 휨축에 대한 소성단면계수, mm^3

α = 표 3.14-2에 제시된 연속강도법 휨계수

(2) 비대칭축에 휨을 받는 ㄷ형강 및 ㄱ형강일 경우

① 비대칭축에 대해 휨을 받는 ㄷ형강 및 ㄱ형강의 연속강도법에 의한 공칭휨강도는 다음과 산정한다.

가. 최대압축변형률 $\varepsilon_{csm,c}$는 3.14.3.1에 따라 산정한다. 해당 외측 인장변형률 $\varepsilon_{csm,t}$는 춤에 따라 선형분포한다고 가정한다. $\varepsilon_{csm,t}$는 탄성중립축의 위치를 기반으로 산정할 수 있다. 최대설계변형률 $\varepsilon_{csm,\max}$은 $\varepsilon_{csm,c}$와 $\varepsilon_{csm,t}$ 중 최댓값으로 한다.

나. $\varepsilon_{csm,\max}$이 항복변형률 ε_y보다 작을 경우, 공칭휨강도는 $\varepsilon_{csm} = \varepsilon_{csm,\max}$로 하여 식 (3.14-17)에 따라 산정한다.

다. $\varepsilon_{csm,\max}$이 항복변형률 ε_y보다 크면, 설계중칩축 위치는 단면평형을 기반으로 재검토하거나, 근사적으로는 탄성중립축과 소성중립축 사이의 중간지점으로 산정할 수 있다. 중립축의 새로운 위치를 사용하여 $\varepsilon_{csm,t}$와 $\varepsilon_{csm,\max}$을 재검토하고 휨계수 α는 표 3.14-2에서 제시한 값을 이용하여 식 (3.14-18)에 따라 연속강도식의 공칭휨강도를 산정한다.

② 식 (3.14-18)의 대안으로, 연속강도법의 휨강도는 응력을 적분하여 산정할 수 있다.

3.14.7 휨과 압축의 조합

H형강, 각형강관, 원형강관 및 박스형 부재의 1축 휨과 압축의 상관관계는 x축 또는 y축으로 휨이 발생하도록 제한된 경우와 원형강관 부재들은 다음과 같이 제한된다.

(1) H형강, 각형강관, 원형강관 및 박스형 단면부재에서의 휨 및 압축의 경우

① $\lambda_l \leq 0.60$일 때

이 장에서 정의된 P_c 및 M_c을 이용하여 식 (3.5-1)을 만족하여야 한다.

② $\lambda_l > 0.60$일 때

$$\frac{P_r}{P_c} + \left(\frac{M_{rx}}{M_{cx}} + \frac{M_{ry}}{M_{cy}}\right) \leq 1.0 \quad \cdots\cdots (3.14\text{-}19)$$

표 3.14-2 연속강도법 휨계수, α

부재 유형	휨 축	형상비	α
각형강관 및 박스형 단면	강축 또는 약축	강축 또는 약축	2.0
원형강관	강축 또는 약축	-	2.0
H형강부재	강축	강축 또는 약축	2.0
	약축	강축 또는 약축	1.2
ㄷ형강	강축	강축 또는 약축	2.0
	약축	$h/b < 2$	1.5
		$h/b \geq 2$	1.0
T형강	강축	$h/b \leq 1$	1.0
		$h/b > 1$	1.5
	약축	강축 또는 약축	1.2
등변 ㄱ형강	강축 또는 약축	-	1.0
부등변 ㄱ형강	강축	강축 또는 약축	1.5
	약축	강축 또는 약축	1.0

(2) 원형강관이 좌굴 및 압축을 받을 경우

① $\lambda_l \leq 0.27$일 때, 이 절에서 정의된 P_c 및 M_c을 이용하여 식 (3.5-1)을 만족해야 한다.

② $\lambda_l > 0.27$일 때, 식 (3.14-19)을 만족해야 한다.

여기서, P_r = 1.5의 하중조합을 사용하여 결정된 유효압축강도, N

P_c = 3.14.5에서 산정된 연속강도법의 허용압축강도, $\phi_c P_n$, N

M_r = 1.5의 하중조합을 사용하여 결정된 유효휨강도, N·mm

M_c = 3.14.6 연속강도법의 허용휨강도, $\phi_b M_n$, N·mm

3.15 피로

이 기준은 균열 및 진행성 파손을 유발하기에 충분한 주기와 크기의 탄성응력범위 내에서 고사이클하중을 받는 오스테나이트계, 페라이트계 및 듀플렉스계 스테인리스강 부재 및 연결부에 적용한다. 단, 페라이트계 스테인리스강은 용접접합부는 적용하지 않는다.

3.15.1 일반사항

(1) 형강 또는 평판으로 구성된 부재의 피로강도는 활하중의 반복횟수가 20,000회를 초과하는 경우에 결정한다. 설계 지정 풍하중을 받는 건축 구조물에서 강관단면으로 구성된 부재의 피로강도에 대한 평가는 필요하지 않다. 적용된 반복응력범위가 무한수명 피로한계값(F_{TH})보다 작은 경우 피로강도에 대한 추가적인 평가는 필요하지 않다(표 3.15-1).

(2) 책임구조기술자는 용접치수를 포함한 상세를 제공하거나 접합부에 대한 설계 주기수명과 모멘트, 전단력 및 반력의 최대범위를 명시해야 한다.

(3) 이 규정은 적용된 반복하중스펙트럼을 토대로 계산된 응력에 적용한다. 최대반복하중에 대한 최대허용응력은 $0.66F_y$이다. 응력교번의 경우, 응력범위는 최대반복 인장응력 및 압축응력의 합 또는 예상균열 개시지점에서 반대방향의 최대전단응력의 합으로 계산한다.

(4) 이 규정에 따라 결정된 반복하중 내력은 적절한 부식방지 기능이 있거나 일반 대기조건과 같이 약한 부식성 대기상태에 있는 구조물에 적용할 수 있다. 또한, 150°C를 초과하지 않는 온도를 받는 구조물에만 적용할 수 있다.

3.15.2 최대응력 및 응력범위 산정

(1) 응력은 탄성해석을 기반으로 산정한다. 응력은 기하학적 불연속성에 대한 응력집중계수에 의해 증폭해서는 안 된다.

(2) 축방향 인장력을 받는 볼트와 나사봉의 경우, 응력계산 시 지레작용(prying action)의 영향을 고려해야 한다. 휨과 축력의 조합응력이 작용하는 경우, 각 경우의 최대응력은 적용된 하중의 동시배치에 대해서 결정되어야 한다.

(3) 대칭단면 부재의 경우, 볼트와 용접부는 부재축에 대해 대칭으로 배치되어야 한다. 그렇지 않으면 편심으로 인한 응력을 포함한 전체 응력이 응력범위 계산에 포함되어야 한다.

(4) 축하중을 받는 ㄱ형강 부재의 경우, 용접의 무게중심이 ㄱ형강 단면의 무게중심선과 연결된 다리의 중심 사이에 있으면 편심효과는 무시한다. 접합 용접의 무게중심이 이 영역

을 벗어난 경우, 접합 편심으로 발생한 응력을 포함한 전체응력을 응력범위 계산에 포함시켜야 한다.

3.15.3 모재 및 용접연결부

3.15.3.1 허용응력범위

모재와 용접연결부에서 반복하중에 의한 응력범위는 다음 식에 의해 계산된 허용응력범위를 초과하지 않아야 한다.

(1) 응력범주 A, B, B', C, D, E 및 E'에 대해 허용응력범위 F_{SR}은 다음의 식 3.15-1에 의해 결정한다.

$$F_{SR} = 6900\left(\frac{C_f}{n_{SR}}\right)^{0.333} \geq F_{TH} \quad \cdots\cdots (3.15\text{-}1)$$

여기서, C_f = 피로범주에 대한 표 3.15-1에서 정해진 상수

F_{TH} = 피로한계값, 표 3.15-1에 제시된 무한설계수명에 대한 최대응력범위, MPa

n_{SR} = 설계수명의 응력범위 변동횟수

(2) 응력범주 F의 경우 허용응력범위 F_{SR}은 다음의 식 3.15-2에 의해 결정한다.

$$F_{SR} = 690\left(\frac{1.5}{n_{SR}}\right)^{0.167} \geq 55\text{MPa} \quad \cdots\cdots (3.15\text{-}2)$$

(3) 보강 필릿용접의 유무에 관계없이 응력방향에 수직인 부분용입그루브용접이 있는 십자형, T 또는 모서리 상세로 단부가 연결된 인장력을 받는 판요소의 경우 또는 필릿용접으로만 연결된 경우, 인장력을 받는 판요소 단면의 허용응력범위는 다음 중 작은 값으로 결정한다.

① 인장력을 받는 판요소의 용접 지단(toe)에서의 균열개시를 기준으로(즉, R_{PJP} = 1.0인 경우) 허용응력범위 F_{SR}는 응력범주 C에 대해 식 3.15-1에 의해 결정한다.

② 보강 필릿용접 유무에 관계없이 횡방향 부분용입그루브용접을 사용한 인장력을 받는 판요소에 대한 허용응력범위 F_{SR}은 용접루트로부터의 균열개시를 기준으로, 용접루트 단면에 대한 허용응력범위는 응력범주 C'에 대해 식 3.15-3에 의해 결정한다:

$$F_{SR} = 6900R_{PJP}\left(\frac{4.4}{n_{SR}}\right)^{0.333} \quad \cdots\cdots (3.15\text{-}3)$$

여기서, R_{PJP} = 보강 또는 무보강 횡방향 부분용입그루브용접에 대한 감소계수이며 다음 식으로 결정한다.

$$R_{PJP} = \frac{1.12 - 1.01\left(\frac{2a}{t_p}\right) + 1.24\left(\frac{w}{t_p}\right)}{t_p^{0.167}} \leq 1.0 \quad \cdots\cdots\cdots\cdots (3.15\text{-}4)$$

$2a$ = 인장력을 받는 판두께 방향에서 용접되지 않은 루트면의 길이, mm

t_p = 1.5.1.4.2에서 규정한 인장력을 받는 판의 설계두께, mm

w = 인장력을 받는 판두께 방향으로 보강필릿의 다리크기(mm)

R_{PJP} = 1.0인 경우 응력범위는 용접지단에 의해 제한되고 범주 C에 의해 제어된다.

③ 인장력을 받는 판요소의 반대쪽에 있는 한 쌍의 횡방향 필릿용접 루트로부터의 균열개를 기준으로, 용접루트 단면에 대한 허용응력범위 F_{SR}는 응력범주 C''에 대해 식 (3.15-5)에 의해 결정한다:

$$F_{SR} = 6{,}900 R_{FIL}\left(\frac{4.4}{n_{SR}}\right)^{0.333} \quad \cdots\cdots\cdots\cdots (3.15\text{-}5)$$

여기서, R_{FIL} = 한 쌍의 횡방향 필릿용접만을 사용하는 접합부에 대한 감소계수

$$= \frac{0.103 + 1.24(w/t_p)}{t_p^{0.167}} \leq 1.0 \quad \cdots\cdots\cdots\cdots (3.15\text{-}6)$$

R_{FIL} = 1.0인 경우 응력범위는 용접지단에 의해 제한되고 범주 C에 의해 제어된다.

응력범주 C' 및 C''는 용접루트에서 피로균열이 시작된다. 이 경우에는 피로한계값이 없으며 무한수명으로 설계할 수 없다. 무한수명은 2×10^8와 같은 매우 높은 반복횟수를 사용하여 근사화할 수 있다. 대안으로, R_{FIL} 또는 R_{PJP}가 1.0이 되도록 용접치수가 증가하면 모재가 제어되고 응력범주 C가 된다. 그래서, 피로한계값이 있고 균열은 용접지단에서 발생한다.

3.15.3.2 반복하중을 받는 구조에서 용접 접합부에 대한 특별 요구조건

3.14 및 그림 3.2에 따라 부재가 두 개 이상의 부품으로 제작된 경우, 부품들이 일치되게 작용할 수 있도록 길이방향 접합부를 따라 충분한 연속용접으로 접합하여야 한다.

단, 다음 유형의 용접 및 접합은 허용하지 않는다.

(1) 맞댐이음에서 길이방향 축에 수직으로 인장을 받는 부분용입그루브용접. 다른 이음에서, 피로설계기준이 허용되지 않는 한 횡방향 하중을 받는 부분용입그루브용접은 금지한다.
(2) 단속그루브용접
(3) 단속필릿용접.
(4) 주인장부재의 플러그용접 및 슬롯용접.

3.15.4 볼트 및 나사부

볼트 및 나사부에 적용한 반복하중에 의한 응력범위는 다음의 계산된 허용응력범위를 초과해서는 안된다.

(1) 전단하중을 받는 볼트접합부의 경우, 접합재에 발생하는 최대응력범위는 표 3.15-1의 유형 2의 C_f 및 F_{TH}를 적용해서 식 (3.15-1)로 산정한 허용응력범위를 초과할 수는 없다.
(2) 볼트, 나사형 앵커로드 및 절단, 그라인딩 또는 압연 나사를 갖는 행거로드의 경우, 축하중 및 모멘트에 지레작용에 의한 하중을 추가하여 계산한 순인장면적에 작용하는 최대인장응력범위는 유형 8.4(응력 범주 G)의 C_f와 F_{TH}을 적용해서 식 (3.15-1)으로 산정한 허용응력범위를 초과할 수는 없다. 인장을 받는 순단면적 A_t는 식 (3.15-7)에 따라 산정한다.

$$A_t = \frac{\pi}{4}(d_b - 0.9382p)^2 \qquad (3.15\text{-}7)$$

여기서, d_b = 공칭지름, mm
n = mm당 나사산수
p = 나사산 당 피치, mm

그립(grip) 내의 재료가 강재로 제한되지 않는 접합부 또는 식 (3.6-11)에 의해 주어진 전인장으로 인장되지 않는 접합부의 경우, 접합부에 작용하는 모든 축방향력과, 모멘트 및 지레작용 효과는 볼트나 로드(rod)에 의해서만 전달되는 것으로 가정한다.
그립 내의 재료가 강재로 제한되고 식 (3.6-11)에 의해 주어진 초기장력으로 인장되는 접합부의 경우, 접합부분과 볼트의 상대적인 강성의 해석이 전체 반복하중 및 모멘트와 지레작용의 영향에 의한 전인장볼트의 인장응력범위를 결정하기 위해 사용한다. 대안으로, 볼트의 응력범위는 적용된 반복 축하중과 고정하중, 활하중 및 기타 하중으로 인한 모멘트 절댓값의

20%에 의해 순인장면적에 작용하는 응력과 동일하다고 가정한다.

3.15.5 피로에 대한 제작 및 설치 요구조건

(1) 길이방향의 강재 뒷댐재(backing)는 연속적으로 사용해야 한다. 강재 뒷댐재용 스플라이스가 긴 접합부에 요구된다면 스플라이스는 완전용입그루브용접으로 제작되어야 하고, 완전한 접합을 위해 평평하게 그라인드 해야 한다. 필릿용접이 길이방향 뒷댐재를 부착하는데 사용하는 경우 연속되어야 한다.

(2) 횡방향 완전용입그루브용접 T형 및 모서리 접합에서는 용접크기 6mm 이상인 보강 필릿용접을 오목모서리(요각부)에 추가해야 한다.

인장력을 포함하는 반복응력범위를 받는 열절단 모서리의 표면 거칠기는 25μm를 초과해서는 안 된다.

(3) 절단부, 따냄부 및 용접접근공의 오목모서리는 예비드릴링, 서브펀칭 및 구멍리밍 또는 열절단을 통해 절단반경을 만들고 표 3.15-1에 규정한 반경 이상을 형성해야 한다. 인장응력 영역의 횡방향 맞댐이음의 경우 용접탭(weld tab)을 사용하여 완성된 접합외부의 용접끝을 계단식으로 배열해야 한다. 단부댐(end dam)은 사용하지 않는다. 용접탭을 제거하고 용접단부를 부재모서리와 동일높이로 마무리해야 한다.

(4) ㄱ형강의 돌출다리 또는 단부판의 외부모서리에 수직인 반복하중을 받는 필릿용접은 용접크기의 2배 이상 거리에 대해 모서리 주위에 단부 돌림(end return)이 있어야 한다. 단부의 돌림거리는 용접크기의 4배를 초과해서는 안 된다.

3.15.6 피로에 대한 비파괴검사 요구조건

완전용입그루브용접의 경우 식 (3.15-1)로 계산된 최대허용응력 범위는 초음파 또는 방사선 검사를 수행한 용접접합부에만 적용한다. KCS 14 31 20의 허용 요구조건을 충족하는 용접부에만 적용된다.

표 3.15-1 피로설계 매개변수

상세설명	응력범주	상수, C_f	피로한계값 F_{TH}, (MPa)	균열발생 가능위치
유형 1 - 용접의 영향을 받지 않는 부재				
1.1 압연면 또는 부착물이 없는 깨끗한 표면을 갖는 모재부(가스절단부의 경우 0.025 mm 이하의 조도를 가지며, 다른 부재와의 연결을 위한 가공된 오목모서리(요각부)가 없어야 함)	A	25	165	모든 용접부 및 연결부에서 떨어진 곳
1.2 용접접근공을 제외하고 따내기, 절단부, 블록아웃 또는 기타 기하학적 불연속부에 오목모서리가 있는 부재				
25mm 이상인 반경 $R(R \geq 25\text{mm})$은 사전드릴링, 서브펀칭, 리밍 또는 절단으로 제작하고 매끈한 금속표면으로 연마함	C	4.4	69	외부 모서리 또는 구멍 둘레
10mm 이상인 반경 $R(R \geq 10\text{mm})$은 매끈한 금속 표면으로 연마할 필요가 없음.	E'	0.39	18	
1.3 3.6.1.6의 요구조건에 따라 제작된 용접접근공이 있는 압연단면				
25mm 이상인 접근공의 반경 $R(R \geq 25\text{mm})$은 사전드릴링, 서브펀칭 및 리밍 또는 절단으로 제작하고 매끈한 금속 표면으로 연마함.	C	4.4	69	용접접근공의 오목모서리
10mm 이상인 접근공의 반경 $R(R \geq 10\text{mm})$은 매끈한 금속표면으로 연마할 필요가 없음.	E'	0.39	18	
1.4 드릴 또는 리머 가공 구멍이 있는 부재				
프리텐션 볼트가 포함된 구멍	C	4.4	69	구멍측면에서 시작되는 순단면
볼트없는 열린 구멍	D	2.2	18	
2절 - 볼트 접합부				
2.1 마찰접합에 대한 모든 요구조건을 충족하는 겹침 볼트접합부의 모재 총 면적	B	12	110	구멍 근처의 총 단면
2.2 볼트 체결부의 순 단면에 있는 모재, 지압 저항을 기반으로 설계되었지만 마찰이음에 대한 모든 요구사항에 맞게 제작 및 설치됨	B	12	110	구멍 측면에서 시작되는 순단면
2.3 핀 이음판의 순단면에서 모재	E	1.1	31	구멍 측면에서 시작되는 순단면

표 3.15-1 (계속) 피로설계 매개변수

예시

유형 1 - 용접의 영향을 받지 않는 부재

1.1

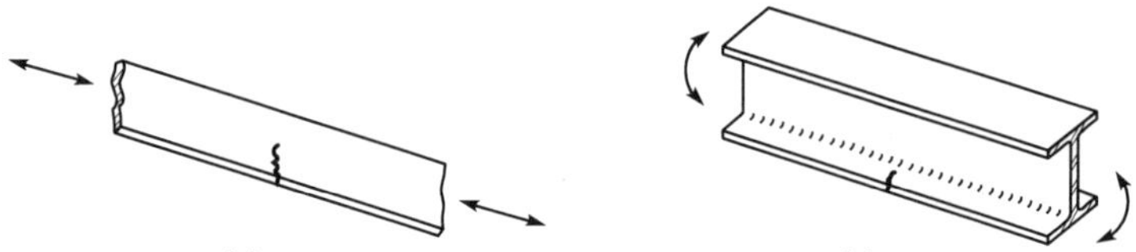

(a) (b)

1.2

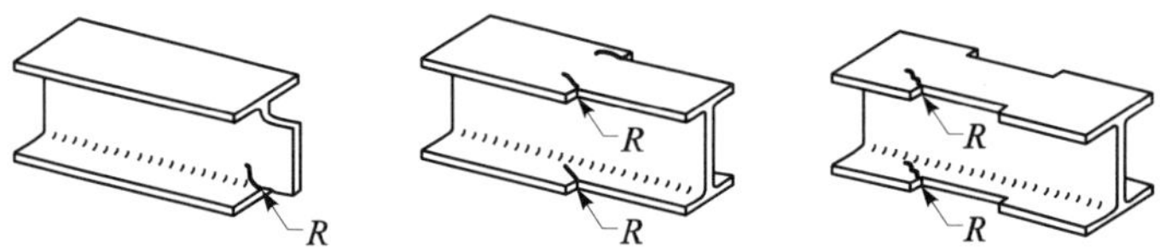

(a) (b) (c)

1.3

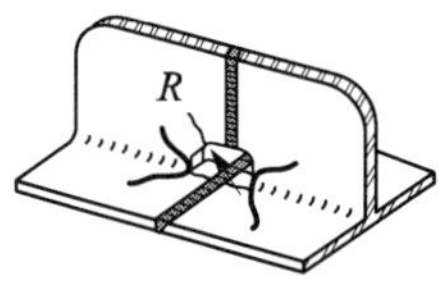

1.4

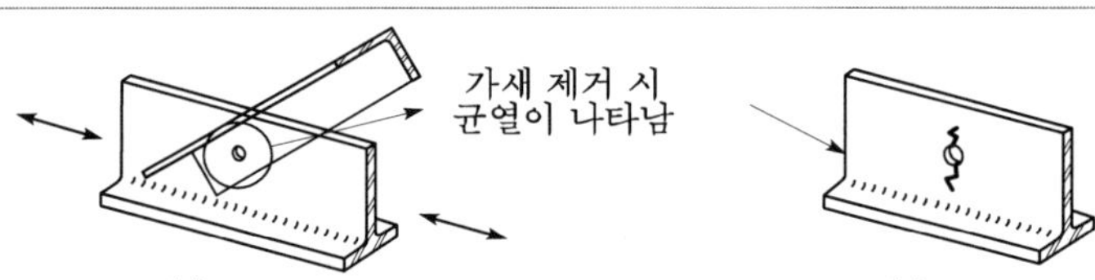

(a) (b)

2절 - 볼트 접합부

2.1

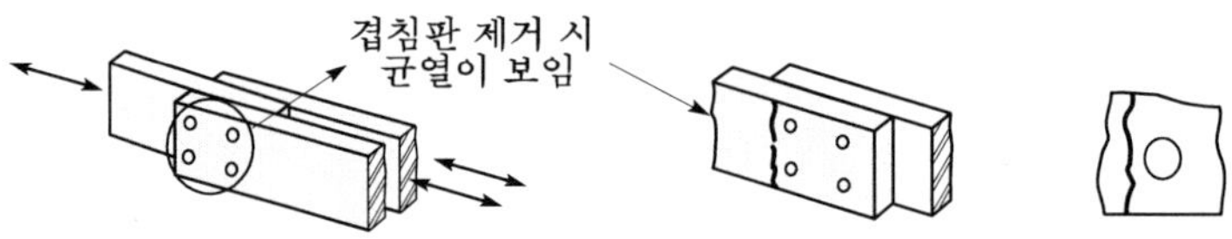

(a) (b) (c)

(마찰접합부의 예)

2.2

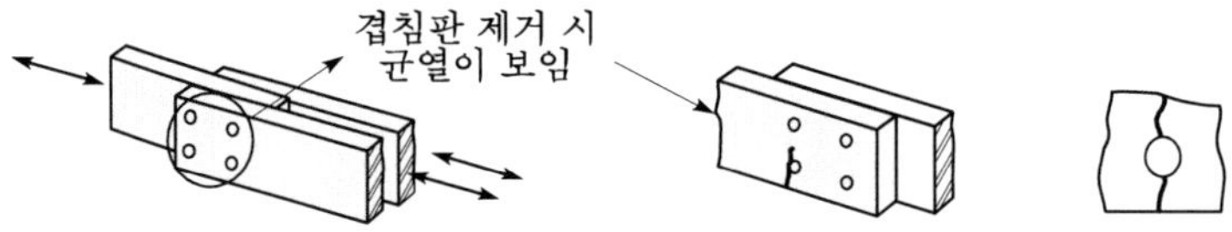

(a) (b) (c)

(마찰접합부의 요구조건을 충족하도록 지압접합으로 설계된 볼트접합부의 예)

2.3

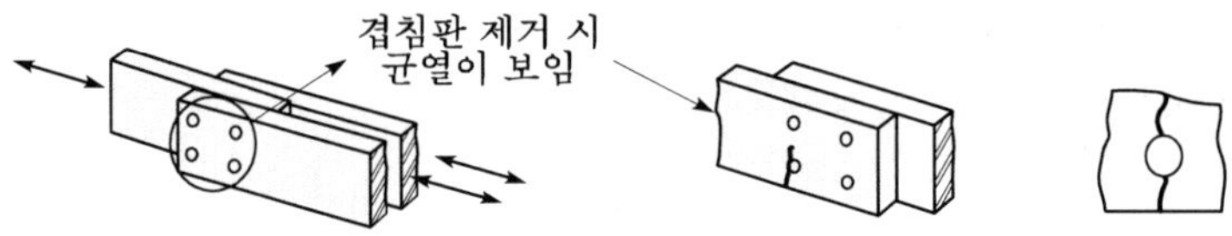

(a) (b) (c)

(밀착조임, 리벳 또는 기타 볼트접합부의 예)

표 3.15-1 (계속) 피로설계 매개변수

상세설명	응력범주	상수, C_f	피로한계값 F_{TH}, (MPa)	균열발생 가능위치
유형 3 - 조립부재의 용접 접합부				
3.1 연속된 종방향 CJP 그루브용접(백 가우징 및 두 번째 측면용접) 또는 연속된 필릿용접에 의해 연결된 부착물이 없는 형강 또는 조립부재의 모재부와 용착금속부	B	12	110	용접표면 또는 용접내부 불연속성부
3.2 3.1의 상세에서 뒷댐재를 제거하지 않은 CJP 그루브용접과 연속 PJP 그루브용접이 적용된 형강 또는 조립부재의 모재부와 용착금속부	B'	6.1	83	용접표면 또는 용접내부 불연속성부
3.3 용접접근공의 종방향 용접이 끝나는 부분의 모재 및 용접접근공의 끝을 감싸는 필릿용접 지단(toe)				
25mm 이상인 접근공의 반경 R(R ≥ 25mm)은 사전드릴링, 서브펀칭 및 리밍 또는 다른 절단을 통해 형성되거나 매끈한 금속 표면으로 연마함	D	2.2	48	웨브 또는 플랜지의 용접 끝단
10mm 이상인 접근공의 반경 R(R≥10mm)은 매끈한 금속표면으로 연마할 필요가 없음.	E'	0.39	18	

표 3.15-1 (계속) 피로설계 매개변수

예시
유형 3 - 조립부재의 용접 연결부
3.1 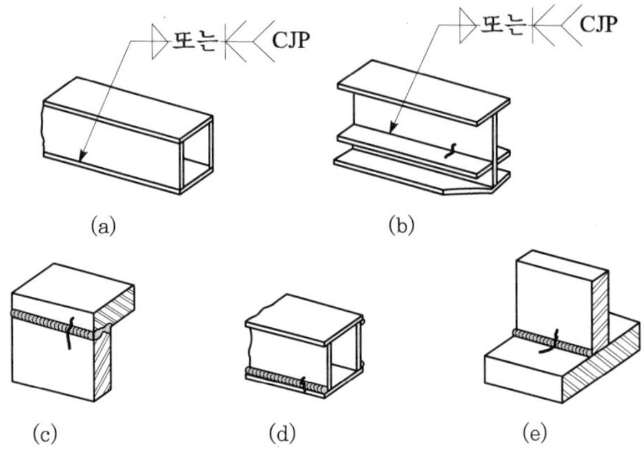
3.2 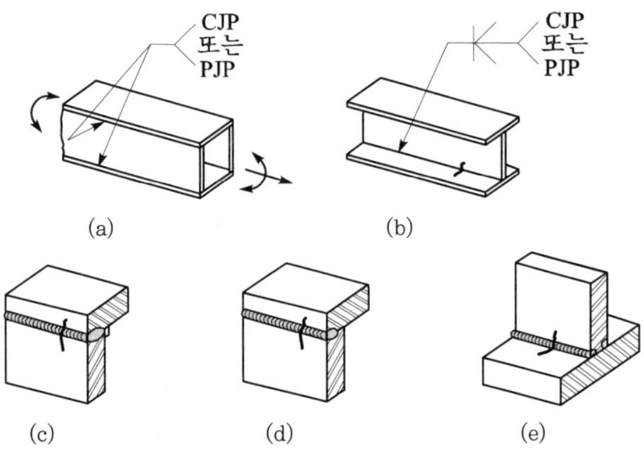
3.3 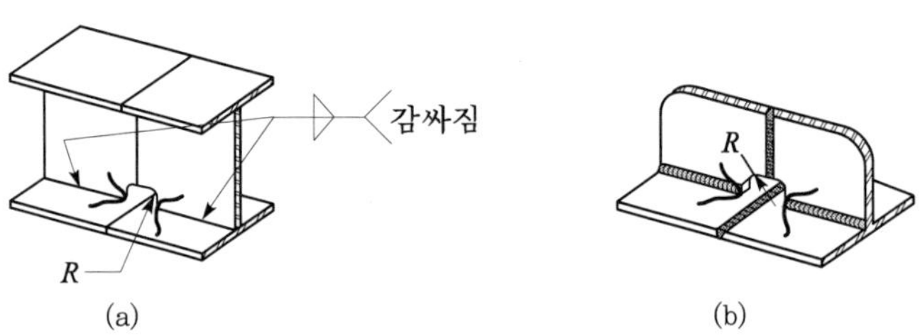

표 3.15-1 (계속) 피로설계 매개변수

상세설명	응력범주	상수, C_f	피로한계값 F_{TH}, (MPa)	균열발생 가능위치
유형 4 - 종방향 필릿용접 단부 연결				
4.1 종방향으로 용접된 단부 접합부를 갖는 축방향 하중부재들의 교차점의 모재; 용접응력의 균형을 맞추기 위해 용접이 부재의 각측면에 있음 $t \leq$ 13mm $t >$ 13mm 여기서 t = 유형 4.1 그림에 나타난 에 접합 부재의 두께 (mm)	 E E'	 1.1 0.39	 31 18	용접이 끝나는 부분의 단부에서 시작해서 모재쪽으로 확장됨
유형 5 - 응력 작용 방향에 수직한 방향으로 용접된 접합부				
5.1 용접이 응력방향과 평행하게 연마되고 3.15.6에 따라 검사된 단면변화 없는 평판, 압연형강 또는 조립단면의 CJP 그루브용접 이음판의 내부 또는 인접한 용착금속 및 모재	B	12	110	용착금속의 내부 불연속성 또는 용융경계로부터 발생
5.2 3.15.6에 따라 검사되고 폭이나 두께방향 변화부 기울기가 1:2.5 이하인 단면변화 없는 평판, 압연형강 또는 조립단면의 CJP 그루브용접부의 내부 또는 인접한 용착금속 및 모재	B	12	110	금속의 내부 불연속성 또는 용융경계로부터 발생
5.3 조건은 5.2와 동일하고 그루브용접 단부의 접선점에서 시작한 폭변화부 반경이 600 mm 이상인 경우	B	12	110	용접금속의 내부 불연속성 또는 용융경계

표 3.15-1 (계속) 피로설계 매개변수

예시

유형 4 - 종방향 필릿용접 단부접합부

4.1

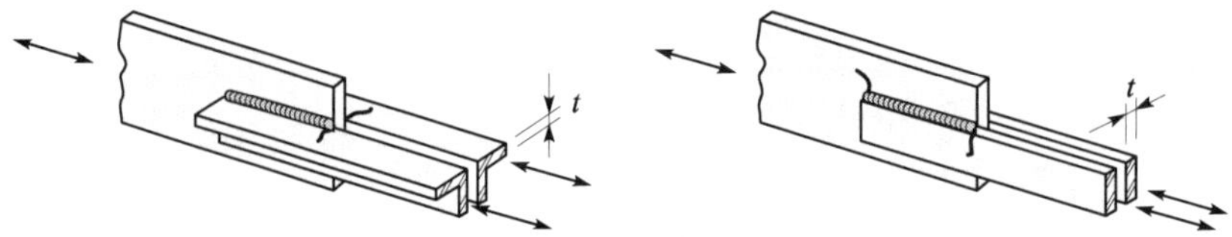

(a) (b)

유형 5 - 응력방향에 수직한 용접접합부

5.1

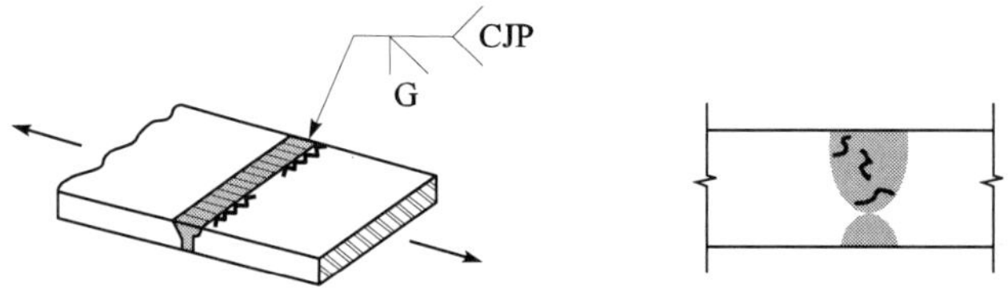

(a) (b)

5.2

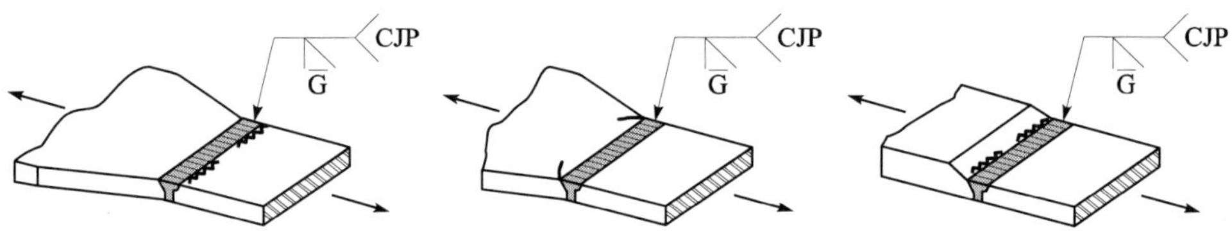

(a) (b) (c)

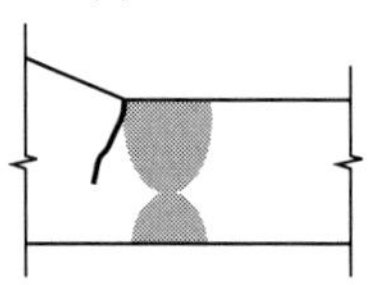

(d)

5.3

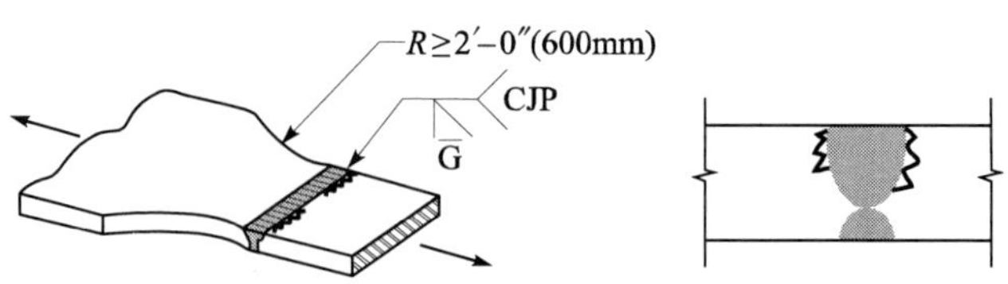

(a) (b)

표 3.15-1 (계속) 피로설계 매개변수

상세설명	응력범주	상수, C_f	피로한계값 F_{TH}, (MPa)	균열발생 가능위치
유형 5 - 응력방향에 수직한 용접접합부				
5.4완전용입그루브용접(CJP)된 T형 또는 모서리 접합부 주변 또는 용접된 부분의 용접금속 및 모재부 또는 두께변화가 없거나 1:2.5 이하의 두께 변화가 있는 경우로 용접덧살이 제거되지 않은 완전용입 그루브용접 이음부의 용착금속 및 모재부	C	4.4	69	모재 또는 용착금속부로 확장된 용접부
5.5 횡방향 CJP 그루브용접 맞댐 이음판(뒷댐재는 제거하지 않음) 내부 또는 인접한 모재 및 용착금속 부				그루브 용접의 끝단 또는 그루브 용접 지단(toe) 또는 뒷댐재가 부착된 용접 지단
-그루브 안쪽의 가용접(tack weld)	D	2.2	48	
-그루브 외부의 가용접 (모재 연단에서 13mm 이하의 영역)	E	1.1	3'	
5.6 보강 필릿이 있고 맞댐, T형 또는 모서리 용접부에서 PJP 그루브용접을 사용하여 인장하중을 받는 판요소의 횡방향 단부 접합부의 모재 및 용착금속; F_{SR}은 지단균열 또는 루트균열 허용응력범위 중 더 작은 값으로 함				용접지단에서 시작하여 모재로 확장
용접지단에서 개시하는 균열	C	4.4	69	용접루트에서 시작하여 내부 및 용접을 관통해 확장
용접루트에서 개시하는 균열	C	식 3.15-3	없음	

표 3.15-1 (계속) 피로설계 매개변수

예시

유형 5 - 응력방향에 수직한 용접접합부

5.4

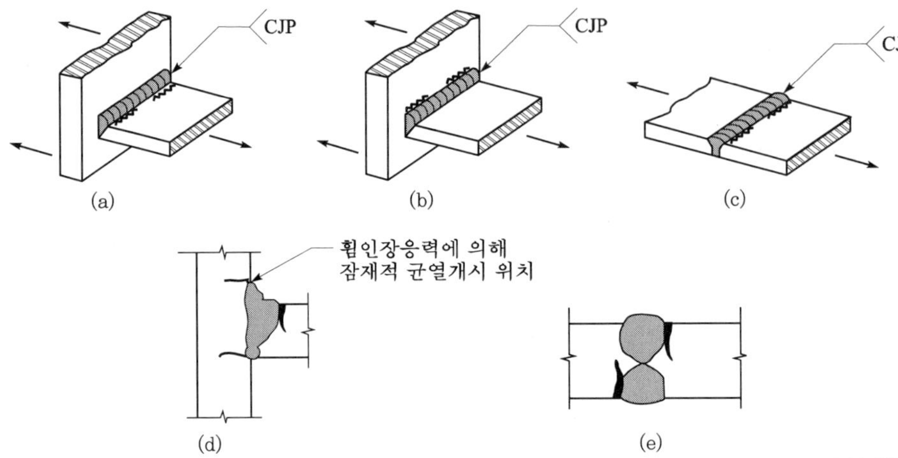

5.5

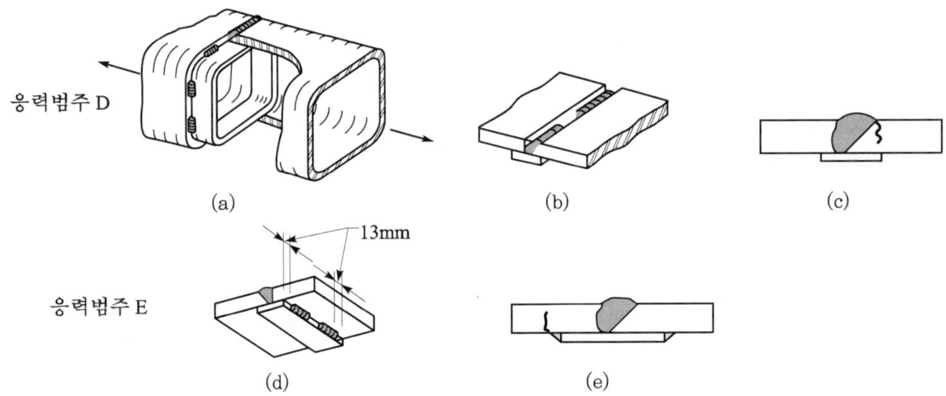

5.5

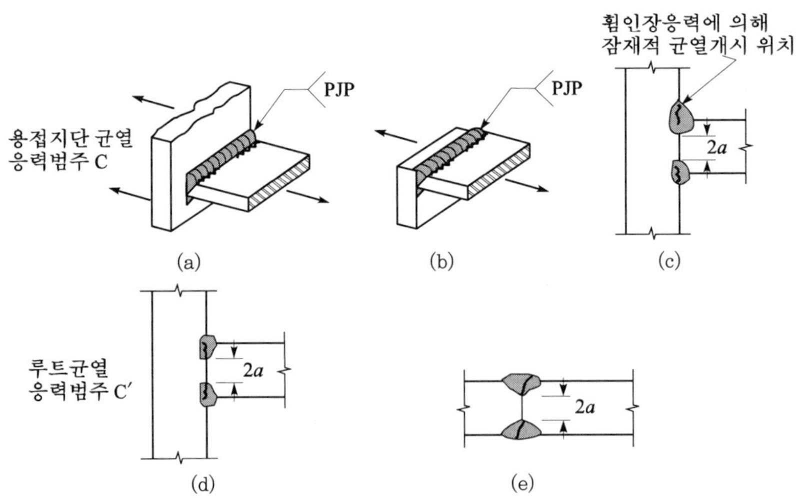

표 3.15-1 (계속) 피로설계 매개변수

상세설명	응력범주	상수, C_f	피로한계값 F_{TH}, (MPa)	균열발생 가능위치
유형 5 - 응력방향에 수직한 용접접합부				
5.7 접합판의 반대측에 있는 한 쌍의 필릿용접을 사용하는 인장하중을 받는 판요소의 횡방향 단부 접합부의 모재 및 용착금속; F_{SR}은 지단균열 또는 루트균열 허용응력범위 중 더 작은 값으로 함				
용접 지단에서 시작되는 균열	C	4.4	69	용접지단에서 시작하여 모재로 확장
용접 루트에서 시작되는 균열	C″	식 3.15-5	없음	용접루트에서 시작하여 내부 및 용접을 관통해 확장
5.8 횡방향으로 용접된 보강재에 인접한 횡방향 필릿용접 지단에서 조립형강 및 압연형강보 웨브 또는 플랜지에서 인장하중을 받는 판요소의 모재	C	4.4	69	필릿용접 지단에서 기하학적 불연속부에서 발생하여 모재로 확장
유형 6 - 용접된 횡부재 접합부에서 모재				
6.1 길이(종)방향 하중을 받고 CJP 그루브용접에 의해 부착된 접합부에서 두께가 동일하거나 다른 모재. 접합상세로 변이반경 R을 확보하고 용접 단부가 매끄럽게 연마되고 3.15.6에 따라 검사된 경우에만 해당				
$R \geq$ 600mm	B	12	110	부재 연단에서 반경 접선 근처 지점
150mm$\leq R <$ 600mm	C	4.4	69	
50mm $\leq R <$ 150mm	D	2.2	48	
$R <$ 50mm	E	1.1	31	

표 3.15-1 (계속) 피로설계 매개변수

예시
유형 5 - 응력방향에 수직한 용접접합부
5.7

용접지단 균열
응력범주 C

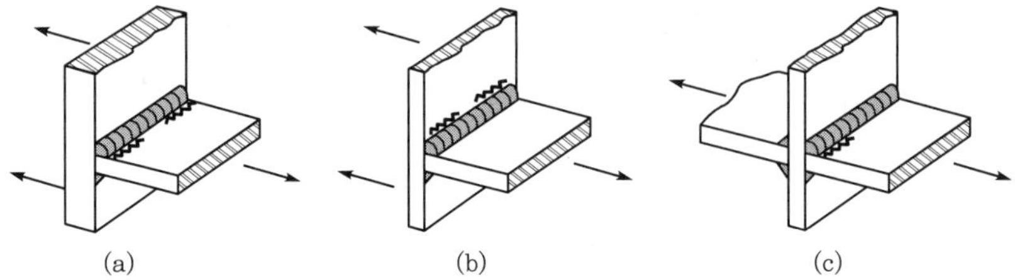

루트균열
응력범주 C″

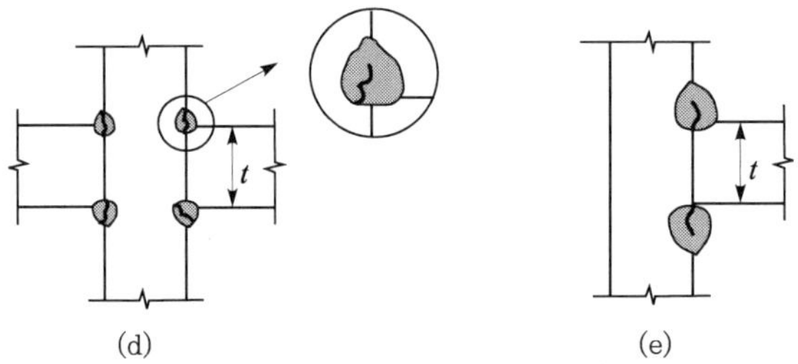

5.8

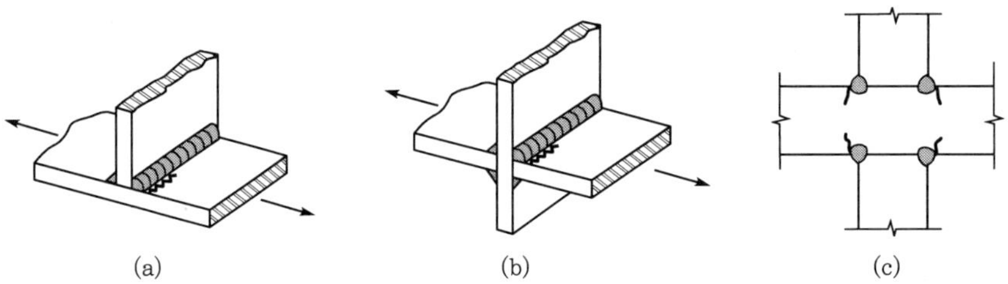

유형 6 - 용접된 횡부재 접합부에서 모재

6.1

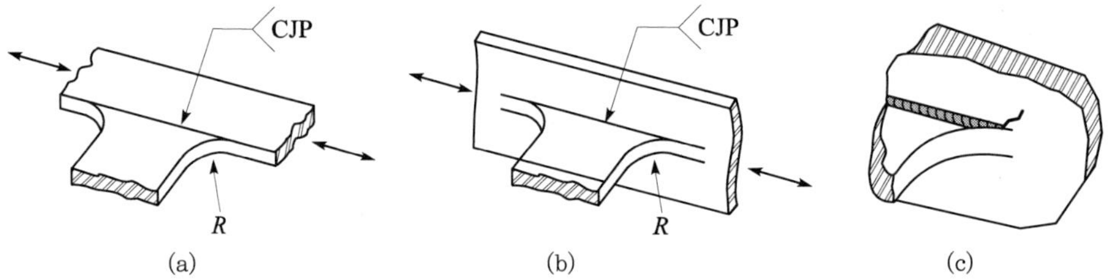

표 3.15-1 (계속) 피로설계 매개변수

상세설명	응력범주	상수, C_f	피로한계값 F_{TH}, (MPa)	균열발생 가능위치
유형 6 - 용접된 횡부재 접합부에서 모재				
6.2 CJP그루브용접으로 부착된 동일한 두께의 모재로 종방향 하중 유무에 관계없이 횡 하중을 받는 경우. 상세가 전이 반경 R을 구현하고 용접 단부가 매끄럽게 연마되고 3.15.6절에 따라 검사함.				
(a) 용접 보강덧살을 제거한 경우				
$R \geq$ 600mm	B	12	110	부재 연단에서 반경 접선 근처지점 용융 경계, 부재의 용접부
150mm $\leq R <$ 600mm	C	4.4	69	
50mm $\leq R <$ 150mm	D	2.2	48	
$R <$ 50mm	E	1.1	31	
(b) 용접 보강덧살을 제거하지 않은 경우				
$R \geq$ 150mm	C	4.4	69	주부재나 접합부재의 연단을 따라 용착금속의 지단
50mm $\leq R <$ 150mm	D	2.2	48	
$R <$ 50mm	E	1.1	31	

표 3.15-1 (계속) 피로설계 매개변수

예시
유형 6 - 용접된 횡부재 접합부에서 모재
6.2

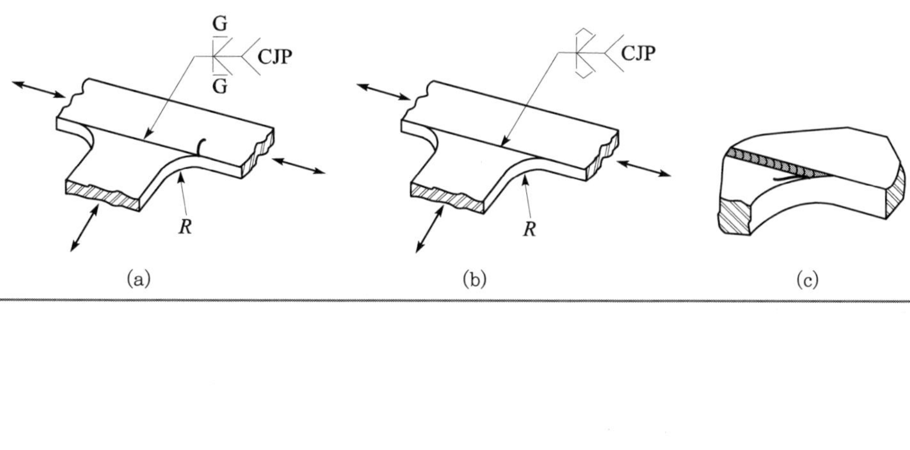

표 3.15-1 (계속) 피로설계 매개변수

상세설명	응력범주	상수, C_f	피로한계값 F_{TH}, (MPa)	균열발생 가능위치
유형 6 - 용접된 횡부재 접합부에서 모재				
6.3 CJP 그루브용접에 의해 부착된 동일하지 않은 두께의 모재. 종방향 하중의 유무에 관계없이 횡방향 하중을 받고, 상세가 전이 반경 R을 구현하고 용접단이 매끄럽고 연마되고 3.15.6절에 따름.				
(a) 용접 보강재를 제거한 경우 R > 50mm	D	2.2	48	얇은 부재의 모서리를 따라 있는 용접 단부에서 작은 반경의 용접 단부
$R \le$ 50mm	E	1.1	31	
(b) 용접 보강재를 제거하지 않은 경우 모든 반경	E	1.1	31	더 얇은 재료의 모서리의 용접 단부
6.4 횡방향 응력의 유무에 관계없이 횡방향 부재에서 종방향 응력을 받는 동일하거나 동일하지 않은 두께의 모재. 상세가 전이 반경 R을 구현할 때 응력 방향에 평행한 필릿 또는 PJP 그루브 용접에 의해 부착되고 용접단이 매끈하게 연마됨.				용접 단부나 모재까지 연장되는 용접 단부의 모재
R > 50mm	D	2.2	48	
$R \le$ 50mm	E	1.1	31	

표 3.15-1 (계속) 피로설계 매개변수

예시
유형 6 - 용접된 횡부재 접합부에서 모재

6.3

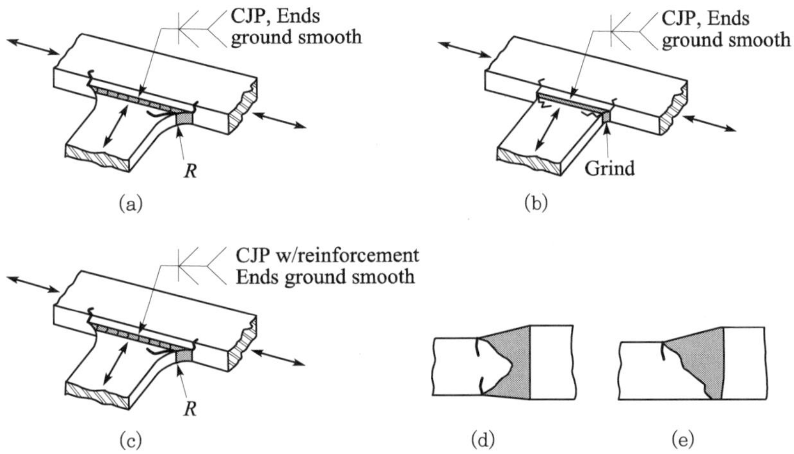

6.4

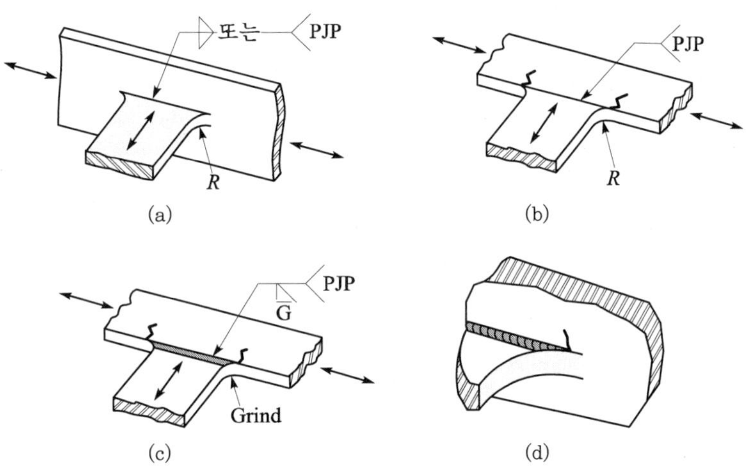

표 3.15-1 (계속) 피로설계 매개변수

상세설명	응력범주	상수, C_f	피로한계값 F_{TH}, (MPa)	균열발생 가능위치
유형 7 – 짧은 부착물의 모재 (부재의 응력흐름편차가 발생하여 피로저항성능을 감소시키는 주부재에 용접된 요소가 부착물)				
7.1 접합부 상세에 횡방향 하중의 유무와 관계없이 응력방향에 평행하거나 수직인 용접부 상세에서 종방향 하중을 받는 모재. 전이반경을 갖지 않고 응력방향으로 용접접합길이 a와 부착물의 두께 b로 정의				
모든 두께 b에 대해 $a < 50$mm,	C	4.4	69	용접끝단의 모재에서 개시하여 모재로 확장
50mm $\leq a \leq 12b$ 또는 100mm 중 작은 값	D	2.2	48	
b가 20mm 이하인 경우 $a > 12b$ 또는 100mm 중 작은 값	E	1.1	31	
$b >$ 20mm인 경우 $a >$ 100mm	E'	0.39	18	
7.2 접합부 상세에 횡방향 하중의 유무에 관계없이 필릿용접 또는 PJP 그루브 용접으로 부착하는 용접부 상세에서 종방향 응력을 받은 모재. 매끄러운 연마와 함께 전이 반경 R을 갖는다.				용접 단부의 모재에서 시작되어 모재까지 확장
$R >$ 50mm	D	2.2	48	
$R \leq$ 50mm	E	1.1	31	

표 3.15-1 (계속) 피로설계 매개변수

예시
유형 7 - 짧은 부착물의 모재[a]

7.1

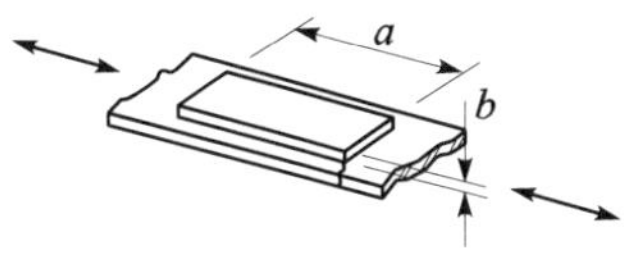

(a)

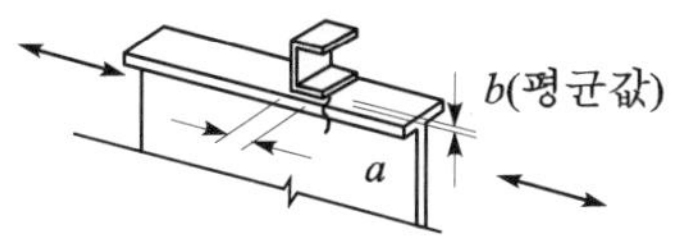

(b)

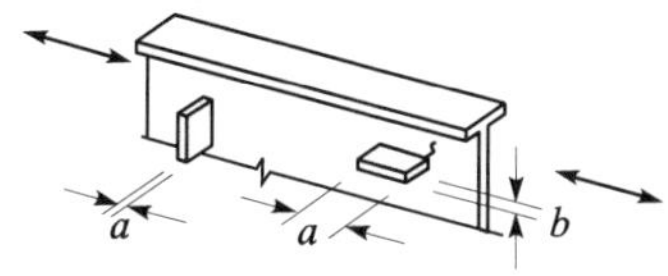

(c)

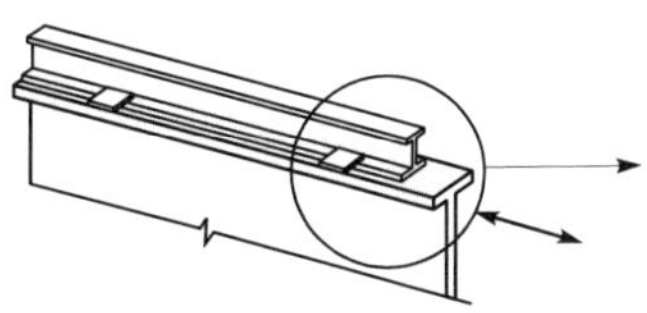

(d)

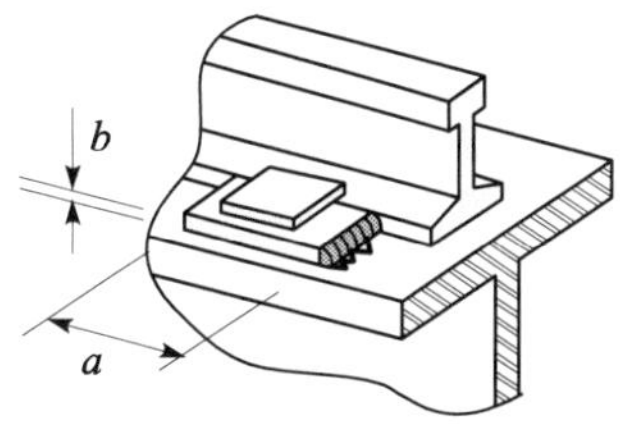

(e)

7.2

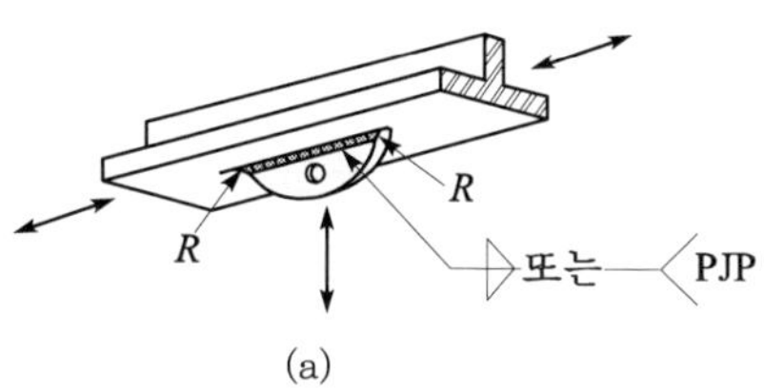

(a)

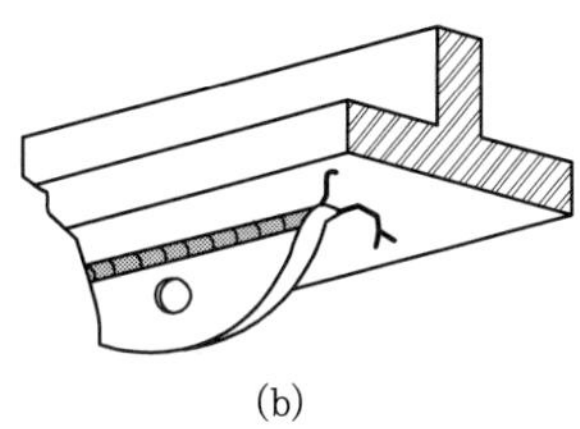

(b)

표 3.15-1 (계속) 피로설계 매개변수

상세설명	응력범주	상수, C_f	피로한계값 F_{TH}, (MPa)	균열발생 가능위치
유형 8 - 기타				
8.1 필릿용접 목두께상에서 전단 (연속 또는 단속, 종방향 또는 횡방향 용접접합부)	F	식 3.15-2	식 3.15-2	필릿용접의 루트에서 개시하여 용착금속으로 확장
8.2 플러그 또는 슬롯 용접부의 모재	E	1.1	31	플러그 또는 슬롯 용접 단부의 모재에서 개시하여 모재까지 확장
8.3 플러그 또는 슬롯 용접의 전단	F	식 3.15-2	식 3.15-2	접합면의 용접에서 시작되어 용접으로 확장
8.4 식 3.6.-11에 따라 볼트인장력을 가하거나 손조임한 볼트, 나사앵커로드와 행거로드 ;작용된 반복하중과 지레반력의 효과를 합산한 하중에 의해 인장응력영역상의 응력범위	G	0.39	48	나사 루트에서 개시하여 볼트로 확장

표 3.15-1 (계속) 피로설계 매개변수

예시
유형 7 – 짧은 부착물의 모재[a]

8.1

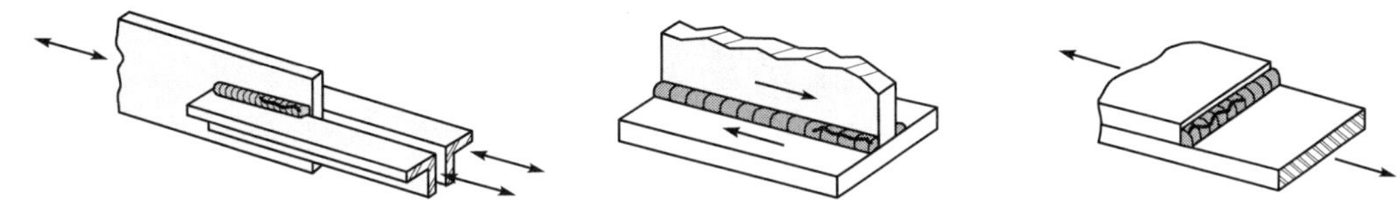

(a) (b) (c)

8.2

(a) (b)

8.3

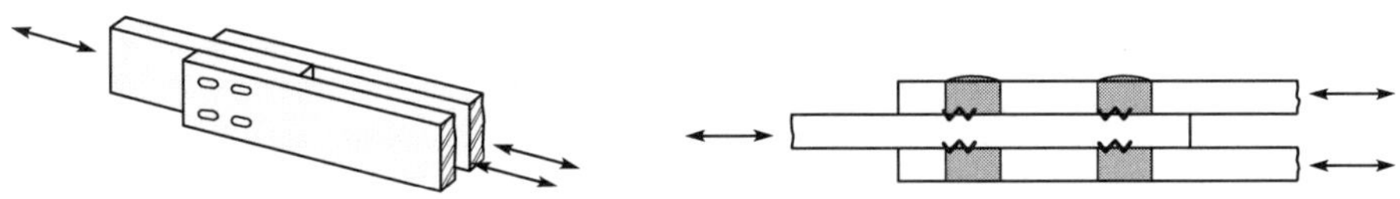

(a) (b)

8.4

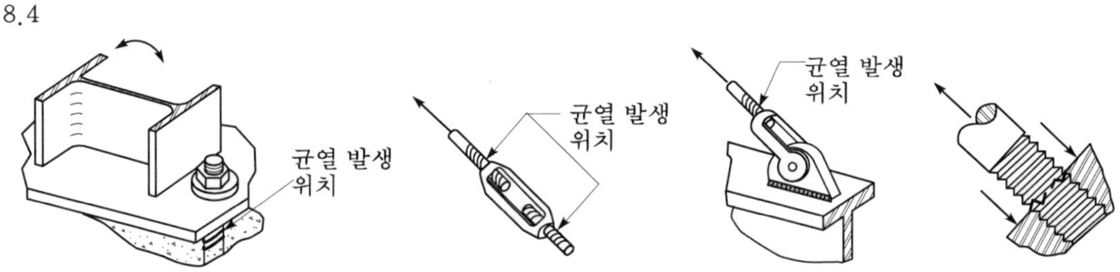

(a) (b) (c) (d)

참고문헌

- KDS 14 31 00 강구조 설계기준(하중저항계수설계법)
- KDS 41 30 10 건축물 강구조 설계기준
- KDS 41 10 05 건축구조기준 총칙
- KDS 41 12 10 건축구조기준 설계하중
- KDS 41 30 30 냉간성형강구조 설계기준
- KDS 41 30 40 냉간성형 스테인리스강 설계기준
- KDS 41 17 00 건축물 내진설계기준
- KDS 17 00 00 내진 설계기준
- KDS 17 10 00 내진설계 일반
- KS D 3705 : 열간 압연 스테인리스 강판 및 강대
- KS D 3694 : 열간 압연 스테인리스강 등변 ㄱ형강
- KS D ISO 9444 : 열간 압연 스테인리스강 광폭 대 및 판-치수 및 형상허용차
- KS D 3695 : 스테인리스 강판 및 내열강판의 무게 산출방법
- KS D 3703 : 스테인리스 강선
- KS D 3702 : 스테인리스 강선재
- KS Q 5002 : 데이터의 통계적 기술
- KS D 3698 : 냉간 압연 스테인리스 강판 및 강대
- KS D 3690 : 냉간 성형 스테인리스강 형강
- KS D 3706 : 스테인리스 강봉
- KS D 3692 : 냉간가공 스테인리스 강봉
- KS D 3612 : 스테인레스강 아크 용접 플럭스 코어선
- KS D 7014 : 스테인리스강 피복 아크 용접봉
- KS D 3696 : 용접용 스테인리스강 선재
- KS B 0241 : 내식 스테인리스 강제나사 부품의 기계적 성질
- KS B 1002 : 6각 볼트
- KS B 1326 : 평와셔
- KS B 1324 : 스프링 와셔
- KS B 0201 : 미터 보통 나사

- KS D 3536 : 기계구조용 스테인리스강 강관
- KS D 3595 : 일반 배관용 스테인리스 강관
- KS D 3576 : 배관용 스테인리스 강관
- KS D 3691 : 스테인리스강 단강품용 강편
- KS D 0026 : 금속 재료-고온 인장 시험
- SPS-KFCA-D4103-5006 스테인리스강 주강품
- KS B 0801 : 금속 재료 인장 시험편, 국가기술표준원
- KS B 0802 : 금속 재료 인장 시험 방법, 국가기술표준원
- KS B 0500 : 철강 제품의 표면 가공 표준
- KS B 0501 : 촉침식 표면 거칠기 측정기
- KS B ISO 4287 : 제품의 형상 명세(GPS)-표면조직- 프로파일법 : 용어, 정의 및 표면 조직의 파라미터
- KS B ISO 4288 : 제품의 형상 명세(GPS)-표면조직- 프로파일법 : 표면 결의 평가 규칙 및 절차
- KS D 0237 : 스테인리스강 용접 이음부의 방사선투과검사
- KS B ISO 9606-1 : 용접사 자격인정 시험-용융 용접-제1부: 강
- KS B ISO/TR 17671-3 : 용접-금속 재료의 용접에 대한 권고사항-제3부 : 스테인리스강의 아크 용접
- KS B ISO 3834 : 금속재료 용융용접 품질 요구사항
- KS B ISO 14731 : 용접 업무 조정-임무와 책임
- KS F 2257-1 : 건축 부재의 내화 시험방법-일반 요구사항
- KS F 2257-4 건축부재의 내화시험방법-내력 수직 구획부재의 성능조건
- KS F 2257-5 건축부재의 내화시험방법-수평내력 구획부재의 성능조건
- KS F 2257-6 건축부재의 내화시험방법-보의 성능조건
- KS F 2257-7 건축부재의 내화시험방법-기둥의 성능조건
- KS M ISO 8501-1 도료 및 관련 제품의 도장 전 철강소지 표면처리 - 표면 세정 육안 평가 제1부: 비도장 철강소지와 전체 도막 제거 철강소지의 녹 등급 및 표면처리 등급
- KS M ISO 8501-2 도료 및 관련 제품의 도장 전 강철기재 조정 - 표면 세정 평가시험 제2부 : 도장된 강철기재의 국부 도막 제거 후 소지 조정 등급
- KS M ISO 8501-3 도료 및 관련 제품의 도장 전 강철 기재 조정-표면 세정 평가 시험 제3부 : 용접, 절단 모서리,표면 결함이 있는 다른 부분의 처리 등급
- KS W 1128 : 항공우주-경화 스테인리스강 제품의 표면 처리
- KS W 1115 : 항공 우주용 스테인리스 강의 부동태화 처리
- KS W ISO 8074 : 항공우주-오스테나이트계 스테인리스강 부품의 표면처리
- KCS 14 31 05 강구조공사 일반사항
- KCS 14 31 10 제작
- KCS 14 31 25 볼트접합 및 핀 연결
- KCS 14 31 30 조립 및 설치

- KCS 41 31 15 건축물 강구조공사 공장제작
- KCS 41 31 10 건축물 강구조공사 강재 및 자재
- KCS 14 31 20 용접
- KCS 41 31 20 건축물 강구조공사 용접
- KCS 41 31 25 건축물 강구조공사 고장력볼트 접합 및 연결
- KCS 14 31 05 강구조공사 일반사항
- AWS D1.6/1.6M : Structural welding code : Stainless steel
- AWS 5.9/5.9M : Specification for Bare Stainless Steel Welding Electrodes and Rods
- AWS B2.1/B2.1M : Specification for Welding Procedure and Performance Qualification
- ASME B46.1 Surface Texture (Surface Roughness, Waviness, and Lay)
- AWS C4.1:1977 (R2010) Criteria For Describing Oxygen-Cut Surfaces
- ASTM A380/A380M : Standard Practice For Cleaning, Descaling, And Passivation Of Stainless Steel Parts, Equipment, And Systems
- ASTM A967/A967M: Standard Specification for Chemical Passivation Treatments for Stainless Steel Parts
- ASTM E119-20 : Standard Test Methods for Fire Tests of Building Construction and Materials
- AISC 370-21 : The Specification for Structural Stainless Steel Buildings (ANSIAISC 370-21)
- AISC 313-21 : The Code of Standard Practice for Structural Stainless Steel Buildings (AISC 313-21)
- SEI/ASCE8-02 : Specification for the Design of Cold-Formed Stainless Steel Structural Members
- SEI/ASCE8-22 : Specification for the Design of Cold-Formed Stainless Steel Structural Members
- SCI(The Steel Construction Institute) : Design Manual for Structural Stainless steel (2017)
- Eurocode 3 : Design of steel structures - Part 1-4: General rules - Supplementary rules for stainless steels
- RCSC (2014), Specification for Structural Joints Using High-Strength Bolts, Research Council on Structural Connections, AISC, Chicago, Ⅲ, USA.
- RCSC (2020), Specification for Structural Joints Using High-Strength Bolts, Research Council on Structural Connections, AISC, Chicago, Ⅲ., USA.
- AIJ (2021), Recommendation for Design of Connections in Steel Structures, Architectural Institute of Japan
- Y.C. Yuk, W.R. An, B.K. Hwang, T.S. Kim, An Investigation on Base Metal Block Shear Strengthof Ferritic Stainless Steel Welded Connection, Appl. Sci. 2019, 9, 4220.
- G.C. Lee, J.S. Kim, H.J. Kim, K.H. Lim, B.Y. Lee, 페라이트계 스테인리스 강 MAG 용접의 기계적 물성에 관한 연구, Journal of KWJS 2009;27(2):27-31.

- G. Shanmugasundar, Ankur Bansod, Vladimira Schindlerova, Robert Čep, Properties of 430 Ferritic Stainless Steel Weld Joints, Materials 2023, 16(4).
- L.D. Sarno, A.S. Elnashai, D.A. Nethercot, Seismic retrofitting of framed structures with stainless steel, J. Construct. Steel Res. 62 (1 - 2) (2006) 93 - 104.
- N.R. Baddoo, Stainless steel in construction: a review of research, applications, challenges and opportunities, J. Construct. Steel Res. 64 (11) (2008) 1199 - 1206.
- B. Rossi, Discussion on the use of stainless steel in constructions in view of sustainability, Thin–Walled Struct 83 (2014) 182 - 189.
- K.H. Nip, L. Gardner, C.M. Davies, A.Y. Elghazouli, Extremely low cycle fatigue tests on structural carbon steel and stainless steel, J. Construct. Steel Res. 66 (1) (2010) 96 - 110.
- F. Zhou, C. Fang, Y. Chen, Experimental and numerical studies on stainless steel tubular members under axial cyclic loading, Eng. Struct. 171 (2018) 72 - 85.
- AISC (2022), Specification for Structural Steel Buildings. ANSI/ AISC 360–22.
- T.S. Kim, J.S. LIM, Ultimate Strength of Single Shear Two–bolted Connections with Austenitic Stainless Steel, International Journal of Steel Structures, 13(1) (2013) 117–128.
- T.S. Kim, B.K. Hwang, Y.C. Lim, Development on ultimate strength equation of ferritic stainless steel (STS430) two–bolted connection, Advances in Structural Engineering, online published (2019).
- H.C. Lee, B.K. Hwang, T.S. Kim, Block Shear Strength of Cold–formed Austenitic Stainless Steel (304 Type) Welded Connection with Base Metal Fracture. Thin Walled Struct., 141(2019) 489 - 508.
- H.C. Lee, T.S. Kim, B.K. Hwang, T.J. Cho, Investigation on Ultimate Strength of STS304L Stainless Steel Welded Connection with Base Metal Fracture Using Finite Element Analysis. Int. J. Steel Struct., 18(2018) 1139 - 1152.
- T.S. Kim, H. Kuwamura, Numerical investigation on strength design and curling effect of mechanically fastened joints in cold–formed austenitic stainless steel, Materials and Design 32 (2011) 3942 - 3956. 27. STS2018.
- D.K. Lee, J.W. Lee, K.S. Lee, T.S. Kim, Experimental and Numerical Study on Behaviors of Double–shear Four–Bolted Connection with Austenitic Stainless Steel, International Journal of Steel Structures (2024) 24(5):1165 - 1177
- Song, Y., Lin, X. M., Yam, M. C. H., & Ke, K. (2023). Block shear fail ure of austenitic stainless steel bolted connections. Thin–Walled Structures, 193, 111251.
- Song, Y., Lin, X. M., Yam, M. C. H., Ke, K., & Wang, J. (2024). Behaviour and design of duplex stainless steel bolted connections failing in block shear. Engineering Structures, 302, 111442.
- R.H. Kim, T.S. Kim, S.H. Im (2021). Hysteretic behavior comparison of austenitic and lean duplex stainless steel square hollow section members under cyclic axial loading. Engineering

Structures, 237, 112227.

- B.K. Hwang, T.S. Kim, Y.J. Kim, J.W. Kim, A comparative study on hysteretic characteristics of austenitic stainless steel and carbon steel slit dampers under cyclic loading, J. Build. Eng. 45 (2022) 103553.
- B.K. Hwang, T.S. Kim, Y.H. Ahn, Experimental Investigations of Structural Behaviors of 316L Stainless Steel and Carbon Steel Slit Dampers, Thin-Walled Structures 186 (2023) 110704
- 한국강구조학회, 냉간성형 스테인리스강 구조설계 지침, 구미서관 (2020).
- 한국강구조학회, 열간압연 스테인리스강 건축설계기준 제정연구, 한국철강협회 스테인리스스틸클럽 최종보고서, (2024).

집필진 소개

■ 집필위원장	김 태 수	(한양대학교 ERICA 건축학부 교수, 공학박사)
■ 집필간사	박 해 용	(국립한밭대학교 건축공학과 교수, 공학박사)
■ 집필위원	김 대 경	(울산대학교 건축학부 교수, 공학박사)
	김 동 건	(동아대학교 건축공학과 교수, 공학박사)
	김 희 동	(인하공업전문대학 건축학과 교수, 공학박사, 건축구조기술사)
	범 진 문	(진스틸 대표)
	심 형 보	(인천대학교 건설환경공학과 교수, 공학박사)
	이 강 민	(충남대학교 스마트시티건축공학과 교수, 공학박사)
	이 경 구	(단국대학교 건축공학과 교수, 공학박사)
	이 창 환	(국립부경대학교 건축공학과 교수, 공학박사)
	최 인 락	(호서대학교 건축토목공학부 교수, 공학박사)
	하 성 진	(국립한국교통대학교 건축공학과 교수, 공학박사)
	황 보 경	(한양대학교 ERICA 건축학부 박사후 연구원, 공학박사)
	황 성 훈	(국립금오공과대학교 건축학부 교수, 공학박사)
■ 재료데이터	여 경 윤	(포스코 철강솔루션연구소 구조연구그룹 수석연구원, 공학박사)
	손 성 강	(포스코 스테인리스강 마케팅실 리더, 공학박사)
■ 자문위원	신 경 재	(경북대학교 건축공학과 명예교수, 공학박사, 건축구조기술사)
	최 동 호	(한양대학교 건설환경공학과, 교수, 공학박사)
	이 철 호	(서울대학교 건축학과, 교수, 공학박사)
	김 용 구	(삼성물산 건설부문 기술팀 수석, 건축구조기술사)
	김 현 식	((주)도화구조 소장, 건축구조기술사)

열간압연 스테인리스강 구조설계 지침 정가 20,000원

저자 : (사)한국강구조학회

발행인 : 임정대
발행처 : 도서출판 구미서관

발행 : 2025년 3월 1일

등록 : 1979년 6월 29일 No.9-6호
주소 : 서울시 마포구 신촌로 2길 5-15 구미빌딩
전화 : 02-333-1101
팩스 : 02-335-2201
http://www.goomibook.com

ISBN 979-11-6257-311-2 (93540)